Efficient Office Work with Python
Mastering Excel Data Analysis

Python 高效办公

玩转Excel数据分析

郝春吉◎编著

清华大学出版社
北京

内 容 简 介

本书以任务为导向,结合数据分析案例及实际编程经验,深入浅出地介绍利用 Python 语言对 Excel 数据进行处理的理念、流程及方法。全书共 8 章,内容涵盖 Python 基础知识、.xls 文件数据处理、.xlsx 文件数据处理、数据可视化、程序界面设计与数据预处理等内容。

本书所涉及的所有案例都配有程序源代码及运行结果,所有案例均在 Python 3.11.3 版本上运行通过。读者可根据自身的实际情况,轻松愉快地学习使用 Python 处理各领域的数据,真正地做到学以致用。

本书适合需要进行高效数据处理的职场办公人员、数据分析专业人员、大学生、科研人员和程序员使用,也可用作高等学校计算机专业及相关公共课程的教材。

版权所有,侵权必究。举报:010-62782989,beiqinquan@tup.tsinghua.edu.cn。

图书在版编目(CIP)数据

Python 高效办公:玩转 Excel 数据分析 / 郝春吉编著. -- 北京:清华大学出版社, 2025. 3. -- ISBN 978-7-302-68472-5

Ⅰ. TP312.8;TP391.13

中国国家版本馆 CIP 数据核字第 20254AD288 号

责任编辑:古　雪
封面设计:傅瑞学
责任校对:时翠兰
责任印制:刘　菲

出版发行:清华大学出版社
网　　址:https://www.tup.com.cn, https://www.wqxuetang.com
地　　址:北京清华大学学研大厦 A 座　　邮　编:100084
社 总 机:010-83470000　　邮　购:010-62786544
投稿与读者服务:010-62776969, c-service@tup.tsinghua.edu.cn
质量反馈:010-62772015, zhiliang@tup.tsinghua.edu.cn
课件下载:https://www.tup.com.cn, 010-83470236

印 装 者:三河市龙大印装有限公司
经　　销:全国新华书店
开　　本:190mm×245mm　　印　张:22　　字　数:469 千字
版　　次:2025 年 5 月第 1 版　　印　次:2025 年 5 月第 1 次印刷
印　　数:1~1500
定　　价:89.00 元

产品编号:102959-01

前言
PREFACE

　　计算机的核心功能是计算，而计算依赖于数据。在大数据时代，数据处理成为这一核心功能的最直接体现。面对海量的数据，传统的手工操作已经不能满足人们日常生活和工作所需，因此数据处理方法正在经历一场新的革命。本书以 Python 语言为基础，旨在替代 Excel 中的手工数据处理操作，介绍一种全新的数据处理方法。使用 Python 语言，只需要几行代码就可以轻松解决问题，特别是在任务重复性很高的情况下，只要略微改动代码，即可显著节省时间，提高工作效率。

　　Python 是一种跨平台的计算机程序设计语言，它结合了解释性、编译性、互动性和面向对象的特性。Python 最初被设计用于编写自动化脚本，但随着版本的更新和新功能的增加，它已经广泛应用于独立和大型项目的开发。

　　在实际应用中，如何将 Excel 与 Python 语言相结合进行数据处理，是数据分析从业者需要掌握的关键技能。虽然 Excel 是数据处理的专业软件，但其在自动化操作方面不如 Python 灵活。利用 Python 可以轻松地读取、计算和编辑 Excel 文件中的数据，从而提高数据分析工作的效率。

　　本书主要讲述如何利用 Python 处理 Excel 文件，从而进行数据分析以及可视化等操作。通过学习，读者可以显著提高办公效率，并将所学知识应用到实际工作中。

　　本书内容共分为 8 章。

　　第 1 章介绍了 Python 语言的基础知识。

　　第 2 章介绍了 xlrd 库和 xlwt 库，用于处理.xls 文件。

　　第 3 章介绍了 xlwings 库，用于处理.xlsx 文件。

　　第 4 章介绍了 pandas 库，专注于数据处理。

　　第 5 章介绍了 matplotlib 库，用于数据可视化。

　　第 6 章介绍了 tkinter 库，用于窗口视窗设计。

　　第 7 章介绍了 openpyxl 库，用于简单的 Excel 文件读写操作。

　　第 8 章介绍了数据预处理。

　　由于编者水平有限，加之时间仓促，书中难免存在不当之处，恳请广大读者批评指正。

　　本书提供程序源码、教学素材和教学案例配套资源，其中程序源码和教学素材可扫描目录上方对应二维码获取，教学案例需到清华大学出版社官方网站本书页面获取。

编　者

2025 年 1 月

目 录
CONTENTS

程序源码

教学素材

第 1 章　Python 基础 ·········· 1

1.1　Python 语言介绍 ·········· 1
1.2　Python 语言特点 ·········· 1
1.3　Python 应用领域 ·········· 2
　　1.3.1　数据爬虫 ·········· 2
　　1.3.2　Web 开发 ·········· 2
　　1.3.3　软件测试 ·········· 2
　　1.3.4　运维管理 ·········· 2
　　1.3.5　人工智能 ·········· 2
　　1.3.6　数据分析 ·········· 2
1.4　Python 开发环境搭建 ·········· 3
　　1.4.1　Python 软件下载（Windows 系统）·········· 3
　　1.4.2　Python 软件的安装 ·········· 4
　　1.4.3　Python 软件的使用 ·········· 5
1.5　循环语句 ·········· 7
　　1.5.1　for 循环语句 ·········· 7
　　1.5.2　while 循环 ·········· 10
1.6　条件语句 ·········· 12
　　1.6.1　简单条件语句(if) ·········· 12
　　1.6.2　二分支条件语句(if-else) ·········· 13
　　1.6.3　多分支条件语句(if-elif-else) ·········· 13
1.7　列表 ·········· 14
1.8　字典 ·········· 15
1.9　Python 文件打包输出 ·········· 16
　　1.9.1　文件打包输出 ·········· 16
　　1.9.2　设置打包文件图标 ·········· 19
1.10　本章总结 ·········· 21

第 2 章　xlrd 库和 xlwt 库 ······ 23

2.1　创建工作簿 ······ 23
2.1.1　新工作簿的创建 ······ 23
2.1.2　添加工作表 ······ 24
2.2　读取工作簿 ······ 25
2.3　读取工作表 ······ 26
2.3.1　以工作表名称读取工作表 ······ 26
2.3.2　以工作表序号读取工作表 ······ 26
2.3.3　以索引方式读取工作表 ······ 27
2.4　读取单元格 ······ 27
2.4.1　指定行读取单元格数据 ······ 27
2.4.2　指定列读取单元格数据 ······ 27
2.4.3　指定行、列读取单元格数据 ······ 27
2.5　写入数据 ······ 28
2.5.1　写入单元格数据 ······ 28
2.5.2　写入行数据 ······ 28
2.5.3　写入列数据 ······ 29
2.5.4　写入多行多列数据 ······ 30
2.6　读取数据 ······ 31
2.6.1　读取单元格数据 ······ 31
2.6.2　读取行数据 ······ 31
2.6.3　读取列数据 ······ 31
2.6.4　读取所有数据 ······ 32
2.7　修改数据 ······ 32
2.7.1　修改单元格数据 ······ 32
2.7.2　修改行数据 ······ 33
2.7.3　修改列数据 ······ 34
2.8　插入数据 ······ 35
2.8.1　插入行数据 ······ 35
2.8.2　插入列数据 ······ 35
2.9　删除数据 ······ 36
2.9.1　删除单元格数据 ······ 36
2.9.2　删除行数据 ······ 37
2.9.3　删除列数据 ······ 37
2.9.4　删除指定范围数据 ······ 38

2.10 数据操作相关内容 ………………………………………………………… 38
  2.10.1 获取工作表的总行数 ……………………………………………… 38
  2.10.2 获取工作表的总列数 ……………………………………………… 39
  2.10.3 获取工作簿中工作表的数量 ……………………………………… 39
  2.10.4 获取工作簿中所有工作表的名称 ………………………………… 39
2.11 数据类型获取 ……………………………………………………………… 40
  2.11.1 获取单元格的数据类型 …………………………………………… 40
  2.11.2 获取行的数据类型 ………………………………………………… 40
  2.11.3 获取列的数据类型 ………………………………………………… 41
2.12 数据计算 …………………………………………………………………… 41
  2.12.1 工作表中数据计算 ………………………………………………… 41
  2.12.2 工作表中公式写入 ………………………………………………… 42
2.13 格式设置 …………………………………………………………………… 42
  2.13.1 设置行高和列宽 …………………………………………………… 42
  2.13.2 设置字体属性(Font) ……………………………………………… 43
  2.13.3 设置边框属性(Borders) …………………………………………… 45
  2.13.4 设置对齐属性(Alignment) ………………………………………… 47
  2.13.5 设置背景属性(Pattern) …………………………………………… 48
  2.13.6 合并单元格 ………………………………………………………… 49
2.14 xlrd库常用函数汇总 ……………………………………………………… 49
2.15 xlwt库常用函数汇总 ……………………………………………………… 50
2.16 本章总结 …………………………………………………………………… 51

第3章　xlwings库 ……………………………………………………………… 52

3.1 启动/退出操作 ……………………………………………………………… 52
  3.1.1 启动Excel程序 ……………………………………………………… 52
  3.1.2 退出Excel程序 ……………………………………………………… 53
3.2 工作簿(Book)操作 ………………………………………………………… 53
  3.2.1 创建工作簿 ………………………………………………………… 53
  3.2.2 打开工作簿 ………………………………………………………… 53
  3.2.3 保存工作簿 ………………………………………………………… 54
  3.2.4 关闭工作簿 ………………………………………………………… 54
  3.2.5 退出工作簿 ………………………………………………………… 55
  3.2.6 工作簿名称 ………………………………………………………… 55
  3.2.7 工作簿地址 ………………………………………………………… 56
3.3 工作表(Sheet)操作 ………………………………………………………… 56

3.3.1　创建工作表 ………………………………………………… 56
　　3.3.2　追加工作表 ………………………………………………… 57
　　3.3.3　打开工作表 ………………………………………………… 58
　　3.3.4　调用工作表 ………………………………………………… 59
　　3.3.5　工作表相关操作 …………………………………………… 60
3.4　数据操作 ………………………………………………………… 64
　　3.4.1　写入数据 …………………………………………………… 64
　　3.4.2　修改数据 …………………………………………………… 68
　　3.4.3　插入数据 …………………………………………………… 70
　　3.4.4　读取数据 …………………………………………………… 72
　　3.4.5　删除数据 …………………………………………………… 74
3.5　范围（Range）操作 …………………………………………… 79
　　3.5.1　范围的相关数据 …………………………………………… 80
　　3.5.2　范围的相关操作 …………………………………………… 82
　　3.5.3　范围的格式自适应 ………………………………………… 86
3.6　单元格操作 ……………………………………………………… 88
　　3.6.1　单元格的相关数据 ………………………………………… 88
　　3.6.2　设置超链接 ………………………………………………… 90
　　3.6.3　合并单元格 ………………………………………………… 92
3.7　格式设置 ………………………………………………………… 94
　　3.7.1　设置字体（Font） ………………………………………… 94
　　3.7.2　设置边框（Borders） ……………………………………… 97
　　3.7.3　设置位置（Alignment） …………………………………… 99
　　3.7.4　设置颜色（Color） ………………………………………… 101
3.8　本章总结 ………………………………………………………… 106

第 4 章　pandas 库 ……………………………………………………… 107

4.1　创建文件 ………………………………………………………… 107
　　4.1.1　创建工作簿 ………………………………………………… 107
　　4.1.2　填写数据 …………………………………………………… 108
　　4.1.3　设置索引 …………………………………………………… 109
4.2　读取文件 ………………………………………………………… 109
　　4.2.1　以工作表名称读取文件 …………………………………… 109
　　4.2.2　读取文件并设置索引 ……………………………………… 110
　　4.2.3　读取文件并隐藏标题 ……………………………………… 111
4.3　写入数据 ………………………………………………………… 111

4.3.1　写入单元格数据 …………………………………………… 111
　　4.3.2　写入整行数据 ……………………………………………… 112
　　4.3.3　写入整列数据 ……………………………………………… 113
　　4.3.4　写入整行整列数据 ………………………………………… 113
　　4.3.5　写入.csv 文件 ……………………………………………… 114
　　4.3.6　写入.tsv 文件 ……………………………………………… 115
　　4.3.7　写入.txt 文件 ……………………………………………… 115
　　4.3.8　填充日期序列 ……………………………………………… 116
　　4.3.9　填充年份序列 ……………………………………………… 116
　　4.3.10　填充月份序列 ……………………………………………… 117
4.4　读取数据 ……………………………………………………………… 118
　　4.4.1　读取单元格数据 …………………………………………… 118
　　4.4.2　读取整行数据 ……………………………………………… 119
　　4.4.3　读取整列数据 ……………………………………………… 119
　　4.4.4　读取部分数据 ……………………………………………… 119
　　4.4.5　读取列数据至列表 ………………………………………… 120
　　4.4.6　读取行数据至列表 ………………………………………… 121
4.5　修改数据 ……………………………………………………………… 121
　　4.5.1　修改列标题 ………………………………………………… 121
　　4.5.2　修改单元格数据 …………………………………………… 122
　　4.5.3　替换整行数据 ……………………………………………… 123
　　4.5.4　替换整列数据 ……………………………………………… 123
4.6　插入数据 ……………………………………………………………… 124
　　4.6.1　插入整行数据 ……………………………………………… 124
　　4.6.2　插入整列数据 ……………………………………………… 125
4.7　删除数据 ……………………………………………………………… 126
　　4.7.1　删除整行数据 ……………………………………………… 126
　　4.7.2　删除整列数据 ……………………………………………… 126
　　4.7.3　有条件删除整行数据 ……………………………………… 127
4.8　工作表中数据的行数和列数 ………………………………………… 128
　　4.8.1　获取工作表的行数和列数 ………………………………… 128
　　4.8.2　获取工作表的行数 ………………………………………… 129
　　4.8.3　获取工作表的列数 ………………………………………… 129
4.9　数据计算 ……………………………………………………………… 129
　　4.9.1　公式计算 …………………………………………………… 129
　　4.9.2　函数填充(求和) …………………………………………… 130

4.9.3　函数填充(计算平均值) ·· 131
4.10　文件类型转换 ·· 132
　　4.10.1　读取.csv文件内容到Excel文件中 ································ 132
　　4.10.2　读取.tsv文件内容到Excel文件中 ································ 133
　　4.10.3　读取.txt文件内容到Excel文件中 ································ 134
4.11　合并工作表 ·· 135
　　4.11.1　将工作表合并 ·· 135
　　4.11.2　合并工作表(列的方式) ··· 136
4.12　数据统计与分析 ·· 137
　　4.12.1　升序排序 ·· 137
　　4.12.2　降序排序 ·· 138
　　4.12.3　多重排序 ·· 139
　　4.12.4　数据筛选 ·· 139
　　4.12.5　数据分类汇总(按字符型汇总) ····································· 140
　　4.12.6　数据分类汇总(按数值型汇总) ····································· 141
　　4.12.7　创建数据透视表 ·· 141
　　4.12.8　数据透视表分组 ·· 142
4.13　本章总结 ··· 143

第5章　数据可视化 ·· 145

5.1　matplotlib基础 ·· 145
　　5.1.1　创建绘图窗口(figure()函数) ·· 147
　　5.1.2　建立单个子图(subplot()函数) ······································ 148
　　5.1.3　设置坐标轴线 ·· 148
　　5.1.4　建立多个子图(一) ·· 149
　　5.1.5　建立多个子图(二) ·· 150
　　5.1.6　绘制一条直线 ·· 151
　　5.1.7　绘制多条直线 ·· 151
　　5.1.8　绘制曲线 ·· 152
　　5.1.9　添加图例 ·· 153
　　5.1.10　设置布局 ·· 154
　　5.1.11　共享轴线 ·· 155
　　5.1.12　共享X轴(twinx()函数) ·· 155
　　5.1.13　共享Y轴(twiny()函数) ·· 156
　　5.1.14　设置图形边界及数轴位置 ··· 157
　　5.1.15　设置图表与边界距离(subplot_adjust()) ························· 158

  5.1.16 填充颜色(subplot()) ·················· 158
5.2 柱状图(bar()) ·························· 159
  5.2.1 绘制普通柱状图 ·················· 159
  5.2.2 绘制分组柱状图 ·················· 161
  5.2.3 绘制叠加柱状图 ·················· 161
5.3 饼图(pie()) ····························· 162
  5.3.1 绘制普通饼图 ····················· 162
  5.3.2 饼图优化 ·························· 163
  5.3.3 绘制环形图 ······················· 164
5.4 折线图(plot()) ·························· 165
  5.4.1 绘制折线图 ······················· 165
  5.4.2 折线图优化 ······················· 166
  5.4.3 绘制多折线图 ···················· 167
  5.4.4 绘制叠加折线图(area()) ········ 167
5.5 散点图(scatter()) ······················ 168
  5.5.1 绘制散点图 ······················· 168
  5.5.2 绘制气泡图 ······················· 169
5.6 面积图(area()) ························· 170
  5.6.1 绘制面积图 ······················· 170
  5.6.2 绘制叠加区域图 ·················· 171
5.7 直方图(hist()) ·························· 172
  5.7.1 绘制直方图 ······················· 172
  5.7.2 直方图优化 ······················· 173
5.8 密度图(density()) ····················· 174
  5.8.1 绘制密度图 ······················· 174
  5.8.2 密度图优化 ······················· 175
5.9 雷达图 ··································· 176
5.10 数据透视表 ····························· 176
5.11 本章总结 ································ 177

第 6 章 界面设计 tkinter 库 ················ 179

6.1 常用窗口组件及简要说明 ············· 179
6.2 常用窗口组件设置 ······················ 180
6.3 有关锚定点说明 ·························· 181
6.4 窗体 ······································· 182
  6.4.1 创建窗体 1 ······················· 182

6.4.2	创建窗体2	184
6.4.3	创建窗体3	184
6.4.4	创建窗体4	185

6.5 标签(Label) ·············· 186
6.6 单行文本框(Entry) ·············· 187
6.7 多行文本框(Text) ·············· 188
    6.7.1 创建多行文本框 ·············· 188
    6.7.2 定位多行文本框内容位置 ·············· 189
    6.7.3 设置多行文本框内容格式 ·············· 189
6.8 命令按钮(Button) ·············· 190
6.9 单选按钮(Radiobutton) ·············· 190
6.10 复选框(Checkbutton) ·············· 191
6.11 列表框(Listbox) ·············· 192
6.12 滚动条(Scrollbar) ·············· 193
6.13 进度条(Scale) ·············· 194
6.14 框架(Frame) ·············· 195
6.15 消息框(messageBox) ·············· 195
    6.15.1 建立错误消息框 ·············· 195
    6.15.2 建立警告消息框 ·············· 196
    6.15.3 建立提示消息框 ·············· 197
    6.15.4 建立选择对话框 ·············· 197
6.16 菜单条(Menu) ·············· 198
    6.16.1 创建菜单 ·············· 198
    6.16.2 实现字体与字号联动 ·············· 199
6.17 菜单按钮(Menubutton) ·············· 199
6.18 选择菜单(OptionMenu) ·············· 200
6.19 形状控制(Canvas) ·············· 200
    6.19.1 画布上建立组件 ·············· 200
    6.19.2 画布上移动组件 ·············· 201
6.20 窗口布局管理(PanedWindow) ·············· 201
    6.20.1 创建子控件(两个) ·············· 201
    6.20.2 创建子控件(三个) ·············· 202
6.21 顶层(Toplevel) ·············· 202
6.22 窗口布局综述 ·············· 203
    6.22.1 生成组件填充窗口 ·············· 203
    6.22.2 纵向排列组件 ·············· 204

6.22.3 横向排列组件 ·· 204
6.22.4 按行列排列组件(grid) ·· 205
6.22.5 跨行跨列排列组件 ·· 206
6.22.6 组件精准布局(place) ··· 207
6.22.7 组件相互覆盖 ·· 208
6.22.8 组件相对位置和相对尺寸 ····································· 208
6.23 本章总结 ·· 209

第7章 openpyxl库 ··· 210

7.1 工作簿对象 ··· 210
7.1.1 创建工作簿 ··· 210
7.1.2 读取工作簿 ··· 211
7.1.3 工作簿相关操作 ··· 211
7.2 工作表对象 ··· 215
7.2.1 读取工作表数据 ··· 215
7.2.2 追加工作表数据 ··· 217
7.2.3 修改工作表数据 ··· 218
7.2.4 插入工作表数据 ··· 220
7.2.5 删除工作表数据 ··· 222
7.2.6 工作表数据转换 ··· 223
7.2.7 工作表相关操作 ··· 224
7.3 单元格对象 ··· 226
7.3.1 单元格数据读取 ··· 226
7.3.2 单元格数据写入 ··· 226
7.3.3 单元格公式写入 ··· 227
7.3.4 单元格合并 ··· 228
7.4 单元格格式 ··· 230
7.4.1 设置单元格字体(Font) ·· 230
7.4.2 设置单元格边框(Border) ····································· 232
7.4.3 设置单元格对齐方式(Alignment) ·························· 234
7.4.4 设置单元格背景颜色(PatternFill) ·························· 235
7.4.5 设置单元格行高 ··· 236
7.4.6 设置单元格列宽 ··· 237
7.5 本章总结 ·· 237

第8章 Python数据预处理 ··· 239

8.1 pandas数据结构 ·· 239

8.1.1 创建 Series 对象 …… 240
8.1.2 创建 DataFrame 对象 …… 241
8.2 数据基本操作 …… 242
8.2.1 通过行号和列号提取数据（iloc） …… 242
8.2.2 通过索引提取数据（loc） …… 243
8.2.3 插入数据 …… 245
8.2.4 遍历数据 …… 245
8.2.5 设置索引 …… 246
8.2.6 检测数据 …… 248
8.2.7 Series 对象与 DataFrame 对象相互转换 …… 249
8.3 数据增改 …… 250
8.3.1 新增数据 …… 250
8.3.2 修改数据 …… 251
8.3.3 删除数据 …… 253
8.4 数据清洗 …… 258
8.4.1 DataFrame 清洗 …… 258
8.4.2 Series 清洗 …… 262
8.5 数据格式化 …… 266
8.5.1 Series 数据格式化 …… 266
8.5.2 日期与时间格式化 …… 267
8.6 数据类型转换 …… 269
8.6.1 显示数据类型 …… 270
8.6.2 设置数据类型 …… 271
8.6.3 自动设置数据类型 …… 272
8.6.4 数据类型转换方式 …… 273
8.6.5 数据类型筛选 …… 277
8.7 数据排序 …… 277
8.7.1 按索引排序 …… 278
8.7.2 按数值排序 …… 279
8.7.3 其他排序 …… 281
8.8 数据计算与统计 …… 282
8.8.1 数据计算 …… 283
8.8.2 数据统计 …… 290
8.8.3 数据信息统计 …… 299
8.9 数据分组 …… 303
8.9.1 数据分组类型 …… 303

8.9.2　分组应用 ……………………………………………………… 305
　　　8.9.3　应用组合 ……………………………………………………… 306
　8.10　日期时间序列 …………………………………………………………… 309
　　　8.10.1　日期时间对象 ………………………………………………… 309
　　　8.10.2　时间差创建日期时间序列 …………………………………… 310
　　　8.10.3　日期时间序列索引 …………………………………………… 310
　　　8.10.4　日期时间序列相关功能 ……………………………………… 312
　　　8.10.5　日期时间序列的应用 ………………………………………… 313
　8.11　pandas 数据处理常用函数 …………………………………………… 316
　　　8.11.1　显示前 N 行数据(head()) ……………………………………… 316
　　　8.11.2　输出数据基本信息(info()) …………………………………… 316
　　　8.11.3　数据统计汇总(describe()) …………………………………… 317
　　　8.11.4　统计类的数量(value_counts()) ……………………………… 317
　　　8.11.5　判断数据缺失值(isna()) ……………………………………… 318
　　　8.11.6　判断数据缺失值(any()) ……………………………………… 319
　　　8.11.7　删除缺失值数据(dropna()) …………………………………… 320
　　　8.11.8　填充缺失数据(fillna()) ………………………………………… 320
　　　8.11.9　数据索引排序(sort_index()) ………………………………… 321
　　　8.11.10　数据排序(sort_values()) …………………………………… 322
　　　8.11.11　更改数据类型(astype()) …………………………………… 323
　　　8.11.12　修改数据列名称(rename()) ………………………………… 324
　　　8.11.13　设置索引(set_index()) ……………………………………… 324
　　　8.11.14　重置索引(reset_index()) …………………………………… 325
　　　8.11.15　删除重复值(drop_duplicates()) …………………………… 326
　　　8.11.16　删除字段(drop()) …………………………………………… 327
　　　8.11.17　数据筛选(isin()) ……………………………………………… 327
　　　8.11.18　变量离散化(pd.cut()) ……………………………………… 328
　　　8.11.19　变量离散化(pd.qcut()) ……………………………………… 330
　　　8.11.20　替换数据(where()) ………………………………………… 331
　　　8.11.21　数据拼接(pd.concat()) ……………………………………… 332
　　　8.11.22　数据透视(pivot_table()) …………………………………… 334
　8.12　本章总结 ………………………………………………………………… 334

参考文献 …………………………………………………………………………… 335

第 1 章　Python 基础

1.1　Python 语言介绍

Python 语言诞生于 20 世纪 90 年代初，由荷兰人 Guido van Rossum 发明。Python 是一种跨平台的编程语言，以其简洁的语法和对初学者的友好性而著称。它拥有丰富的库，能够覆盖从爬虫、机器学习到数据处理和图像处理等多个领域，满足广泛的应用需求。Python 是一种"胶水语言"，可以轻松调用主流的 C、C++、Java 类库。

1.2　Python 语言特点

（1）简单。Python 语言以其"优雅"的语法而著称，它避免了其他编程语言中常见的大括号、分号等特殊符号，体现了一种极简的设计思想。

（2）易学。Python 语言入手快，学习门槛低，可以直接通过命令行的交互环境来学习。

（3）免费开源。Python 语言中的所有内容都是免费开源的，可以免费使用。

（4）自动内存管理。Python 语言中的内存管理是自动完成的，可以使我们专注于程序本身。

（5）可移植。Python 语言是开源的，其本身已经被移植到了大多数的平台上，如 Windows、macOS、Linux、Android、iOS 等。

（6）解释性。Python 语言编写的程序不需要编译成二进制代码，而是可以通过 Python 解释器直接执行源代码。

（7）面向对象。Python 语言既支持面向过程，又支持面向对象，使编写程序更加灵活。

（8）可扩展。Python 语言除使用 Python 本身编写程序外，还可以混合使用 C 语言、Java 语言等。

（9）丰富的第三方库。Python 不仅内置了丰富而强大的库，而且得益于其开源特性,还拥有大量第三方库,覆盖了 Web 开发、爬虫、科学计算等多个领域。

Python 语言的代码整洁美观,用缩进表示大括号,一般缩进 4 个空格(一个 Tab 键的位置),若程序中的语句需要换行,则缩进必须保持一致,否则运行时会报错。

1.3 Python 应用领域

1.3.1 数据爬虫

当今互联网数据信息数量非常巨大,为了快速获取有用的公开信息,数据爬虫可以发挥重要的作用。Python 语言能够通过 requests 第三方库抓取网页数据,然后利用 BeautifulSoup 第三方库解析网页并组织数据,从而快速且精准地获取数据。

1.3.2 Web 开发

除了 Java 语言,Python 也是进行快速 Web 开发的优选语言。Python 的 Django 和 Flask 等知名 Web 框架能够充分利用 Python 的语言特性,实现高效的 Web 开发。

1.3.3 软件测试

Python 可以用来写测试脚本。目前主流的自动化测试框架都支持 Python 脚本。

1.3.4 运维管理

Python 提供了多种强大的工具,适用于大型平台的运维管理,包括自动化运维。例如,fabric、SaltStack 和 Ansible 等工具能够高效地处理运维任务,发挥 Python 在自动化运维方面的优势。

1.3.5 人工智能

人工智能的核心是算法和模型。人工智能领域要求快速聚焦问题本质,并进行交互式模型训练。Python 语言凭借其丰富的库和工具,能够满足这些需求。目前,深度学习领域内两个主流的框架——TensorFlow 和 PyTorch,都是使用 Python 编写的。此外,Darknet,一个专注于目标检测的框架,同样是基于 Python 开发的。神经网络计算通常涉及大量高维矩阵的复杂乘法运算。相较于使用 Java,Python 因其语法特性在处理这类高维数据运算方面更为高效。这使得 Python 成为训练权重模型的理想选择,尤其是在识别图像中目标的数量和位置等任务上。

1.3.6 数据分析

处理大量数据是 Python 语言的强项之一。数据分析库 pandas 提供了一系列便捷的 API(Application Programming Interface,应用程序编程接口),用于数据的分析、结构化处理以及图形展示。Python 语言提供了多种快速可视化工具,例如 matplotlib 和 holoviews,使得数据可视化变得简单快捷。

1.4 Python 开发环境搭建

1.4.1 Python 软件下载(Windows 系统)

(1)通过搜索引擎搜索"Python 官网",打开 Python 官网,界面如图 1-1 所示。

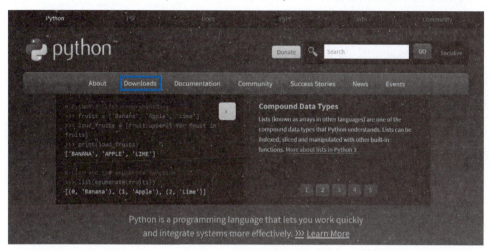

图 1-1 Python 官网界面

(2)选择网页上的"Downloads→Windows"选项,弹出界面如图 1-2 所示。

图 1-2 Python 下载界面

（3）向下拖动屏幕，找到"Python 3.11.3-April 5,2023"版本，弹出界面如图1-3所示。

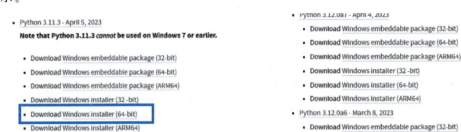

图1-3　Python对应版本

（4）在弹出的界面中，单击"Download Windows installer（64-bit）"下载Python安装文件。文件下载成功之后，找到如图1-4所示的Python安装文件。

图1-4　Python安装文件

1.4.2　Python软件的安装

（1）双击"python-3.11.3-amd64.exe"安装文件图标，弹出界面如图1-5所示。

图1-5　Python安装界面

（2）在弹出的界面中勾选"Add python.exe to PATH"选项（注意此处一定要勾选），单击Install Now按钮，开始安装，弹出界面如图1-6所示。

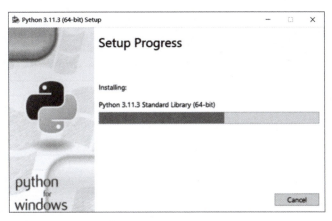

图 1-6 Python 开始安装界面

(3) 安装完成之后,安装成功界面如图 1-7 所示。

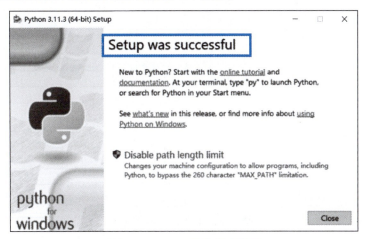

图 1-7 Python 安装成功界面

(4) 单击 Close 按钮完成安装。找到"IDLE(Python 3.11 64-bit)"图标,如图 1-8 所示。

图 1-8 Python 图标

1.4.3 Python 软件的使用

(1) 双击 IDLE(Python 3.11 64-bit)图标,进入 Python 主界面,如图 1-9 所示。

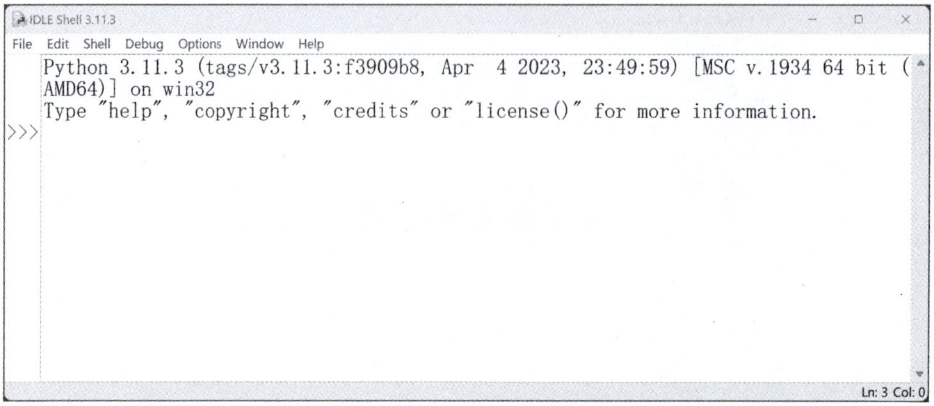

图 1-9　Python 主界面

（2）在 Python 主界面中选择 File→New File 命令,进入 Python 工作界面,如图 1-10 所示。

图 1-10　Python 工作界面

（3）在 Python 工作界面中输入程序代码,如图 1-11 所示。

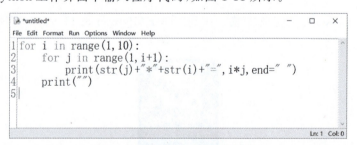

图 1-11　编写 Python 程序界面

（4）在程序界面中,按 F5 键(快捷键)运行程序,程序运行结果如图 1-12 所示。

说明:初次运行程序时,用户需要指定程序的存放位置和名称。程序的存放位置及名字可以自行设定。

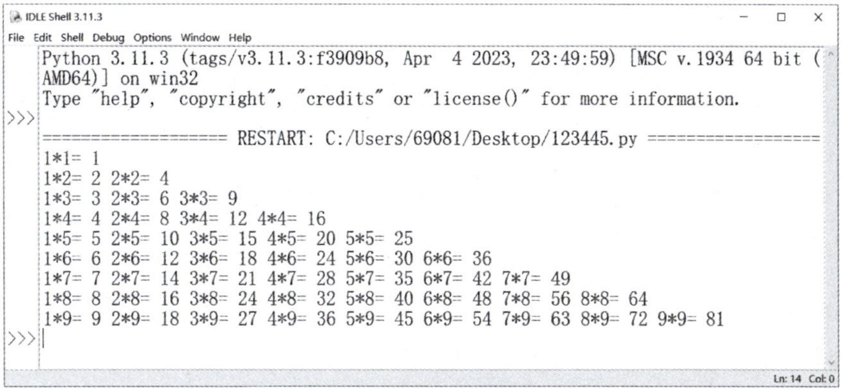

图 1-12　程序运行结果

1.5　循环语句

在 Python 语言中，循环语句主要包括两种结构：for 循环和 while 循环。

1.5.1　for 循环语句

for 循环的语句格式如下：

for 变量名 range(初值,终值,步长)

实例 01：连续输出 0～9 的十个数。

```
for i in range(10):
    print(i)
```

运行结果如图 1-13 所示。

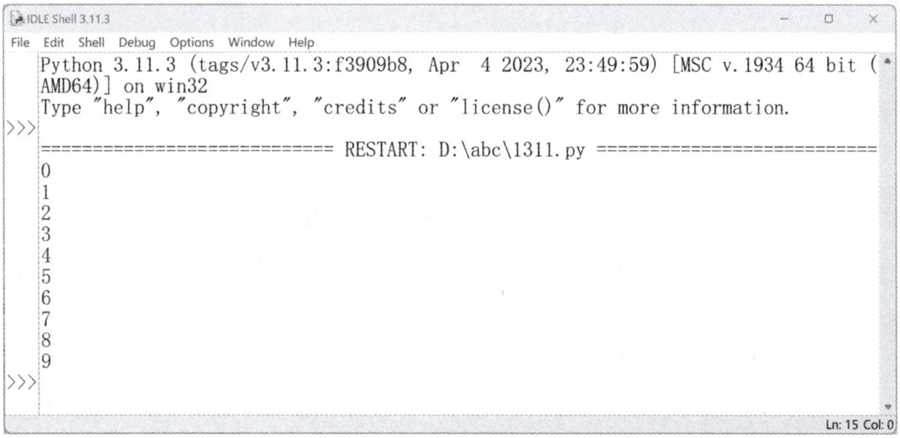

图 1-13　循环语句

说明：本例中的代码输入要求如下。

（1）for 循环语句的结尾是英文":"。

（2）循环体内的 print(i)需要缩进一个 Tab 键的距离。

（3）变量 i 从数字 0 开始变化。

（4）变量 i 的变化过程中不包含括号里的 10，即循环区间为"左闭右开"，即[0,10)。

（5）初值可以不写，默认值为 0。

（6）步长可以不写，默认值为＋1(可简化为 1)。

（7）程序的输出方式为纵向排列。

实例 02：连续输出 0～9 的十个数，并以横向排列输出。

```
for i in range(10):
    print(i,end=" ")
```

运行结果如图 1-14 所示。

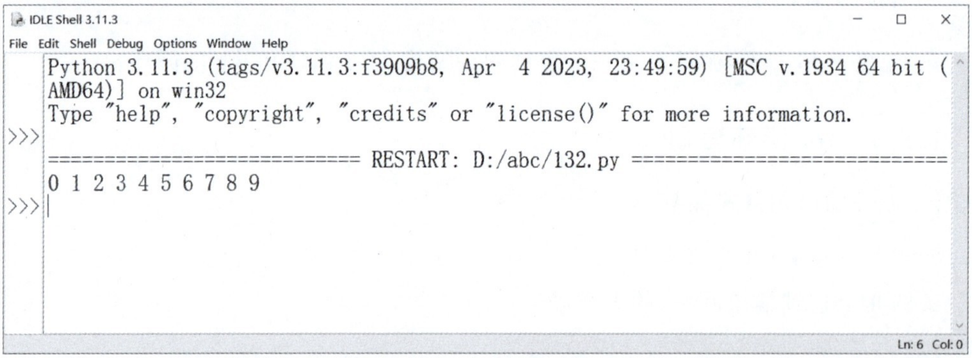

图 1-14　横向排列输出

说明：本例中代码的含义如下。

（1）end=" "的含义是不换行。

（2）print("")语句的含义是换行，引号""间没有内容。

（3）end=" "中两个引号之间为空格，表示以空格间隔两个数据，可以根据需要把空格换成逗号或其他符号。

（4）若需要强制换行，则输入 print("")即可。

实例 03：连续输出 3～8 区间的数字，并以横向排列输出。

```
for i in range(3,9):
    print(i,end=" ")
```

运行结果如图 1-15 所示。

说明：本例中使用了初值，初值设定为 3。

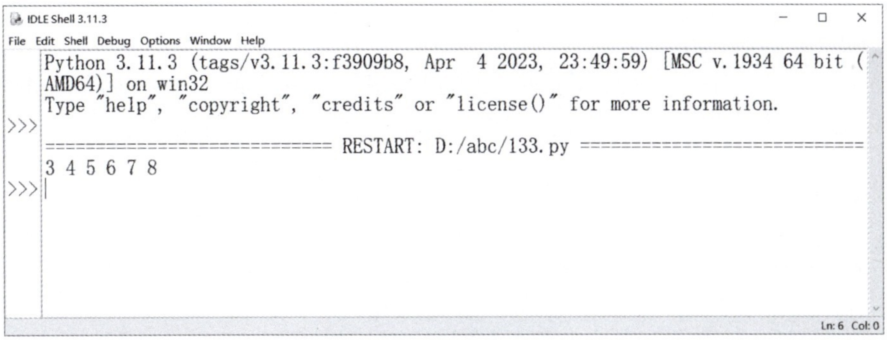

```
             ============================ RESTART: D:/abc/133.py ===========================
             3 4 5 6 7 8
>>>
```

图 1-15　初值的使用

实例 04：输出数字 2、4、6、8、10，并以横向排列输出。

```
for i in range(2,11,2):
    print(i,end=" ")
```

运行结果如图 1-16 所示。

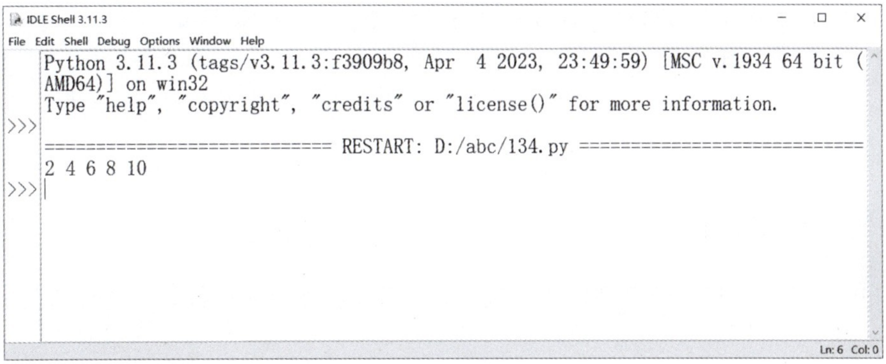

```
             ============================ RESTART: D:/abc/134.py ===========================
             2 4 6 8 10
>>>
```

图 1-16　终值的使用

说明：本例中代码的变化如下。

(1) 使用了初值，设定为 2。

(2) 使用了终值，设定为 11，不包括 11，为左闭右开区间[2,11)。

(3) 使用了步长，设定为＋2，可简写为 2。

(4) 步长可以为负值，需要根据实际情况调整初值和终值，即初值大于终值。

实例 05：输出九九乘法表。

```
for i in range(1,10):
    for j in range(1,i+1):
        print(str(j)+" * "+str(i)+"=",i*j,end=" ")
    print("")
```

运行结果如图 1-17 所示。

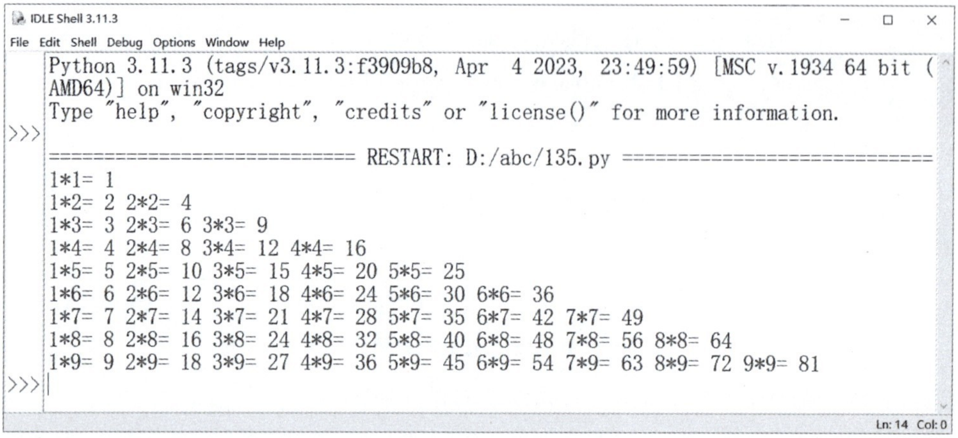

```
IDLE Shell 3.11.3
File Edit Shell Debug Options Window Help
    Python 3.11.3 (tags/v3.11.3:f3909b8, Apr  4 2023, 23:49:59) [MSC v.1934 64 bit (
    AMD64)] on win32
    Type "help", "copyright", "credits" or "license()" for more information.
>>> 
    ========================= RESTART: D:/abc/135.py =========================
    1*1= 1
    1*2= 2  2*2= 4
    1*3= 3  2*3= 6  3*3= 9
    1*4= 4  2*4= 8  3*4= 12  4*4= 16
    1*5= 5  2*5= 10  3*5= 15  4*5= 20  5*5= 25
    1*6= 6  2*6= 12  3*6= 18  4*6= 24  5*6= 30  6*6= 36
    1*7= 7  2*7= 14  3*7= 21  4*7= 28  5*7= 35  6*7= 42  7*7= 49
    1*8= 8  2*8= 16  3*8= 24  4*8= 32  5*8= 40  6*8= 48  7*8= 56  8*8= 64
    1*9= 9  2*9= 18  3*9= 27  4*9= 36  5*9= 45  6*9= 54  7*9= 63  8*9= 72  9*9= 81
>>> 
```

图 1-17　九九乘法表

说明：本例中代码的变化如下。

（1）使用到了双循环语句。

（2）双循环语句中的内循环语句依次向后缩进一个 Tab 键位置。

（3）str() 为转换函数，将数值型数据转换为字符型数据。

（4）print("") 语句的含义是强制换行。使用时注意其所在的位置，位置不同，含义不同。

1.5.2　while 循环

while 循环语句适用于循环次数不确定的情况，它会持续执行直到条件表达式的结果为 False。

实例 06：使用 while 循环语句画出五角星。

```
from turtle import *              #调用第三方库
while True:                       #设置循环（死循环）
    fd(200)                       #前进
    rt(144)                       #右转
    if abs(pos())<1:              #设置条件
        break                     #跳出循环
```

运行结果如图 1-18 所示。

说明：本例中代码的变化如下。

（1）break 语句的含义为结束循环，对应的语句是 continue。

（2）rt(144) 语句中的数字为弧度。更改程序中弧度的度数，可以画出六角星、八角星等。

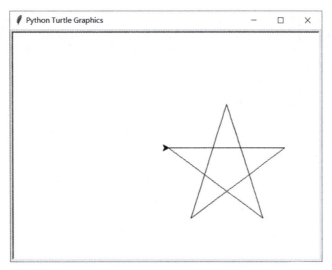

图 1-18　五角星

实例 07：使用 while 循环语句输出 20 以内的所有偶数。

```
count＝0                                #设置初值
while True:                             #设置循环(死循环)
    count＋＝2                           #变量累加
    print(count, end=" ")               #横向输出
    if count＞19:                        #设置条件
        break                           #跳出循环
```

运行结果如图 1-19 所示。

图 1-19　偶数（20 以内）

实例 08：使用 while 循环语句输出 100 以内所有能被 5 整除的数。

```
count＝0                                #设置初值
while count＜100:                        #设置循环
    count＋＝1                           #变量累加
    if int(count/5)!＝count/5:            #设置条件
```

```
        continue                          #满足条件重新判断
    print(count, end =" ")                #横向输出数据
```

运行结果如图 1-20 所示。

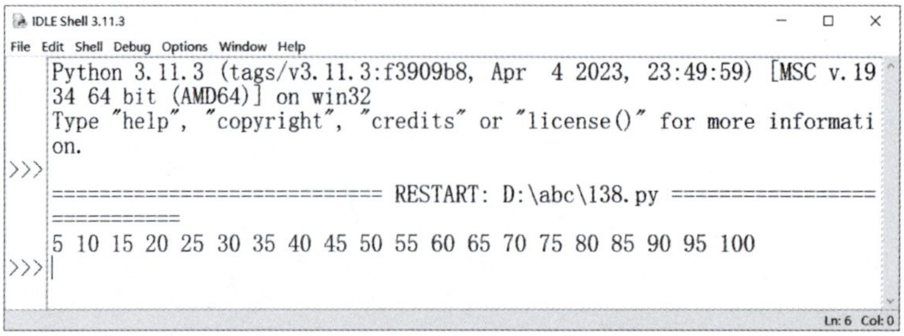
IDLE Shell 3.11.3
File Edit Shell Debug Options Window Help
Python 3.11.3 (tags/v3.11.3:f3909b8, Apr 4 2023, 23:49:59) [MSC v.1934 64 bit (AMD64)] on win32
Type "help", "copyright", "credits" or "license()" for more information.
>>>
========================== RESTART: D:\abc\138.py ==========================
5 10 15 20 25 30 35 40 45 50 55 60 65 70 75 80 85 90 95 100
>>>
Ln: 6 Col: 0

图 1-20　数字 5 的倍数(100 以内)

1.6　条件语句

在 Python 语言中,条件语句主要包括：简单条件语句、二分支条件语句和多分支条件语句。

1.6.1　简单条件语句(if)

实例 09：输出所有 100 以内(1～100)的 7 的倍数。

```
for i in range(1,101):                    #设置循环
    if int(i/7)==i/7:                     #设置条件
        print(i,end=" ")                  #横向输出数据
```

运行结果如图 1-21 所示。

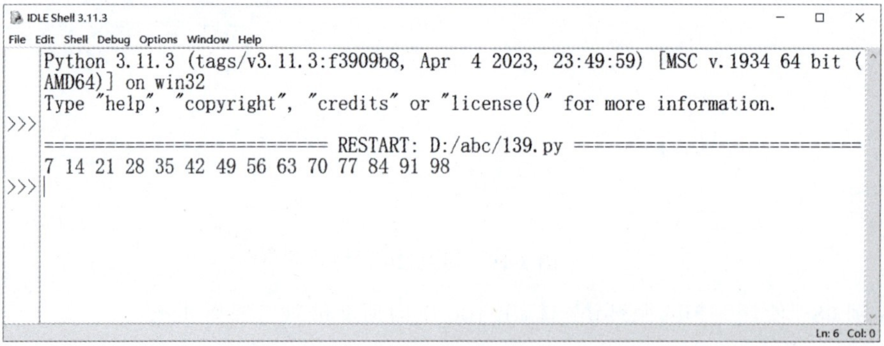
IDLE Shell 3.11.3
File Edit Shell Debug Options Window Help
Python 3.11.3 (tags/v3.11.3:f3909b8, Apr 4 2023, 23:49:59) [MSC v.1934 64 bit (AMD64)] on win32
Type "help", "copyright", "credits" or "license()" for more information.
>>>
========================== RESTART: D:/abc/139.py ==========================
7 14 21 28 35 42 49 56 63 70 77 84 91 98
>>>
Ln: 6 Col: 0

图 1-21　数字 7 的倍数(100 以内)

说明：本例中代码说明如下。

(1) int()函数为取整函数。

(2) 在Python语言中,单个等号"="表示赋值,两个等号"=="表示等于。

1.6.2 二分支条件语句(if-else)

实例10:通过键盘输入一个数字,判断其为奇数还是偶数。

```
n=input("请输入一个整数 N:")              #从键盘接收数据
if int(n)%2==0:                          #设置条件(如果)
    print(str(n)+"是偶数")
else:                                     #设置条件(否则)
    print(str(n)+"是奇数")
```

运行结果如图1-22所示。

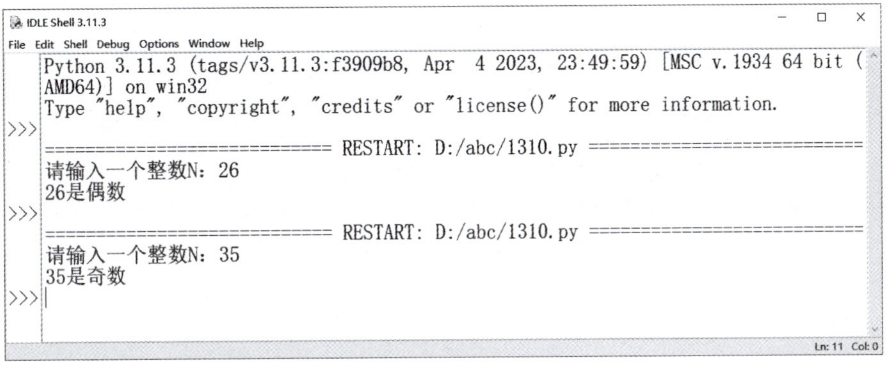

图 1-22　判断奇数、偶数

说明:本例中代码说明如下。

(1) input()是接收语句,接收的数据类型默认为字符型,需要将其转换为数值型才可以进行运算。

(2) 本例中int()函数为转换函数,将字符型数据转换为数值型数据。

(3) int()函数同时具有数值取整的功能,使用时注意加以区分。

1.6.3 多分支条件语句(if-elif-else)

实例11:输入学生成绩,判断其等级。

```
n=input("请输入学生成绩:")                #从键盘接收数据
if int(n)>=90:                           #设置条件(如果)
    print("成绩"+n+":优秀")
elif 60<=int(n)<90:                      #设置条件(否则如果)
    print("成绩"+n+":通过")
else:                                     #设置条件(否则)
    print("成绩"+n+":未通过")
```

运行结果如图1-23所示。

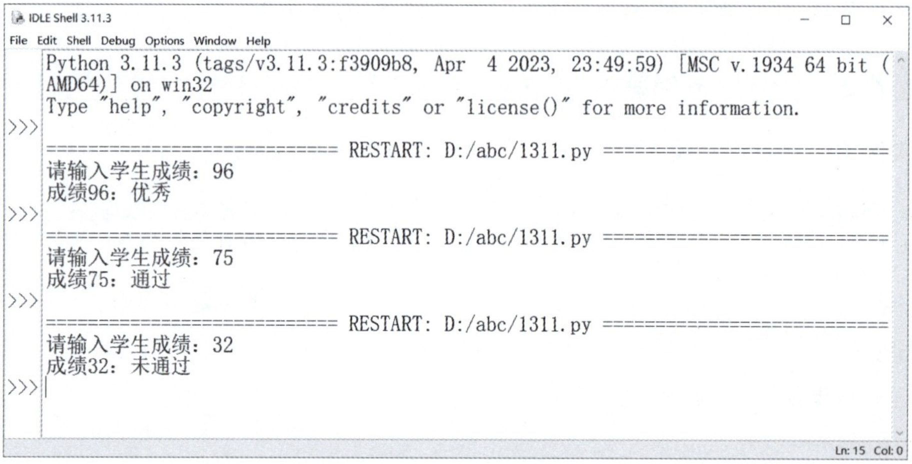
IDLE Shell 3.11.3
File Edit Shell Debug Options Window Help
Python 3.11.3 (tags/v3.11.3:f3909b8, Apr 4 2023, 23:49:59) [MSC v.1934 64 bit (AMD64)] on win32
Type "help", "copyright", "credits" or "license()" for more information.
>>>
========================== RESTART: D:/abc/1311.py ==========================
请输入学生成绩：96
成绩96：优秀
>>>
========================== RESTART: D:/abc/1311.py ==========================
请输入学生成绩：75
成绩75：通过
>>>
========================== RESTART: D:/abc/1311.py ==========================
请输入学生成绩：32
成绩32：未通过
>>>
Ln: 15 Col: 0

图 1-23 判断学生成绩等级

说明：本例中代码说明如下。

(1) if 为初始条件判断(如果)。

(2) elif 为当 if 条件不成立时才执行判断(否则如果)。

(3) else 为所有条件都不成立时才执行判断(否则)。

(4) elif 语句可以有多项,为多分支条件语句判断。

1.7 列表

列表是包含零个或多个对象的有序序列,没有长度限制,可自由增删元素。不含任何元素的列表称为空列表,它常用于初始化为空的列表。列表是存储和检索数据的有序序列,在访问列表中的元素时,可以通过整数索引进行查找,其中索引表示元素在列表中的位置。列表用中括号"[ ]"表示。

实例 12：创建列表,列表元素包含 123、"abc"、[20,"python"]和 456。

命令及运行结果如图 1-24 所示。

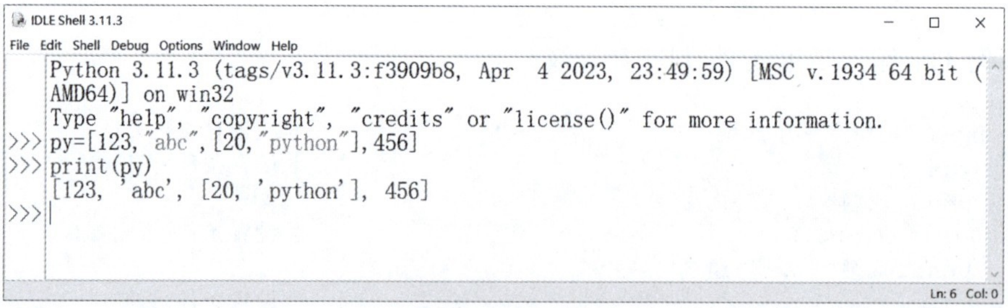
IDLE Shell 3.11.3
File Edit Shell Debug Options Window Help
Python 3.11.3 (tags/v3.11.3:f3909b8, Apr 4 2023, 23:49:59) [MSC v.1934 64 bit (AMD64)] on win32
Type "help", "copyright", "credits" or "license()" for more information.
>>> py=[123,"abc",[20,"python"],456]
>>> print(py)
[123, 'abc', [20, 'python'], 456]
>>>
Ln: 6 Col: 0

图 1-24 列表

说明：本例中列表 py 中包含一个子列表[20,"python"]。

实例 13：提取实例 12 列表中的字母 p。

命令及运行结果如图 1-25 所示。

图 1-25 列表提取数据

说明：本例中涉及列表中"分片"的概念。

(1) Python 语言中的计数是从 0 开始的。

(2) 本例中 py[2] 的结果为[20,"python"]。

(3) 在(2)的基础上，py[2][-1]中的[-1]的含义是取最后一项，即"python"。

(4) 在(3)的基础上，py[2][-1][0]中[0]的含义是取第一个字母，即"python"中的字母 p。

1.8 字典

字典是包含若干"键:值"(也称为键值对)元素的无序可变序列。字典中的每个元素包含用英文冒号分隔开的"键"和"值"两部分。不同元素(键值对)之间用英文逗号分隔。字典用花括号"{ }"表示。

实例 14：创建字典，字典元素包含{"吉林":"长春","辽宁":"沈阳","浙江":"杭州"}，其中"键"为各省名称，"值"为各省会城市名称。

命令及运行结果如图 1-26 所示。

图 1-26 字典

实例 15：在实例 14 的字典中查找"辽宁"的省会城市。

命令及运行结果如图 1-27 所示。

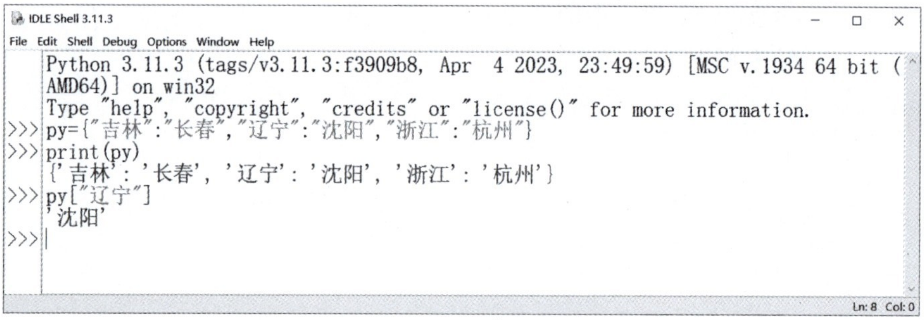

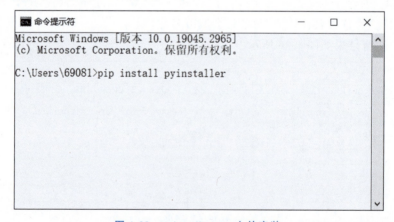

图1-27 字典查找数据

说明：字典中的每组元素表示一种映射关系，根据提供的"键"可以访问对应的"值"。如果字典中不存在这个"键"，则会报错。本例中涉及的键值对为"辽宁":"沈阳"。

1.9 Python 文件打包输出

1.9.1 文件打包输出

Python 文件的运行需要 Python 解释器的环境。如果要使 Python 程序独立于 Python 环境运行，则可以通过打包工具将源代码转换成可执行文件（例如 Windows 系统中的 .exe 文件）。

实例 16：将"早安中国.py"程序打包输出。

1. pyinstaller.exe 文件的安装

pyinstaller.exe 文件的安装与第三方库安装一样，在 cmd 窗口中直接输入 pip install pyinstaller 命令即可，如图 1-28 所示。

图 1-28 pyinstaller.exe 文件安装

2. 建立文件夹，将打包文件放入其中

本例中在 D 盘创建 eee 文件夹，打包文件为"早安中国.py"，如图 1-29 所示。

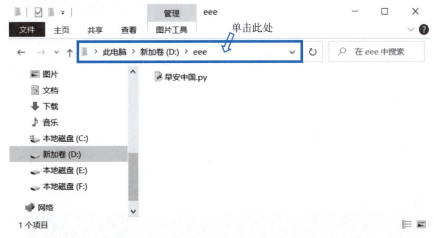

图 1-29　打包文件夹

3. 切换到目标文件目录

单击图 1-29 所示地址区域并输入 cmd，即可切换到目标文件目录，如图 1-30 所示。

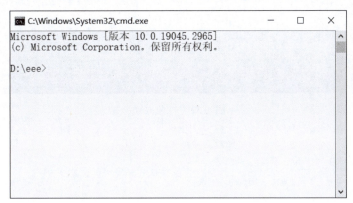

图 1-30　目标文件目录

4. 打包文件

在图 1-30 中，输入"pyinstaller -F 早安中国.py"，如图 1-31 所示。

5. 打包成功

按回车键，出现以下提示即为打包成功，如图 1-32 所示。

6. 打包成功的结果

打包成功后，会在目标文件目录下出现图 1-33 所示文件。

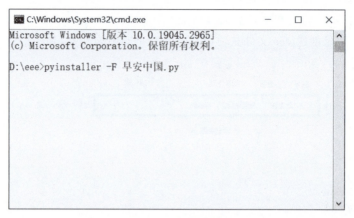

图 1-31 打包文件

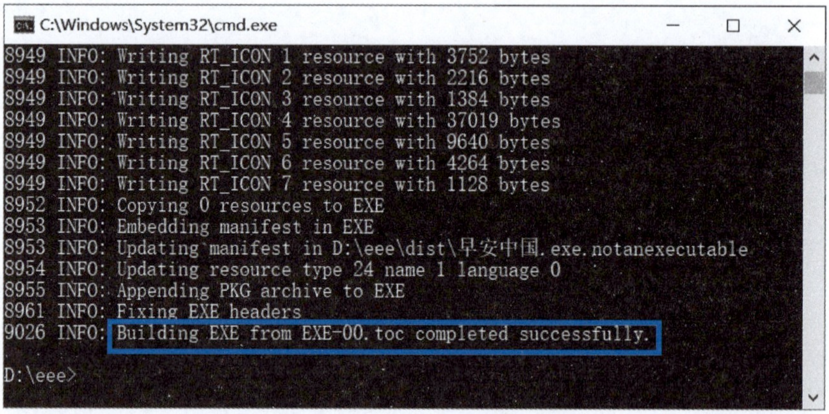

图 1-32 打包成功

图 1-33 打包结果

7. 寻找打包文件(.exe)

在 dist 文件夹(见图 1-33)中包含已打包好的.exe 文件,双击该文件即可在没有安装 Python 环境的计算机上独立运行,如图 1-34 所示。

图 1-34　打包文件

pyinstaller 中的常用参数如表 1-1 所示。

表 1-1　pyinstaller 中的常用参数

序　号	参　数	说　明
1	-F	只在 dist 中产生一个 exe 文件
2	-w	只对 Windows 有效,不使用控制台
3	-D	默认选项,除了 exe 外,还会在 dist 中生成很多依赖文件
4	-i	设置好看的 ico 格式的图标,加上该参数,指定图标路径
5	-p	设置导入路径

1.9.2　设置打包文件图标

对于实例 16 中的打包文件,用户可以进行个性化设置,如为文件设置自己喜欢的图标。

实例 17:将"早安中国.py"文件打包并为其设置新的图标。

1. 添加图标

将图标文件 xm.ico 放入"早安中国.py"所在的文件夹中(.ico 文件可以在网站中生成)。本例中使用的是 D 盘 eee 文件夹,如图 1-35 所示。

2. 设置图标

在 cmd 窗口中输入"pyinstaller -F -i xm.ico 早安中国.py"并按 Enter 键,如图 1-36 所示。

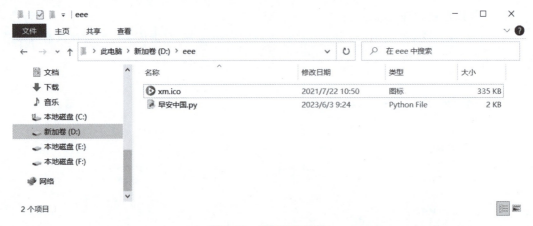

图1-35　添加图标文件

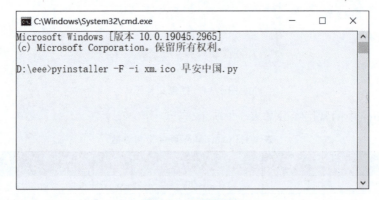

图1-36　设置图标

3．图标设置成功

出现以下提示即为图标设置成功，如图1-37所示。

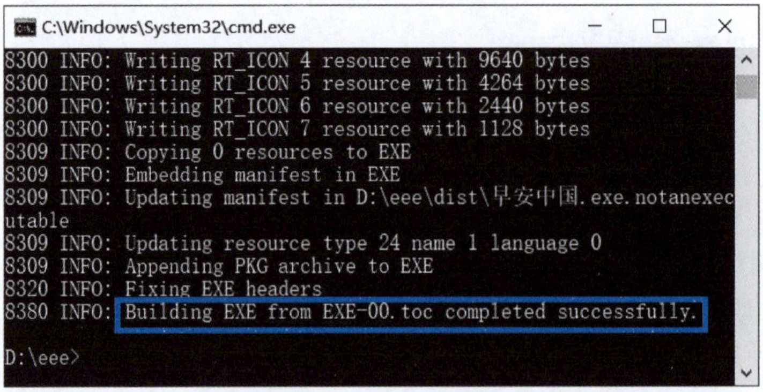

图1-37　图标设置成功

4. 设置成功的结果

设置成功后,会在目标文件目录下出现以下文件,如图 1-38 所示。

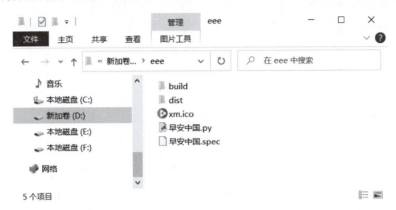

图 1-38 设置成功结果

5. 寻找打包文件(.exe)

在图 1-38 中的 dist 文件夹里即可找到设置好图标的.exe 文件,如图 1-39 所示。

图 1-39 图标设置打包文件

1.10 本章总结

本章主要简单介绍 Python 语言的基础知识,更详细的内容可参考相关书籍。

Python 语言的特点是具有庞大的第三方库。截至 2024 年,Python 语言的第三方库超过 50 万,并且还在持续增长。在 Python 中,通过调用第三方库来构建应用程序,而这些应用程序的开发依赖于对 Python 基础知识的掌握。

循环语句、条件语句、列表和字典是构成 Python 语言基础的核心元素,它们是掌握 Python 语言的关键。循环语句使得程序能够快速重复执行任务,而条件语句则确保这种重复能够根据特定条件进行控制，防止程序无序运行。这两者的结合，就像汽车的油门和刹车一样，需要相互配合才能确保程序的高效和安全运行。列表和字典是Python语言基础中重要的两个概念，在Python应用中发挥着不可替代的作用。

　　本章目的是为读者建立一个Python语言的整体框架，为后续学习打下基础，扫清障碍。在后续章节中，将主要讲解Python语言的应用，即调用第三方库对Excel文件中的数据进行数据处理与分析。

CHAPTER 2

第2章 xlrd库和xlwt库

计算机相较于历史上的计算工具,如算盘,其显著优势在于其卓越的计算速度和先进的数据存储能力,同时还具备自动化处理复杂计算任务的能力。在当今大数据时代,对于庞大的数据量,计算机已成为不可或缺的工具,能够高效处理那些手动计算无法胜任的复杂和大规模数据分析任务。

Excel文件的功能之一是数据存储。早期的Excel文件主要采用.xls格式,这是Microsoft Excel 2007版本之前使用的文件格式。数据积累是一个长期过程,许多企业无论规模大小,经过多年的发展,都积累了大量的数据。这些数据最初主要存储在.xls文件中,尽管现在可以转换为更现代的.xlsx格式,但了解基于Python的两个第三方库xlrd和xlwt仍然具有重要意义。这不仅是为了掌握如何处理Excel数据,也是为了理解Python在Excel数据处理领域第三方库的发展历程。

本章主要介绍第三方库xlrd和xlwt的使用,旨在处理企业多年积累的大量.xls格式Excel数据。本章分别对工作簿的创建、读取和保存,工作表的添加和读取,数据的写入、读取、修改、插入、删除、计算以及格式设置进行全面系统的介绍。通过学习,可以掌握在大数据时代使用Python程序自动处理Excel文件数据的技能,深入了解计算机的工作流程,实现数据处理自动化。

本章涉及的概念有:工作簿(Workbook)、工作表(Sheets)和单元格(Cell)。

2.1 创建工作簿

2.1.1 新工作簿的创建

实例01:在D盘abc文件夹下创建一个工作簿,要求其中包含名为"职工工资"的工作表,在第1个单元格中输入"职工号",并将工作簿以"211.xls"文件保存。

```
import xlwt                                    # 调用第三方库
df=xlwt.Workbook()                             # 创建工作簿
```

```
ws=df.add_sheet("职工工资")              #创建工作表
ws.write(0,0,"职工号")                    #填写内容
df.save(r"d:\abc\211.xls")                #保存工作簿
```

运行结果如图2-1所示。

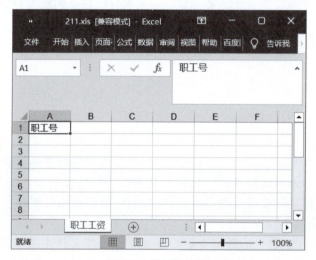

图2-1 创建工作簿

说明：在工作表中，第1个单元格的位置为(0,0)，在进行保存时，代码中的小写字母"r"的含义为转义。

(1) 工作前，首先需要在D盘中创建一个名字为abc的文件夹，用来存放所创建的文件，并同时完成相应的第三方库的安装。

(2) xlrd库是用于读取Excel文件的第三方库，也称为外部库，用于实现工作簿的读取。本例没有涉及。

(3) xlwt库是用于写入Excel文件的第三方库，用于实现工作簿的创建和保存等功能。

(4) xlrd库及xlwt库主要支持.xls文件的读取，注意此例中保存的文件扩展名为.xls。

2.1.2 添加工作表

实例02：打开工作簿"饮料销售情况.xls"，增加名称为"销售情况"的新工作表，并将工作簿以"212.xls"文件名保存。

```
import xlrd                                       #调用第三方库
import xlwt                                       #调用第三方库
from xlutils.copy import copy                     #调用第三方库
df=xlrd.open_workbook(r'd:\abc\饮料销售情况.xls')   #打开工作簿
ndf=copy(df)                                      #复制工作簿
```

```
ndf.add_sheet('销售情况')                    #添加新工作表
ndf.save(r"d:\abc\212.xls")                  #保存工作簿
```

运行结果如图 2-2 所示。

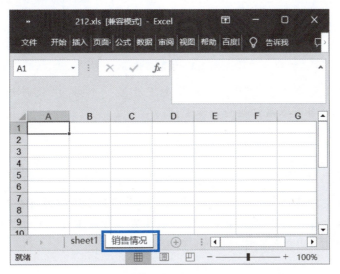

图 2-2　添加工作表

说明：本例中涉及三个外部库，其中，xlrd 库用于读取工作簿，xlwt 库用于保存工作簿，xlutils 库用于复制工作簿。由于 xlrd 库读入的工作簿不能修改，所以需要先复制成新的工作簿，再进行后面的操作。

在 Python 中，使用 xlrd 库读取 Excel 文件，使用 xlwt 库生成 Excel 文件。需要注意的是，使用 xlrd 库读取的 Excel 文件默认是只读的。若要进行修改，可以先利用 xlutils 库(它依赖于 xlrd 和 xlwt)将读取的内容复制到一个新的 Excel 文件中，从而实现对数据的编辑。xlutils 库在这里起到了桥接 xlrd 库和 xlwt 库的作用，类似于在两者之间建立了一个连通的管道，解除了 xlrd 库的只读限制。

2.2　读取工作簿

实例 03：打开工作簿"饮料销售情况.xls"，输出工作表中的全部数据。

```
import xlrd                                              #调用第三方库
df=xlrd.open_workbook(r"d:\abc\饮料销售情况.xls")        #读取工作簿
ws=df.sheet_by_index(0)                                  #读取工作表
for i in range(ws.nrows):
    print(ws.row(i))                                     #输出工作表中的数据
```

运行结果如图 2-3 所示。

```
[text:'品名', text:'单位', text:'单价', text:'容量', text:'数量', text:'总价']
[text:'怡宝', text:'瓶', number:1.6, text:'350ml', number:50.0, empty:'']
[text:'农夫山泉', text:'瓶', number:1.6, text:'380ml', number:50.0, empty:'']
[text:'屈臣氏', text:'瓶', number:2.5, text:'400ml', number:50.0, empty:'']
[text:'加多宝', text:'瓶', number:5.5, text:'500ml', number:30.0, empty:'']
[text:'可口可乐', text:'瓶', number:2.8, text:'330ml', number:40.0, empty:'']
[text:'椰树椰汁', text:'听', number:4.6, text:'245ml', number:60.0, empty:'']
[text:'美汁源', text:'瓶', number:4.0, text:'330ml', number:60.0, empty:'']
[text:'雪碧', text:'听', number:2.9, text:'330ml', number:60.0, empty:'']
[text:'红牛饮料', text:'听', number:6.9, text:'250ml', number:30.0, empty:'']
>>>
```

图 2-3　读取工作簿

说明：本例需要事先在 D 盘 abc 文件夹下放置一个名为"饮料销售情况.xls"的 Excel 文件（具体文件见本书提供的教学素材）。

2.3　读取工作表

一个 Excel 文件就是一个工作簿，工作簿由一个或多个工作表组成。

打开 Excel 文件之后还需要打开具体的工作表。读取 Excel 工作表的方法有三种：以工作表名称读取；以工作表序号读取；以索引方式读取。

2.3.1　以工作表名称读取工作表

实例 04：打开工作簿"饮料销售情况.xls"，以工作表名称读取工作表。

```
import xlrd                                          # 调用第三方库
df=xlrd.open_workbook(r"d:\abc\饮料销售情况.xls")    # 读取工作簿
ws=df.sheet_by_name("sheet1")                        # 读取工作表
for i in range(ws.nrows):
    print(ws.row(i))                                 # 输出工作表中的数据
```

运行结果如图 2-3 所示。

2.3.2　以工作表序号读取工作表

实例 05：打开工作簿"饮料销售情况.xls"，以工作表序号读取工作表。

```
import xlrd                                          # 调用第三方库
df=xlrd.open_workbook(r"d:\abc\饮料销售情况.xls")    # 读取工作簿
ws=df.sheets()[0]                                    # 读取工作表
for i in range(ws.nrows):
    print(ws.row(i))                                 # 输出工作表中的数据
```

运行结果如图 2-3 所示。

2.3.3 以索引方式读取工作表

实例06：打开工作簿"饮料销售情况.xls"，以索引方式读取工作表。

```
import xlrd                                          #调用第三方库
df=xlrd.open_workbook(r"d:\abc\饮料销售情况.xls")    #读取工作簿
ws=df.sheet_by_index(0)                              #读取工作表
for i in range(ws.nrows):
    print(ws.row(i))                                 #输出工作表中的数据
```

运行结果如图2-3所示。

2.4 读取单元格

2.4.1 指定行读取单元格数据

实例07：打开工作簿"饮料销售情况.xls"，通过指定行读取工作表中的单元格数据。

```
import xlrd                                          #调用第三方库
df=xlrd.open_workbook(r"d:\abc\饮料销售情况.xls")    #读取工作簿
ws=df.sheet_by_index(0)                              #读取工作表
tt=ws.row(0)[0].value                                #读取单元格数据
print(tt)                                            #输出单元格数据
```

运行结果如图2-4所示。

图2-4 读取单元格数据

2.4.2 指定列读取单元格数据

实例08：打开工作簿"饮料销售情况.xls"，通过指定列读取工作表中的单元格数据。

```
import xlrd                                          #调用第三方库
df=xlrd.open_workbook(r"d:\abc\饮料销售情况.xls")    #读取工作簿
ws=df.sheet_by_index(0)                              #读取工作表
tt=ws.col(0)[0].value                                #读取单元格数据
print(tt)                                            #输出单元格数据
```

运行结果如图2-4所示。

2.4.3 指定行、列读取单元格数据

实例09：打开工作簿"饮料销售情况.xls"，通过指定行、列的形式读取工作表中的单

元格数据。

```
import xlrd                                    #调用第三方库
df=xlrd.open_workbook(r"d:\abc\饮料销售情况.xls")  #读取工作簿
ws=df.sheet_by_index(0)                        #读取工作表
tt=ws.cell(0,0).value                          #读取单元格数据
print(tt)                                      #输出单元格数据
```

运行结果如图 2-4 所示。

2.5 写入数据

2.5.1 写入单元格数据

实例 10：建立工作簿,并在其中建立工作表"销售情况",在工作表的第 1 行第 1 列输入数据,以"251.xls"文件保存。

```
import xlwt                          #调用第三方库
df=xlwt.Workbook()                   #创建工作簿
ws=df.add_sheet("销售情况")           #创建工作表
ws.write(0,0,"品名")                 #写入单元格数据
df.save(r"d:\abc\251.xls")           #保存工作簿
```

运行结果如图 2-5 所示。

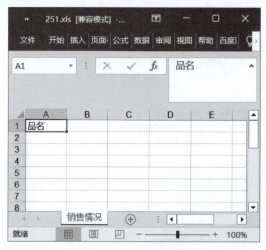

图 2-5 写入单元格数据

2.5.2 写入行数据

实例 11：建立工作簿,建立工作表,写入行数据,以"252.xls"文件保存。

```
import xlwt                                        # 调用第三方库
df=xlwt.Workbook()                                 # 创建工作簿
ws=df.add_sheet("销售情况")                          # 创建工作表
data=(("品名","单位","单价","容量","数量","总价"),
      ('怡宝',"瓶",1.6,"350ml",50))                  # 新数据
for i,item in enumerate(data):                     # 以枚举方式读取数据
    for j,val in enumerate(item):                  # 以枚举方式读取数据
        ws.write(i,j,val)                          # 写入数据
df.save(r"d:\abc\252.xls")                         # 保存工作簿
```

运行结果如图 2-6 所示。

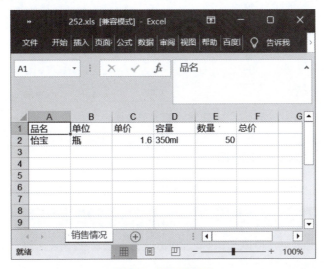

图 2-6　写入行数据

说明：enumerate()函数是 Python 的内置函数，它允许你在遍历列表、元组、字典和字符串等可迭代对象时，同时获取每个元素的索引和值。enumerate()函数通常与 for 循环一起使用，以便在循环过程中访问数据的下标和对应的值。

2.5.3　写入列数据

实例 12：建立工作簿，建立工作表，写入列数据，以"253.xls"文件保存。

```
import xlwt                                        # 调用第三方库
df=xlwt.Workbook()                                 # 创建工作簿
ws=df.add_sheet("销售情况")                          # 创建工作表
data=(("品名","怡宝","农夫山泉","屈臣氏","加多宝","可口可乐"),
      ('容量','350ml','380ml','400ml','500ml','330ml'))  # 新数据
for i,item in enumerate(data):                     # 以枚举方式读取数据
    for j,val in enumerate(item):                  # 以枚举方式读取数据
        ws.write(j,i,val)                          # 写入数据
df.save(r"d:\abc\253.xls")                         # 保存工作簿
```

运行结果如图 2-7 所示。

图 2-7 写入列数据

2.5.4 写入多行多列数据

实例 13：将图 2-8 所示数据写入工作表"销售情况"中，以"254.xls"文件保存。

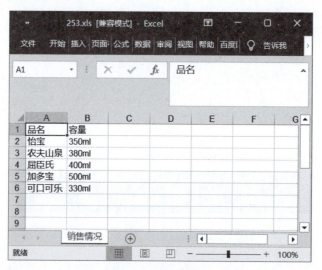

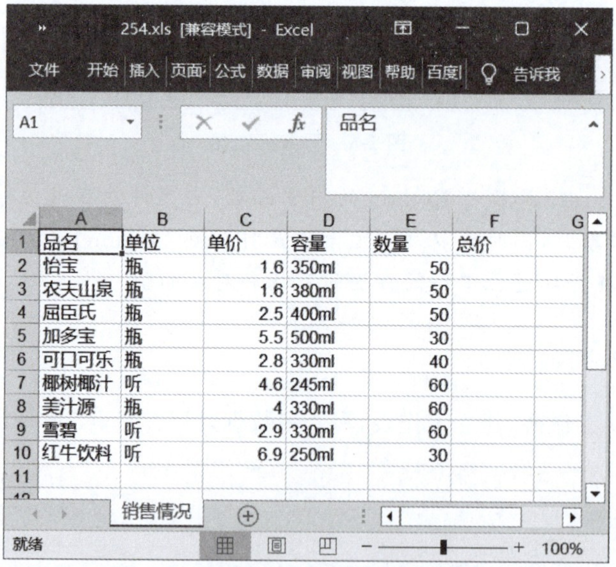

图 2-8 "销售情况"工作表

代码请扫描侧边二维码查看，运行结果如图 2-8 所示。

说明：将大批量数据写入 Excel 文件需要借助字典工具。

字典是 Python 语言的重要组成部分，涉及的术语有字典、键、值、键值对，其中键和值通过英文冒号连接,不同键值对之间用英文逗号隔开,字典通过花括号"{}"建立。

本例代码中items()函数的功能是:以列表方式返回可遍历的键、值。

本例代码中使用了双循环语句。

2.6 读取数据

2.6.1 读取单元格数据

实例14:打开工作簿"饮料销售情况.xls",读取工作表中的单元格数据。

```
import xlrd                                          # 调用第三方库
df=xlrd.open_workbook(r"d:\abc\饮料销售情况.xls")    # 读取工作簿
ws=df.sheet_by_index(0)                              # 读取工作表
tt=ws.cell(5,0).value                                # 读取单元格数据
print(tt)                                            # 输出数据
```

运行结果如图2-9所示。

>>> 可口可乐

图2-9 读取单元格数据

2.6.2 读取行数据

实例15:打开工作簿"饮料销售情况.xls",读取工作表中的整行数据。

```
import xlrd                                          # 调用第三方库
df=xlrd.open_workbook(r"d:\abc\饮料销售情况.xls")    # 读取工作簿
ws=df.sheet_by_index(0)                              # 读取工作表
tt=ws.row_values(2)                                  # 读取整行数据
print(tt)                                            # 输出数据
```

运行结果如图2-10所示。

>>> ['农夫山泉', '瓶', 1.6, '380ml', 50.0, '']

图2-10 读取行数据

2.6.3 读取列数据

实例16:打开工作簿"饮料销售情况.xls",读取工作表中的整列数据。

```
import xlrd                                          # 调用第三方库
df=xlrd.open_workbook(r"d:\abc\饮料销售情况.xls")    # 读取工作簿
```

```
ws=df.sheet_by_index(0)                              #读取工作表
tt=ws.col_values(1)                                  #读取整列数据
print(tt)                                            #输出数据
```

运行结果如图 2-11 所示。

>>> ['单位', '瓶', '瓶', '瓶', '瓶', '瓶', '听', '瓶', '听', '听']

图 2-11 读取列数据

2.6.4 读取所有数据

实例 17：打开工作簿"饮料销售情况.xls"，读取工作表中的所有数据。

```
import xlrd                                          #调用第三方库
df=xlrd.open_workbook(r"d:\abc\饮料销售情况.xls")    #读取工作簿
ws=df.sheet_by_index(0)                              #读取工作表
for i in range(ws.nrows):                            #读取所有数据
    print(ws.row_values(i))                          #输出数据
```

运行结果如图 2-12 所示。

```
['品名', '单位', '单价', '容量', '数量', '总价']
['怡宝', '瓶', 1.6, '350ml', 50.0, '']
['农夫山泉', '瓶', 1.6, '380ml', 50.0, '']
['屈臣氏', '瓶', 2.5, '400ml', 50.0, '']
['加多宝', '瓶', 5.5, '500ml', 30.0, '']
['可口可乐', '瓶', 2.8, '330ml', 40.0, '']
['椰树椰汁', '听', 4.6, '245ml', 60.0, '']
['美汁源', '瓶', 4.0, '330ml', 60.0, '']
['雪碧', '听', 2.9, '330ml', 60.0, '']
['红牛饮料', '听', 6.9, '250ml', 30.0, '']
>>>
```

图 2-12 读取所有数据

说明：本例中 nrows 的含义见 2.10.1 节。

2.7 修改数据

2.7.1 修改单元格数据

实例 18：打开工作簿"饮料销售情况.xls"及工作表，修改单元格数据，以"271.xls"文件保存。

```
import xlrd                                          #调用第三方库
import xlwt                                          #调用第三方库
from xlutils import copy                             #调用第三方库
df=xlrd.open_workbook(r"d:\abc\饮料销售情况.xls")    #读取工作簿
ndf=copy.copy(df)                                    #复制工作簿
```

```
ws=ndf.get_sheet(0)                    #读取工作表
ws.write(2,0,"百事可乐")                #修改数据(第3行第1列)
ndf.save(r'd:\abc\271.xls')            #保存工作簿
```

运行结果如图2-13所示。

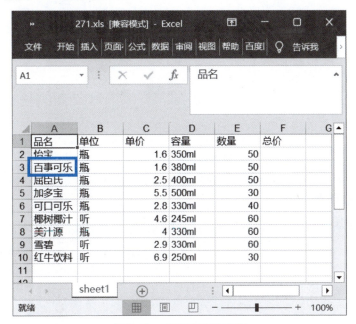

图2-13 修改单元格数据

2.7.2 修改行数据

实例19：打开工作簿"饮料销售情况.xls"及工作表,修改行数据,以"272.xls"文件保存。

```
import xlrd                                          #调用第三方库
import xlwt                                          #调用第三方库
from xlutils import copy                             #调用第三方库
df=xlrd.open_workbook(r"d:\abc\饮料销售情况.xls")     #读取工作簿
ndf=copy.copy(df)                                    #复制工作簿
ws=ndf.get_sheet(0)                                  #读取工作表
data=(("王老吉","瓶",5.0,"500ml",40))                #新数据
for j,val in enumerate(data):                        #以枚举方式读取数据
    ws.write(2,j,val)                                #写入数据(第3行)
ndf.save(r'd:\abc\272.xls')                          #保存工作簿
```

运行结果如图2-14所示。

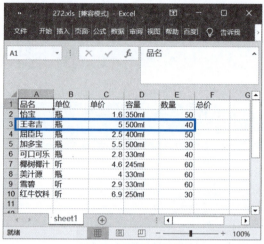

图 2-14 修改行数据

2.7.3 修改列数据

实例 20：打开工作簿"饮料销售情况.xls"及工作表,修改列数据,以"273.xls"文件保存。

```
import xlrd                                           #调用第三方库
import xlwt                                           #调用第三方库
from xlutils import copy                              #调用第三方库
df=xlrd.open_workbook(r"d:\abc\饮料销售情况.xls")      #读取工作簿
ndf=copy.copy(df)                                     #复制工作簿
ws=ndf.get_sheet(0)                                   #读取工作表
data=(("数量",10,20,30,40,50,60,70,80,90))            #新数据
for i,val in enumerate(data):                         #以枚举方式读取数据
    ws.write(i,4,val)                                 #写入数据(第5列)
ndf.save(r'd:\abc\273.xls')                           #保存工作簿
```

运行结果如图 2-15 所示。

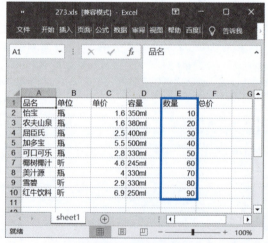

图 2-15 修改列数据

2.8 插入数据

2.8.1 插入行数据

实例 21：打开工作簿"饮料销售情况.xls"及工作表，插入行数据，以"281.xls"文件保存。

代码请扫描侧边二维码查看，运行结果如图 2-16 所示。

实例 21

图 2-16 插入行数据

说明：本例中，先读取数据到列表中，在列表中完成数据插入后，再重新写入新文件中。

2.8.2 插入列数据

实例 22：打开工作簿"饮料销售情况.xls"及工作表，插入列数据，以"282.xls"文件保存。

代码请扫描侧边二维码查看，运行结果如图 2-17 所示。

实例 22

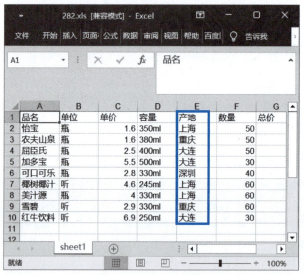

图 2-17　插入列数据

2.9　删除数据

2.9.1　删除单元格数据

实例 23

实例 23：打开工作簿"饮料销售情况.xls"及工作表，删除单元格数据，以"291.xls"文件保存。

代码请扫描侧边二维码查看，运行结果如图 2-18 所示。

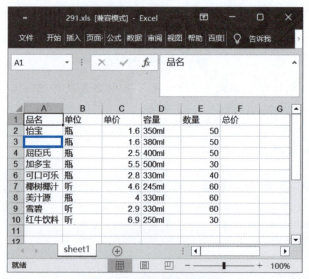

图 2-18　删除单元格数据

2.9.2 删除行数据

实例 24：打开工作簿"饮料销售情况.xls"及工作表，删除行数据，以"292.xls"文件保存。

代码请扫描侧边二维码查看，运行结果如图 2-19 所示。

实例 24

图 2-19 删除行数据

2.9.3 删除列数据

实例 25：打开工作簿"饮料销售情况.xls"及工作表，删除列数据，以"293.xls"文件保存。

代码请扫描侧边二维码查看，运行结果如图 2-20 所示。

实例 25

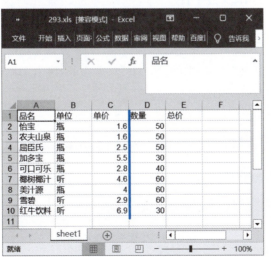

图 2-20 删除列数据

2.9.4 删除指定范围数据

实例26

实例 26：打开工作簿"饮料销售情况.xls"及工作表,删除指定范围数据,以"294.xls"文件保存。

代码请扫描侧边二维码查看,运行结果如图 2-21 所示。

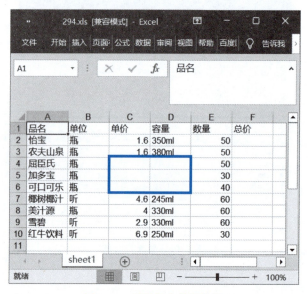

图 2-21 删除指定范围数据

2.10 数据操作相关内容

2.10.1 获取工作表的总行数

实例 27：打开工作簿"饮料销售情况.xls"及工作表,输出工作表中数据的总行数。

```
import xlrd                                            #调用第三方库
df=xlrd.open_workbook(r"d:\abc\饮料销售情况.xls")      #读取工作簿
ws=df.sheets()[0]                                      #读取工作表
print(ws.nrows)                                        #输出工作表中的数据总行数
```

运行结果如图 2-22 所示。

图 2-22 工作表的总行数

2.10.2　获取工作表的总列数

实例28：打开工作簿"饮料销售情况.xls"及工作表，输出工作表中数据的总列数。

```
import xlrd                                              # 调用第三方库
df=xlrd.open_workbook(r"d:\abc\饮料销售情况.xls")        # 获取工作簿
ws=df.sheets()[0]                                        # 获取工作表
print(ws.ncols)                                          # 输出工作表中的数据总列数
```

运行结果如图2-23所示。

>>> 6

图2-23　工作表的总列数

2.10.3　获取工作簿中工作表的数量

实例29：打开工作簿"饮料销售情况.xls"及工作表，输出工作表的数量。

```
import xlrd                                              # 调用第三方库
df=xlrd.open_workbook(r"d:\abc\饮料销售情况.xls")        # 获取工作簿
print(df.nsheets)                                        # 输出工作表的数量
```

运行结果如图2-24所示。

>>> 1

图2-24　工作表的数量

2.10.4　获取工作簿中所有工作表的名称

实例30：打开工作簿"饮料销售情况.xls"，输出全部工作表的名称。

```
import xlrd                                              # 调用第三方库
df=xlrd.open_workbook(r"d:\abc\饮料销售情况.xls")        # 获取工作簿
print(df.sheet_names())                                  # 输出所有工作表的名称
```

运行结果如图2-25所示。

>>> ['sheet1']

图2-25　所有工作表的名称

2.11 数据类型获取

Excel 中的数据具有不同的数据类型,不同的数据类型在输入、计算和输出中都有所不同。Excel 中的数据类型包括数值、文本、日期时间及逻辑值和错误值,如表 2-1 所示。

表 2-1 数据类型

序 号	名 称	数 值	说 明
1	empty	0	空
2	string	1	字符型
3	number	2	数值型
4	date	3	日期型
5	boolean	4	布尔型
6	error	5	错误

2.11.1 获取单元格的数据类型

实例 31:打开工作簿"饮料销售情况.xls"及工作表,输出工作表中某单元格的数据类型。

```
import xlrd                                          # 调用第三方库
df=xlrd.open_workbook(r"d:\abc\饮料销售情况.xls")    # 获取工作簿
ws=df.sheets()[0]                                    # 获取工作表
tt=ws.cell(3,2).ctype                                # 获取第4行第3列单元格数据类型
print(tt)
```

运行结果如图 2-26 所示。

>>> 2

图 2-26 单元格的数据类型

2.11.2 获取行的数据类型

实例 32:打开工作簿"饮料销售情况.xls"及工作表,输出工作表中某行的数据类型。

```
import xlrd                                          # 调用第三方库
df=xlrd.open_workbook(r"d:\abc\饮料销售情况.xls")    # 获取工作簿
ws=df.sheets()[0]                                    # 获取工作表
tt=ws.row_types(3)                                   # 获取第4行数据类型
print(tt)
```

运行结果如图 2-27 所示。

2.11.3 获取列的数据类型

实例33：打开工作簿"饮料销售情况.xls"及工作表，输出工作表中某列的数据类型。

```
import xlrd                                          #调用第三方库
df=xlrd.open_workbook(r"d:\abc\饮料销售情况.xls")    #获取工作簿
ws=df.sheets()[0]                                    #获取工作表
tt=ws.col_types(3)                                   #获取第4列数据类型
print(tt)
```

运行结果如图2-28所示。

>>> [1, 1, 1, 1, 1, 1, 1, 1, 1]

图2-28 列的数据类型

2.12 数据计算

2.12.1 工作表中数据计算

xlutils模块是xlrd和xlwt之间的桥梁，主要作用是将xlrd对象复制转化为可写的xlwt对象，使用copy()函数复制。

实例34：打开工作簿"饮料销售情况.xls"及工作表，将工作表中的"总价"写入，以"237.xls"文件保存。

代码请扫描侧边二维码查看，运行结果如图2-29所示。

实例34

图2-29 计算总价

说明：本例中需要先通过 xlrd 库读取数据，计算好总价，放入列表中；再通过 xlwt 库及 xlutils 库写入新文件中。在程序书写过程中可以将所有需要调用的第三方库写在程序的前面，本例为了观察程序方便将涉及的3个第三方库分开书写。

2.12.2 工作表中公式写入

实例35

实例 35：打开工作簿"饮料销售情况.xls"及工作表，以公式的方式计算工作表中"数量"总和，写入 E12 单元格，以"2122.xls"文件保存。

代码请扫描侧边二维码查看，运行结果如图 2-30 所示。

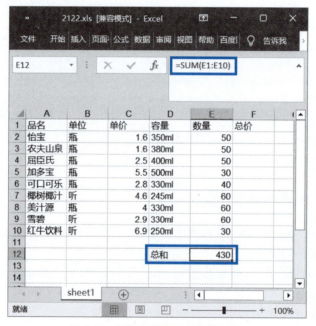

图 2-30 计算数量总和（公式方式）

说明：同理，有关 average()、max()、min() 等函数的写入与此例相同。

2.13 格式设置

2.13.1 设置行高和列宽

实例 36：打开工作簿"饮料销售情况.xls"及工作表，设置第1个单元格的行高为40，列宽为20，以"2131.xls"文件保存。

```
import xlrd                          # 调用第三方库
import xlwt                          # 调用第三方库
from xlutils.copy import copy        # 调用第三方库
```

```
df=xlrd.open_workbook(r"d:\abc\饮料销售情况.xls")
ndf=copy(df)                                    #复制工作簿
ws=ndf.get_sheet(0)                             #打开工作表
ws.col(0).width=256*20                          #设置列宽,256 为一个衡量单位
ws.row(0).height_mismatch=True                  #行高初始化
ws.row(0).height=20*40                          #设置行高,20 为一个衡量单位
ndf.save(r"d:\abc\2131.xls")                    #保存工作簿
```

运行结果如图 2-31 所示。

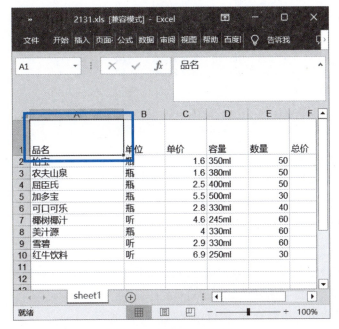

图 2-31　设置行高和列宽

说明：修改 Excel 文件时,需要通过 xlutils 库将原来的工作簿复制生成一个新的工作簿,才可以进行写操作。

row().height 函数用来设置行高,1 个衡量单位为 20。

col().width 函数用来设置列宽,1 个衡量单位为 256。

2.13.2　设置字体属性(Font)

1. 设置字体属性(一)

实例 37：打开工作簿"饮料销售情况.xls"及工作表,以黑体、不加粗、字号 15 设置字体,以"21321.xls"文件保存。

代码请扫描侧边二维码查看,运行结果如图 2-32 所示。

说明：文字格式的设置包括以下 5 个步骤。

(1) 初始化样式。

实例 37

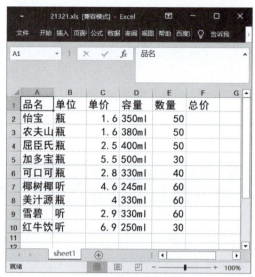

图 2-32 设置字体属性

（2）创建属性对象。

（3）设置字体属性，如名称、加粗、字号等。

（4）将设置好的属性赋值给 style 对应的属性。

（5）写入数据时使用 style 对象。

2．设置字体属性（二）

实例 38：打开工作簿"饮料销售情况.xls"及其工作表，以黑体、加粗、字号 15、斜体、下画线、颜色为 12 设置字体，以"21322.xls"文件保存。

代码请扫描侧边二维码查看，运行结果如图 2-33 所示。

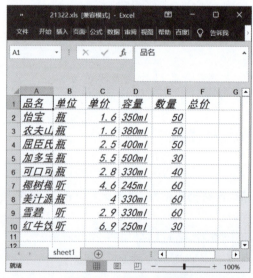

图 2-33 设置字体属性

说明：字体属性包括字体名称、粗体、倾斜、下画线和颜色等。字体属性的各种具体数值及说明如表2-2所示。

表2-2　字体属性汇总

序　号	字 体 属 性	说　　明
1	zt.name＝"黑体"	字体名称。可设置任意字体
2	zt.bold＝False	字体加粗。True为加粗，False为不加粗
3	zt.underline＝True	字体下画线。True为加下画线，False为不加下画线
4	zt.italic＝True	字体倾斜。True为倾斜，False为不倾斜
5	zt.colour_index＝33	字体颜色。参考颜色值表

2.13.3　设置边框属性（Borders）

1. 设置边框及样式

实例39：打开工作簿"饮料销售情况.xls"及工作表，为各单元格设置上边框、下边框、左边框、右边框，以及相应的边框样式，以"21331.xls"文件保存。

代码请扫描侧边二维码查看，运行结果如图2-34所示。

实例39

图2-34　设置边框及样式

说明：边框名称如表2-3所示，边框样式具体数值及说明如表2-4所示。

表2-3　边框名称汇总

序　号	边 框 属 性	说　　明
1	bk.top	上边框
2	bk.bottom	下边框
3	bk.left	左边框
4	bk.right	右边框

表 2-4 边框样式汇总

序 号	线 型 名 称	数 值	说 明
1	NO_LINE	0	无框线
2	THIN	1	细实线
3	MEDIUM	2	小粗实线
4	DASHED	3	细虚线
5	DOTTED	4	中细虚线
6	THICK	5	大粗实线
7	DOUBLE	6	双线
8	HAIR	7	细点虚线
9	MEDIUM_DASHED	8	大粗虚线
10	THIN_DASH_DOTTED	9	细点画线
11	MEDIUM_DASH_DOTTED	10	粗点画线
12	THIN_DASH_DOT_DOTTED	11	细双点画线
13	MEDIUM_DASH_DOT_DOTTED	12	粗双点画线
14	SLANTED_MEDIUM_DASH_DOTTED	13	斜点画线

2．设置边框颜色

实例 40

实例 40：打开工作簿"饮料销售情况.xls"及工作表，为各单元格边框设置颜色，以"21332.xls"文件保存。

代码请扫描侧边二维码查看，运行结果如图 2-35 所示。

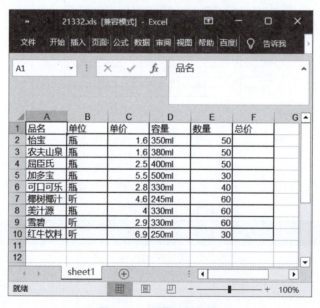

图 2-35 设置边框颜色

说明：边框属性的各种具体数值及说明如表2-5所示，颜色参考值如图2-36所示。

表 2-5　边框属性汇总

序　号	边　框　颜　色	说　　明
1	bk.top_colour=33	上边框颜色
2	bk.bottom_colour=33	下边框颜色
3	bk.left_colour=33	左边框颜色
4	bk.right_colour=33	右边框颜色

图 2-36　颜色参考值

2.13.4　设置对齐属性（Alignment）

实例 41：打开工作簿"饮料销售情况.xls"及工作表，在单元格 B13 中写入"文字格式"，设置相应的对齐方式，以"2134.xls"文件保存。

代码请扫描侧边二维码查看，运行结果如图 2-37 所示。

实例 41

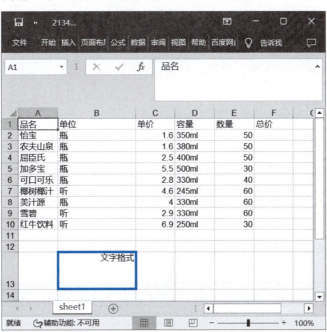

图 2-37　设置对齐属性

说明：对齐属性的各种具体数值及说明如表2-6所示。

表 2-6 对齐属性汇总

序 号	对 齐 属 性	说　明
1	dq.vert＝xlwt.Alignment.VERT_TOP	垂直方向,向上对齐
2	dq.vert＝xlwt.Alignment.VERT_CENTER	垂直方向,居中对齐
3	dq.vert＝xlwt.Alignment.VERT_BOTTOM	垂直方向,向下对齐
4	dq.horz＝xlwt.Alignment.HORZ_LEFT	水平方向,向左对齐
5	dq.horz＝xlwt.Alignment.HORZ_CENTER	水平方向,居中对齐
6	dq.horz＝xlwt.Alignment.HORZ_RIGHT	水平方向,向右对齐

2.13.5　设置背景属性（Pattern）

实例 42

实例 42：打开工作簿"饮料销售情况.xls"及其工作表,在单元格B13中写入"文字格式"并设置相应的背景颜色,以"2135.xls"文件保存。

代码请扫描侧边二维码查看,运行结果如图2-38所示。

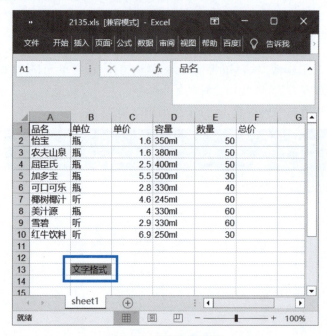

图 2-38　设置背景属性

说明：背景属性的具体说明如表2-7所示。具体颜色值参考图2-36。

表 2-7　背景属性设置

序 号	背 景 属 性	说　明
1	bj.pattern＝xlwt.Pattern.SOLID_PATTE	设置背景模式
2	bj.pattern_fore_colour＝3	设置背景颜色

2.13.6　合并单元格

实例 43：打开工作簿"饮料销售情况.xls"及工作表，合并单元格并写入"合并单元格"字样，以"2136.xls"文件保存。

代码请扫描侧边二维码查看，运行结果如图 2-39 所示。

实例 43

图 2-39　合并单元格

说明：合并单元格的范围用(row1,row2,col1,col2)表示，分别代表开始行、结束行、开始列和结束列。

2.14　xlrd 库常用函数汇总

xlrd 库的常用函数及说明如表 2-8 所示。

表 2-8　xlrd 库常用函数汇总

序号	函　　数	说　　明
1	open_workbook()	读取工作簿
2	sheet_names()	所有工作表名称
3	sheet_by_index(n)	第 n 个工作表
4	sheet.name	工作表名称
5	sheet.nrows	工作表行数
6	sheet.ncols	工作表列数
7	sheet.row(n)	第 n 行数据及数据类型

续表

序号	函数	说明
8	sheet.row_slice(n,start_colx=m)	第 n 行的数据及数据类型,从第 m 列开始
9	sheet.row_slice(n,start_colx=m,end_colx=k)	第 n 行的内容,从第 m 列开始,第 k 列结束
10	sheet.row_types(n)	第 n 行所有数据类型(数字表示)
11	sheet.row_values(n)	第 n 行所有数据
12	sheet.cell(0,0).value	单元格数值
13	sheet.cell(0,0).ctype	单元格数据类型
14	sheet.cell_value(0,0)	单元格取值
15	sheet.col(n)	第 n 列所有数据及数据类型
16	sheet.row(0)[0]	先取行再取单元格
17	sheet.col(0)[0]	先取列再取单元格
18	xlrd.cellname(2,1) xlrd.cellnameabs(0,2) xlrd.colname(5)	单元格位置转换

2.15 xlwt 库常用函数汇总

xlwt 库的常用函数及说明如表 2-9 所示。

表 2-9 xlwt 库常用函数汇总

序号	函数		说明
1	Workbook()		创建工作簿
2	work.add_sheet()		创建工作表
3	style=xlwt.XFStyle()		初始化样式
4	字体设置	font=xlwt.Font()	创建字体属性对象
		font.name	字体名称
		font.bold	字体加粗
		font.italic	字体斜体
		font.underline	字体下画线
5	边框设置	borders=xlwt.Borders()	创建边框属性对象
		borders.top	上边框
		borders.bottom	下边框
		borders.left	左边框
		borders.right	右边框

续表

序号	函数		说明
6	对齐设置	alignment＝xlwt.Alignment()	创建对齐属性对象
		alignment.horz	水平对齐
		alignment.vert	垂直对齐
7	背景设置	pattern＝xlwt.Pattern()	创建背景属性对象
		pattern.pattern	背景模式
		pattern.pattern_fore_colour	背景颜色
8	save()		保存文件

2.16 本章总结

本章主要讲解 xlrd 第三方库及 xlwt 第三方库的使用。xlrd 库用于读取 Excel 文件，xlwt 库用于建立、修改、格式设置、保存 Excel 文件。这两个第三方库出现的时间比较早，主要是用来处理".xls"文件，在使用过程中需要借助 xlutils 第三方库的沟通连接。

由于数据处理涉及的主要是大数据，而大数据的建立需要时间的积累，早期的.xls 文件积累了大量的数据，主要存储在各种大中小企业中，因此这两个库是 Python 语言处理 Excel 数据不可忽视的第三方库。具体说明如下：

（1）xlrd 库与 xlwt 库用于处理.xls 文件。

（2）xlrd 库只能用于读取文件，不能用于写入文件。

（3）xlwt 库只能用于写入文件，不能用于读取文件。

（4）xlutils 通过 copy 方法，将 xlrd 读取的文件复制之后交给 xlwt 处理，相当于取消了源文件的"只读"性质。

（5）xlrd 版本 1.2.0 可以同时读取.xls 文件和.xlsx 文件。

（6）xlrd 版本 2.0.0 以后，只能用于读取.xls 文件，不再支持.xlsx 文件。

（7）".xls"文件对应的是 Office Excel 2003 及以前的版本，是一个特有的二进制格式，其核心结构是复合文档类型的结构。

（8）".xlsx"文件则对应 Office Excel 2007 及后期的版本，核心结构是 XML 类型的结构，采用的是基于 XML 的压缩方式。

xlrd 第三方库与 xlwt 第三方库功能的作用区域如表 2-10 所示。

表 2-10 xlrd、xlwt 库作用区域

库名	.xls	.xlsx	读取	写入	修改	保存	格式设置	.csv
xlrd	√	×	√	×	×	×	×	×
xlwt	√	×	×	√	√	√	√	×

CHAPTER 3

第 3 章 xlwings 库

xlwings 第三方库是一款操作 Excel 电子表格的开源库。它能方便地读写 Excel 文件中的数据,并支持单元格格式的设置和修改。

API(应用程序编程接口)是一组预先定义的函数,其作用是允许应用程序开发人员基于某软件或硬件访问一组例程,而不需要访问源码。API 包括:App 常用 API、Book 常用 API、Sheet 常用 API 和 Range 常用 API。

xlwings 库的 4 个对象如下所述。

(1) App:应用,表示应用程序,其中可以存放多个工作簿。

(2) Book:工作簿,表示 Excel 文件,其中可以存放多个工作表。

(3) Sheet:工作表,表示 Excel 文件中的工作表,工作表由许多单元格组成。

(4) Range:表示区域,既可以是一个单元格,也可以是一片连续的单元格区域。

3.1 启动/退出操作

3.1.1 启动 Excel 程序

实例 01:启动 Excel 程序,创建工作簿,以"311.xlsx"文件保存。

```
import xlwings as xw                              #调用第三方库
app=xw.App(visible=True,add_book=False)           #启动 Excel 程序
workbook=app.books.add()                          #创建工作簿
workbook.save(r"d:\abc\311.xlsx")                 #保存工作簿
```

运行结果如图 3-1 所示。

说明:在 app=xw.App(visible=True,add_book=False)中,参数 visible 用来设置程序是否可见,True 表示可见(默认),False 不可见;参数 add_book 用来设置是否自动创建工作簿,True 表示自动创建(默认),False 不创建。

图 3-1　启动 Excel 程序

3.1.2　退出 Excel 程序

实例 02：创建工作簿，以"312.xlsx"文件保存，并关闭当前工作簿，退出 Excel 程序。

```
import xlwings as xw                                    #调用第三方库
app=xw.App(visible=True,add_book=False)                 #启动 Excel 程序
workbook=app.books.add()                                #创建工作簿
workbook.save(r"d:\abc\312.xlsx")                       #保存工作簿
workbook.close()                                        #关闭当前工作簿
app.quit()                                              #退出 Excel 程序
```

运行结果如图 3-1 所示。

3.2　工作簿（Book）操作

3.2.1　创建工作簿

实例 03：创建工作簿，以"321.xlsx"文件保存。

```
import xlwings as xw                                    #调用第三方库
app=xw.App(visible=True,add_book=False)                 #启动 Excel 程序
workbook=app.books.add()                                #创建工作簿
workbook.save(r"d:\abc\321.xlsx")                       #保存工作簿
```

运行结果如图 3-1 所示。

3.2.2　打开工作簿

实例 04：打开工作簿，再以"322.xlsx"文件保存。

```
import xlwings as xw                                          #调用第三方库
app=xw.App(visible=True,add_book=False)                       #启动 Excel 程序
workbook=app.books.open(r"d:\abc\第 3 章.xlsx")                #打开工作簿
workbook.save(r"d:\abc\322.xlsx")                             #保存工作簿
```

运行结果如图 3-2 所示。

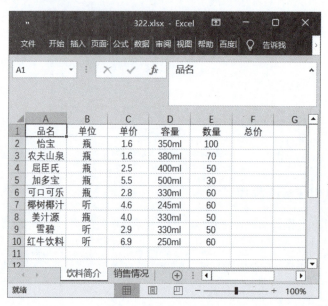

图 3-2　打开工作簿

说明：本例没有关闭当前工作簿，没有退出 Excel 程序，目的是能看到程序运行结果。

3.2.3　保存工作簿

实例 05：打开工作簿，以"323.xlsx"文件保存。

```
import xlwings as xw                                          #调用第三方库
app=xw.App(visible=True,add_book=False)                       #启动 Excel 程序
workbook=app.books.open(r"d:\abc\第 3 章.xlsx")                #打开工作簿
workbook.save(r"d:\abc\323.xlsx")                             #保存工作簿
```

运行结果如图 3-2 所示。

3.2.4　关闭工作簿

实例 06：打开工作簿，以"324.xlsx"文件保存，并关闭当前工作簿（退出所有的工作表）。

```
import xlwings as xw                                    #调用第三方库
app=xw.App(visible=True,add_book=False)                 #启动 Excel 程序
workbook=app.books.open(r"d:\abc\第 3 章.xlsx")         #打开工作簿
workbook.save(r'd:\abc\324.xlsx')                       #保存工作簿
workbook.close()                                        #关闭当前工作簿(退出所有的工作表)
```

运行结果如图 3-3 所示。

图 3-3　关闭工作簿

3.2.5　退出工作簿

实例 07：打开工作簿,以"325.xlsx"文件保存,并关闭当前工作簿,退出 Excel 程序。

```
import xlwings as xw                                    #调用第三方库
app=xw.App(visible=True,add_book=False)                 #启动 Excel 程序
workbook=app.books.open(r"d:\abc\第 3 章.xlsx")         #打开工作簿
workbook.save(r'd:\abc\325.xlsx')                       #保存工作簿
workbook.close()                                        #关闭当前工作簿
app.quit()                                              #退出工作簿(退出 Excel 程序)
```

3.2.6　工作簿名称

实例 08：打开工作簿,返回工作簿的名称。

```
import xlwings as xw                                    #调用第三方库
app=xw.App(visible=True,add_book=False)                 #启动 Excel 程序
workbook=app.books.open(r"d:\abc\第 3 章.xlsx")         #打开工作簿
x=workbook.name                                         #获取工作簿名称
print(x)                                                #输出工作簿名称
```

```
workbook.close()                                    #关闭当前工作簿
app.quit()                                          #退出 Excel 程序
```

运行结果如图 3-4 所示。

```
>>> 第3章.xlsx
```

图 3-4　工作簿名称

3.2.7　工作簿地址

实例 09：打开工作簿，返回工作簿的绝对路径。

```
import xlwings as xw                                #调用第三方库
app=xw.App(visible=True,add_book=False)             #启动 Excel 程序
workbook=app.books.open(r"d:\abc\第3章.xlsx")       #打开工作簿
x=workbook.fullname                                 #获取工作簿绝对路径
print(x)                                            #输出工作簿绝对路径
workbook.close()                                    #关闭当前工作簿
app.quit()                                          #退出 Excel 程序
```

运行结果如图 3-5 所示。

```
>>> D:\abc\第3章.xlsx
```

图 3-5　工作簿绝对路径

3.3　工作表(Sheet)操作

3.3.1　创建工作表

实例 10：创建工作表，以"331.xlsx"文件保存。

```
import xlwings as xw                                #调用第三方库
app=xw.App(visible=True,add_book=False)             #启动 Excel 程序
workbook=app.books.add()                            #创建工作簿(同时创建工作表 Sheet1)
workbook.save(r"d:\abc\321.xlsx")                   #保存工作簿
workbook.close()                                    #关闭当前工作簿
app.quit()                                          #退出工作簿(退出 Excel 程序)
```

运行结果如图 3-6 所示。

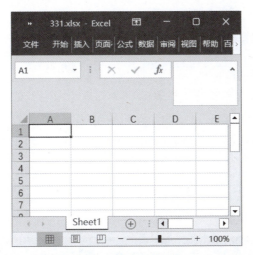

图 3-6 创建工作表

3.3.2 追加工作表

实例 11：创建工作簿，追加工作表，以"332.xlsx"文件保存。

```
import xlwings as xw                                    #调用第三方库
app=xw.App(visible=True,add_book=False)                 #启动 Excel 程序
workbook=app.books.add()                                #创建工作簿
workbook.sheets.add("工资")                              #添加"工资"工作表
workbook.save(r'd:\abc\332.xlsx')                       #保存工作簿
workbook.close()                                        #关闭当前工作簿
app.quit()                                              #退出 Excel 程序
```

运行结果如图 3-7 所示。

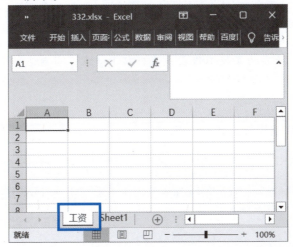

图 3-7 追加工作表

3.3.3 打开工作表

1. 以工作表名称打开

实例 12：以工作表名称打开工作表。

```
import xlwings as xw                                    #调用第三方库
app=xw.App(visible=True,add_book=False)                 #启动 Excel 程序
workbook=app.books.open(r"d:\abc\第 3 章.xlsx")         #打开工作簿
sheet=workbook.sheets["销售情况"]                        #打开工作表"销售情况"
sheet.activate()                                        #激活工作表
```

运行结果如图 3-8 所示。

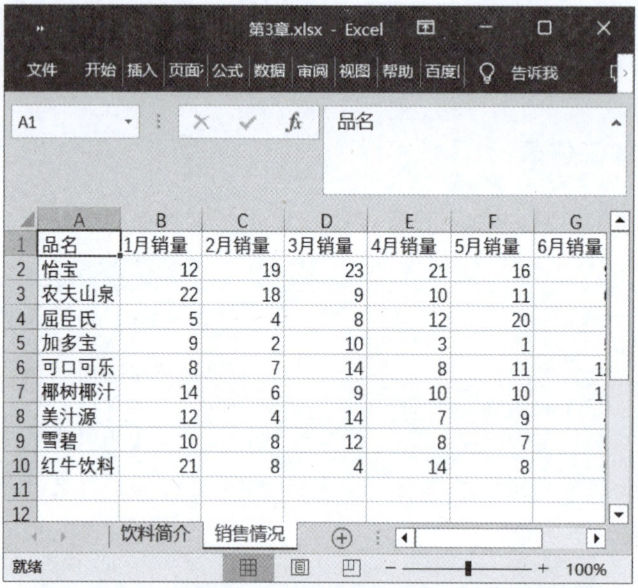

图 3-8　打开工作表

说明：激活工作表是为了使工作表成为当前工作表。当前工作表，即正在使用的工作表。

2. 以工作表序号打开

实例 13：以工作表序号打开工作表。

```
import xlwings as xw                                    #调用第三方库
app=xw.App(visible=True,add_book=False)                 #启动 Excel 程序
workbook=app.books.open(r"d:\abc\第 3 章.xlsx")         #打开工作簿
sheet=workbook.sheets[1]                                #打开第 2 个工作表
sheet.activate()                                        #激活工作表
```

运行结果如图 3-8 所示。

3.3.4 调用工作表

调用工作表,调用方式有如下 3 种方式。

1. 按序号调用工作表

实例 14:读取工作簿,按序号调用工作表。

```
import xlwings as xw                                          #调用第三方库
app=xw.App(visible=True,add_book=False)                       #启动 Excel 程序
workbook=app.books.open(r"d:\abc\第 3 章.xlsx")                #打开工作簿
sht=workbook.sheets[0]                                        #调用第 1 个工作表
print(sht.name)                                               #输出工作表名称
workbook.close()                                              #关闭当前工作簿
app.quit()                                                    #退出 Excel 程序
```

运行结果如图 3-9 所示。

图 3-9 按序号调用工作表

2. 按名称调用工作表

实例 15:读取工作簿,按名称调用工作表。

```
import xlwings as xw                                          #调用第三方库
app=xw.App(visible=True,add_book=False)                       #启动 Excel 程序
workbook=app.books.open(r"d:\abc\第 3 章.xlsx")                #打开工作簿
sht=workbook.sheets["销售情况"]                                 #调用工作表
print(sht.name)                                               #输出工作表名称
workbook.close()                                              #关闭当前工作簿
app.quit()                                                    #退出 Excel 程序
```

运行结果如图 3-10 所示。

图 3-10 按名称调用工作表

3. 调用活动工作表

实例 16:读取工作簿,调用活动工作表。

```
import xlwings as xw                                          #调用第三方库
app=xw.App(visible=True,add_book=False)                       #启动 Excel 程序
workbook=app.books.open(r"d:\abc\第 3 章.xlsx")                #打开工作簿
sht=workbook.sheets["饮料简介"]                                 #打开"饮料简介"工作表
sht.activate()                                                #激活当前工作表
tt=workbook.sheets.active                                     #调用活动工作表
print(tt.name)                                                #输出工作表名称
workbook.close()                                              #关闭当前工作簿
app.quit()                                                    #退出 Excel 程序
```

运行结果如图 3-11 所示。

图 3-11 调用活动工作表

3.3.5 工作表相关操作

1. 获取工作表名称

实例 17：读取工作簿，打开工作表，输出工作表名称。

```python
import xlwings as xw                                    # 调用第三方库
app=xw.App(visible=True,add_book=False)                 # 启动 Excel 程序
workbook=app.books.open(r"d:\abc\第 3 章.xlsx")          # 打开工作簿
sht=workbook.sheets[0]                                  # 打开第 1 个工作表
print(sht.name)                                         # 输出工作表名称
workbook.close()                                        # 关闭当前工作簿
app.quit()                                              # 退出 Excel 程序
```

运行结果如图 3-12 所示。

```
 饮料简介
>>>
```

图 3-12　工作表名称

2. 获取所有工作表名称

实例 18：读取工作簿，输出所有工作表名称。

```python
import xlwings as xw                                    # 调用第三方库
app=xw.App(visible=True,add_book=False)                 # 启动 Excel 程序
workbook=app.books.open(r"d:\abc\第 3 章.xlsx")          # 打开工作簿
print(workbook.sheets)                                  # 输出所有工作表名称
workbook.close()                                        # 关闭当前工作簿
app.quit()                                              # 退出 Excel 程序
```

运行结果如图 3-13 所示。

```
Sheets([<Sheet [第3章.xlsx]饮料简介>,
<Sheet [第3章.xlsx]销售情况>])
>>>
```

图 3-13　所有工作表名称

3. 工作表重命名

实例 19：读取工作簿，打开工作表，重命名工作表。

```python
import xlwings as xw                                    # 调用第三方库
app=xw.App(visible=True,add_book=False)                 # 启动 Excel 程序
workbook=app.books.open(r"d:\abc\第 3 章.xlsx")          # 打开工作簿
sht=workbook.sheets[0]                                  # 打开第 1 个工作表
sht.name="新名称"                                        # 重命名工作表
workbook.save(r"d:\abc\3353.xlsx")                      # 保存工作簿
workbook.close()                                        # 关闭当前工作簿
app.quit()                                              # 退出 Excel 程序
```

运行结果如图 3-14 所示。

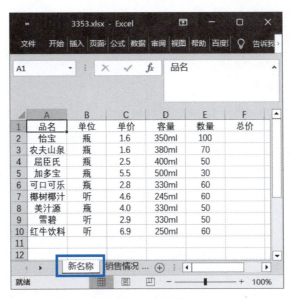

图 3-14 工作表重命名

4. 获取工作表的总行数

实例 20：读取工作簿，打开工作表，输出工作表总行数。

```
import xlwings as xw                                    #调用第三方库
app＝xw.App(visible＝True,add_book＝False)              #启动 Excel 程序
workbook＝app.books.open(r"d:\abc\第 3 章.xlsx")         #打开工作簿
sht＝workbook.sheets[0]                                 #打开第 1 个工作表
nrows＝sht.used_range.last_cell.row                     #获取工作表的行数
print(nrows)                                            #输出工作表的行数
workbook.close()                                        #关闭当前工作簿
app.quit()                                              #退出 Excel 程序
```

运行结果如图 3-15 所示。

说明：工作表的总行数，实质上是有效数据区域内最后一个单元格的行标。

```
>>> 10
```

图 3-15 工作表的总行数

5. 获取工作表的总列数

实例 21：读取工作簿，打开工作表，输出工作表总列数。

```
import xlwings as xw                                    #调用第三方库
app＝xw.App(visible＝True,add_book＝False)              #启动 Excel 程序
workbook＝app.books.open(r"d:\abc\第 3 章.xlsx")         #打开工作簿
sht＝workbook.sheets[0]                                 #打开第 1 个工作表
ncols＝sht.used_range.last_cell.column                  #获取工作表的列数
print(ncols)                                            #输出工作表的列数
workbook.close()                                        #关闭当前工作簿
app.quit()                                              #退出 Excel 程序
```

运行结果如图 3-16 所示。

说明：工作表的总列数，实质上是有效数据区域内最后一个单元格的列标。

>>> 6

图 3-16　工作表的总列数

6. 获取工作表的数量

实例 22：读取工作簿，输出工作表的数量。

```
import xlwings as xw                                    #调用第三方库
app＝xw.App(visible＝True,add_book＝False)               #启动 Excel 程序
workbook＝app.books.open(r"d:\abc\第 3 章.xlsx")         #打开工作簿
nsheets＝workbook.sheets.count                          #获取工作表的数量
print(nsheets)
workbook.close()                                        #关闭当前工作簿
app.quit()                                              #退出 Excel 程序
```

运行结果如图 3-17 所示。

>>> 2

图 3-17　工作表的数量

7. 激活工作表

可以同时打开多个工作簿，但同一时间只能对一个工作簿进行操作，这个正在被操作的工作簿称为当前工作簿。同理，如果工作簿中有多个工作表，则正在使用的工作表称为当前工作表。

激活工作表指的是将某个工作表变成当前工作表。

实例 23：读取工作簿，激活某个工作表，使其成为当前工作表。

```
import xlwings as xw                                    #调用第三方库
app＝xw.App(visible＝True,add_book＝False)               #启动 Excel 程序
workbook＝app.books.open(r"d:\abc\第 3 章.xlsx")         #打开工作簿
sht＝workbook.sheets[0]                                 #打开第一个工作表
sht.activate()                                          #激活当前工作表
print(sht.name)                                         #输出工作表名称
workbook.close()                                        #关闭当前工作簿
app.quit()                                              #退出 Excel 程序
```

运行结果如图 3-18 所示。

说明：事实上，工作表刚刚打开时，默认已经激活，成为当前工作表。

>>> 饮料简介

图 3-18　激活工作表

8. 删除工作表

实例 24：读取工作簿，删除工作表。

```
import xlwings as xw                                    #调用第三方库
app＝xw.App(visible＝True,add_book＝False)               #启动 Excel 程序
workbook＝app.books.open(r"d:\abc\第 3 章.xlsx")         #打开工作簿
workbook.sheets["饮料简介"].delete()                    #删除工作表
workbook.save(r'd:\abc\3358.xlsx')                      #保存工作簿
```

```
workbook.close()                                    # 关闭当前工作簿
app.quit()                                          # 退出 Excel 程序
```

运行结果如图 3-19 所示。

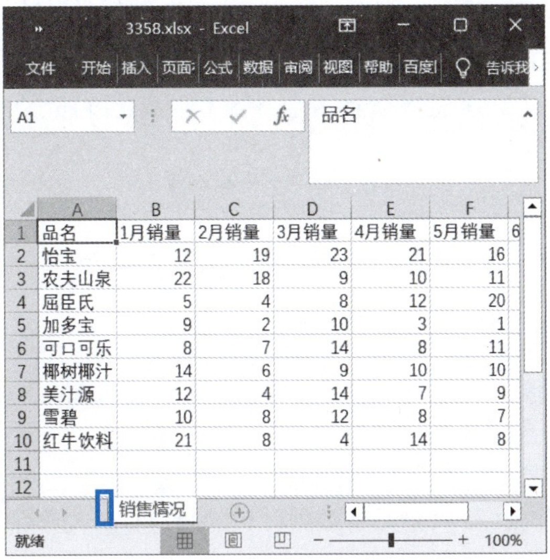

	A	B	C	D	E	F
1	品名	1月销量	2月销量	3月销量	4月销量	5月销量
2	怡宝	12	19	23	21	16
3	农夫山泉	22	18	9	10	11
4	屈臣氏	5	4	8	12	20
5	加多宝	9	2	10	3	1
6	可口可乐	8	7	14	8	11
7	椰树椰汁	14	6	9	10	10
8	美汁源	12	4	14	7	9
9	雪碧	10	8	12	8	7
10	红牛饮料	21	8	4	14	8
11						
12						

图 3-19 删除工作表

9. 获取工作表中有内容的范围

实例 25：读取工作簿，打开工作表，获取工作表中有内容的范围。

```
import xlwings as xw                                # 调用第三方库
app=xw.App(visible=True,add_book=False)             # 启动 Excel 程序
workbook=app.books.open(r"d:\abc\第 3 章.xlsx")      # 打开工作簿
sht=workbook.sheets[0]                              # 打开工作表
fw=sht.range("B2")                                  # 随意设置有内容中的一段范围
print(fw.current_region)                            # 获取工作表中有内容的范围
workbook.close()                                    # 关闭当前工作簿
app.quit()                                          # 退出 Excel 程序
```

运行结果如图 3-20 所示。

```
<Range [第3章.xlsx]饮料简介!$A$1:$F$10>
>>>
```

图 3-20 有内容的范围

10. 获取工作表信息

实例 26：读取工作簿，打开工作表，获取工作表信息。

```
import xlwings as xw                                # 调用第三方库
app=xw.App(visible=True,add_book=False)             # 启动 Excel 程序
```

```
workbook=app.books.open(r"d:\abc\第 3 章.xlsx")    #打开工作簿
sht=workbook.sheets[0]                              #打开工作表
print(sht.used_range)                               #获取工作表信息
workbook.close()                                    #关闭当前工作簿
app.quit()                                          #退出 Excel 程序
```

运行结果如图 3-21 所示。

```
<Range [第3章.xlsx]饮料简介!$A$1:$F$10>
>>>
```

图 3-21　工作表信息

3.4　数据操作

3.4.1　写入数据

1. 写入单元格数据

实例 27：创建工作簿，写入单元格数据，以"3411.xlsx"文件保存。

```
import xlwings as xw                                #调用第三方库
app=xw.App(visible=True,add_book=False)             #启动 Excel 程序
workbook=app.books.add()                            #创建工作簿
sht=workbook.sheets['sheet1']                       #打开工作表
sht.range('B3').value="北京"                        #写入单元格数据
workbook.save(r'd:\abc\3411.xlsx')                  #保存工作簿
workbook.close()                                    #关闭当前工作簿
app.quit()                                          #退出 Excel 程序
```

运行结果如图 3-22 所示。

图 3-22　写入单元格数据

2. 写入行数据

实例 28：创建工作簿，创建工作表，添加行数据，以"3412.xlsx"文件保存。

```
import xlwings as xw                                    # 调用第三方库
app=xw.App(visible=True,add_book=False)                 # 启动 Excel 程序
workbook=app.books.add()                                # 创建工作簿
sht=workbook.sheets['sheet1']                           # 打开工作表
data=["怡宝","瓶",1.6,"350ml",100]                       # 数据
sht.range('A2').value=data                              # 写入行数据
workbook.save(r'd:\abc\3412.xlsx')                      # 保存工作簿
workbook.close()                                        # 关闭当前工作簿
app.quit()                                              # 退出 Excel 程序
```

运行结果如图 3-23 所示。

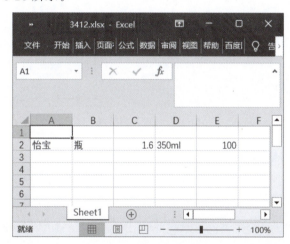

图 3-23　写入行数据

3. 写入列数据

实例 29：创建工作簿，创建工作表，添加列数据，以"3413.xlsx"文件保存。

```
import xlwings as xw                                    # 调用第三方库
app=xw.App(visible=True,add_book=False)                 # 启动 Excel 程序
workbook=app.books.add()                                # 创建工作簿
sht=workbook.sheets['sheet1']                           # 打开工作表
data=['北京','上海','广州','深圳','香港','澳门','台湾']      # 数据
sht.range("C1").options(transpose=True).value=data      # 写入列数据
workbook.save(r'd:\abc\3413.xlsx')                      # 保存工作簿
workbook.close()                                        # 关闭当前工作簿
app.quit()                                              # 退出 Excel 程序
```

运行结果如图 3-24 所示。

图 3-24　写入列数据

4. 写入多行多列数据

实例 30：创建工作簿，创建工作表，添加多行多列数据，以"3414.xlsx"文件保存。

```
import xlwings as xw                                ＃调用第三方库
app＝xw.App(visible＝True,add_book＝False)           ＃启动 Excel 程序
workbook＝app.books.add()                           ＃创建工作簿
sht＝workbook.sheets['sheet1']                      ＃打开工作表
data＝[['品名','单位','单价'],
       ['怡宝','瓶',1.6],
       ['农夫山泉','瓶',1.6],
       ['屈臣氏','瓶',2.5],
       ['加多宝','瓶',5.5]]                          ＃数据
sht.range('B3').value＝data                         ＃写入数据
workbook.save(r'd:\abc\3414.xlsx')                  ＃保存工作簿
workbook.close()                                    ＃关闭当前工作簿
app.quit()                                          ＃退出 Excel 程序
```

运行结果如图 3-25 所示。

5. 写入公式

实例 31：读取工作簿，打开工作表，输入公式，以"3415.xlsx"文件保存。

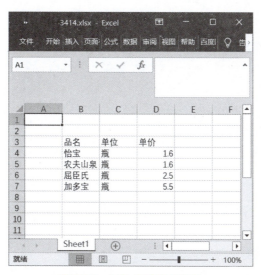

图 3-25　写入多行多列数据

```
import xlwings as xw                              #调用第三方库
app=xw.App(visible=True,add_book=False)          #启动 Excel 程序
workbook=app.books.open(r"d:\abc\第 3 章.xlsx")   #打开工作簿
sht=workbook.sheets[0]                            #打开工作表
sht.range('E12').formula='=SUM(E2,E10)'          #写入公式
workbook.save(r'd:\abc\3415.xlsx')                #保存工作簿
workbook.close()                                  #关闭当前工作簿
app.quit()                                        #退出 Excel 程序
```

运行结果如图 3-26 所示。

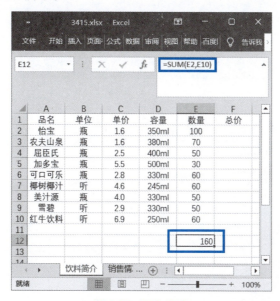

图 3-26　写入公式

6. 读取公式

实例32：读取工作簿，打开工作表，读取公式。

```
import xlwings as xw                                    # 调用第三方库
app=xw.App(visible=True,add_book=False)                 # 启动 Excel 程序
workbook=app.books.open(r"d:\abc\3415.xlsx")            # 打开工作簿
sht=workbook.sheets[0]                                  # 打开工作表
tt=sht.range('E12').formula_array                       # 读取公式
print(tt)                                               # 输出公式
workbook.close()                                        # 关闭当前工作簿
app.quit()                                              # 退出 Excel 程序
```

运行结果如图 3-27 所示。

```
=SUM(E2,E10)
>>>
```

图 3-27　读取公式

3.4.2 修改数据

1. 修改单元格数据

实例33：读取工作簿，打开工作表，修改单元格数据，以"3421.xlsx"文件保存。

```
import xlwings as xw                                    # 调用第三方库
app=xw.App(visible=True,add_book=False)                 # 启动 Excel 程序
workbook=app.books.open(r"d:\abc\第 3 章.xlsx")          # 打开工作簿
sht=workbook.sheets[0]                                  # 打开工作表
sht.range('A1').value="名称"                             # 修改单元格数据
workbook.save(r'd:\abc\3421.xlsx')                      # 保存工作簿
workbook.close()                                        # 关闭当前工作簿
app.quit()                                              # 退出 Excel 程序
```

运行结果如图 3-28 所示。

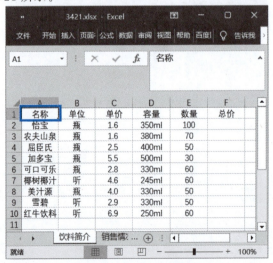

图 3-28　修改单元格数据

2. 修改行数据

实例 34：读取工作簿，打开工作表，修改行数据，以"3422.xlsx"文件保存。

```
import xlwings as xw                                      # 调用第三方库
app=xw.App(visible=True,add_book=False)                   # 启动 Excel 程序
workbook=app.books.open(r"d:\abc\第 3 章.xlsx")            # 打开工作簿
sht=workbook.sheets[0]                                    # 打开工作表
data=["王老吉","瓶",5.0,"500ml",40]                        # 数据
sht.range('A3').value=data                                # 修改行数据
workbook.save(r'd:\abc\3422.xlsx')                        # 保存工作簿
workbook.close()                                          # 关闭当前工作簿
app.quit()                                                # 退出 Excel 程序
```

运行结果如图 3-29 所示。

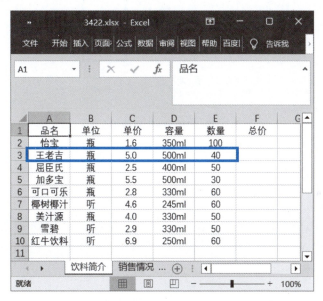

图 3-29　修改行数据

3. 修改列数据

实例 35：读取工作簿，打开工作表，修改列数据，以"3423.xlsx"文件保存。

```
import xlwings as xw                                      # 调用第三方库
app=xw.App(visible=True,add_book=False)                   # 启动 Excel 程序
workbook=app.books.open(r"d:\abc\第 3 章.xlsx")            # 打开工作簿
sht=workbook.sheets[0]                                    # 打开工作表
data=["数量",20,20,20,20,20,20,20,20]                      # 数据
sht.range('E1').options(transpose=True).value=data        # 修改列数据
workbook.save(r'd:\abc\3423.xlsx')                        # 保存工作簿
workbook.close()                                          # 关闭当前工作簿
app.quit()                                                # 退出 Excel 程序
```

运行结果如图 3-30 所示。

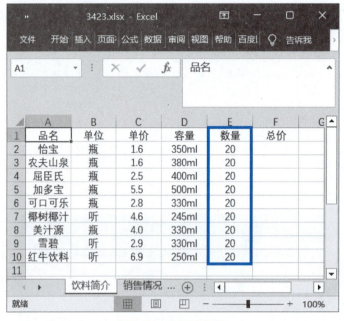

图 3-30　修改列数据

3.4.3　插入数据

1. 插入行数据

实例 36：读取工作簿，打开工作表，插入一行数据，以"3431.xlsx"文件保存。

```
import xlwings as xw                                      #调用第三方库
app=xw.App(visible=True,add_book=False)                   #启动 Excel 程序
workbook=app.books.open(r"d:\abc\第 3 章.xlsx")            #打开工作簿
sht=workbook.sheets[0]                                    #打开工作表
data=["王老吉","瓶",5.0,"500ml",40]                        #数据
sht.api.Rows(3).Insert()                                  #第 3 行前插入空行
sht.range('A3').value=data                                #写入行数据
workbook.save(r"d:\abc\3431.xlsx")                        #保存工作簿
workbook.close()                                          #关闭当前工作簿
app.quit()                                                #退出 Excel 程序
```

运行结果如图 3-31 所示。

2. 插入列数据

实例 37：读取工作簿，打开工作表，插入一列数据，以"3432.xlsx"文件保存。

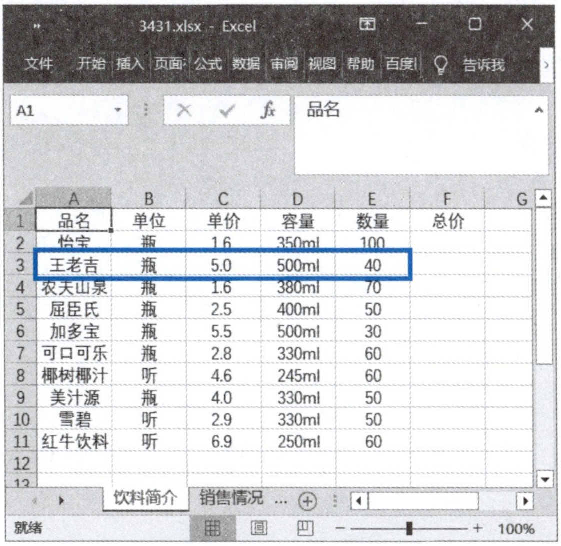

品名	单位	单价	容量	数量	总价
怡宝	瓶	1.6	350ml	100	
王老吉	瓶	5.0	500ml	40	
农夫山泉	瓶	1.6	380ml	70	
屈臣氏	瓶	2.5	400ml	50	
加多宝	瓶	5.5	500ml	30	
可口可乐	瓶	2.8	330ml	60	
椰树椰汁	听	4.6	245ml	60	
美汁源	瓶	4.0	330ml	50	
雪碧	听	2.9	330ml	50	
红牛饮料	听	6.9	250ml	60	

图 3-31　插入行数据

```
import xlwings as xw                                        #调用第三方库
app=xw.App(visible=True,add_book=False)                     #启动 Excel 程序
workbook=app.books.open(r"d:\abc\第 3 章.xlsx")              #打开工作簿
sht=workbook.sheets[0]                                      #打开工作表
data=["数量",20,20,20,20,20,20,20,20,20,20]                  #数据
sht.api.Columns(3).Insert()                                 #第 3 列前插入空列
sht.range("C1").options(transpose=True).value=data          #写入列数据
workbook.save(r"d:\abc\3432.xlsx")                          #保存工作簿
workbook.close()                                            #关闭当前工作簿
app.quit()                                                  #退出 Excel 程序
```

运行结果如图 3-32 所示。

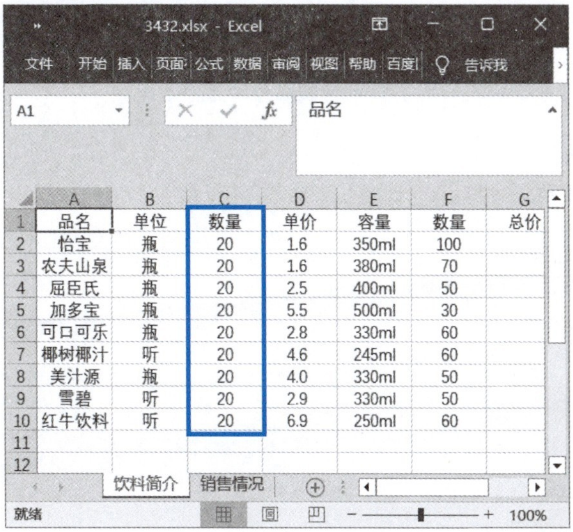

品名	单位	数量	单价	容量	数量	总价
怡宝	瓶	20	1.6	350ml	100	
农夫山泉	瓶	20	1.6	380ml	70	
屈臣氏	瓶	20	2.5	400ml	50	
加多宝	瓶	20	5.5	500ml	30	
可口可乐	瓶	20	2.8	330ml	60	
椰树椰汁	听	20	4.6	245ml	60	
美汁源	瓶	20	4.0	330ml	50	
雪碧	听	20	2.9	330ml	50	
红牛饮料	听	20	6.9	250ml	60	

图 3-32　插入列数据

3.4.4 读取数据

1. 读取单元格数据

实例38：读取工作簿，打开工作表，读取单元格数据。

```python
import xlwings as xw                                      # 调用第三方库
app = xw.App(visible=True, add_book=False)                # 启动 Excel 程序
workbook = app.books.open(r"d:\abc\第 3 章.xlsx")          # 打开工作簿
cell = workbook.sheets[0].range("A1")                     # 指定单元格
data = cell.value                                         # 读取单元格数据
print(data)                                               # 输出单元格数据
workbook.close()                                          # 关闭当前工作簿
app.quit()                                                # 退出 Excel 程序
```

运行结果如图 3-33 所示。

```
>>> 品名
```

图 3-33 读取单元格数据

2. 读取部分单元格数据

实例39：读取工作簿，打开工作表，读取部分单元格数据。

```python
import xlwings as xw                                      # 调用第三方库
app = xw.App(visible=True, add_book=False)                # 启动 Excel 程序
workbook = app.books.open(r"d:\abc\第 3 章.xlsx")          # 打开工作簿
cell = workbook.sheets[0].range("A2:D3")                  # 指定范围
data = cell.value                                         # 读取数据
print(data)                                               # 输出数据
workbook.close()                                          # 关闭当前工作簿
app.quit()                                                # 退出 Excel 程序
```

运行结果如图 3-34 所示。

```
[['怡宝', '瓶', 1.6, '350ml'], ['农夫山泉', '瓶', 1.6, '380ml']]
>>>
```

图 3-34 读取部分单元格数据

3. 读取整行数据

实例40：读取工作簿，打开工作表，读取整行数据。

```python
import xlwings as xw                                      # 调用第三方库
app = xw.App(visible=True, add_book=False)                # 启动 Excel 程序
workbook = app.books.open(r"d:\abc\第 3 章.xlsx")          # 打开工作簿
cell = workbook.sheets[0].range("A2").expand('right')     # 指定范围
data = cell.value                                         # 读取数据
print(data)                                               # 输出数据
workbook.close()                                          # 关闭当前工作簿
app.quit()                                                # 退出 Excel 程序
```

运行结果如图 3-35 所示。

```
            ['怡宝','瓶', 1.6, '350ml', 100.0]
>>>
```

图 3-35　读取整行数据

4. 读取整列数据

实例 41：读取工作簿，打开工作表，读取整列数据。

```
import xlwings as xw                                    #调用第三方库
app=xw.App(visible=True,add_book=False)                 #启动 Excel 程序
workbook=app.books.open(r"d:\abc\第 3 章.xlsx")         #打开工作簿
cell=workbook.sheets[0].range("C1").expand('down')      #指定范围
data=cell.value                                         #读取数据
print(data)                                             #输出数据
workbook.close()                                        #关闭当前工作簿
app.quit()                                              #退出 Excel 程序
```

运行结果如图 3-36 所示。

```
        ['单价', 1.6, 1.6, 2.5, 5.5, 2.8, 4.6, 4.0, 2.9, 6.9]
>>>
```

图 3-36　读取整列数据

5. 读取全部数据

实例 42：读取工作簿，打开工作表，读取全部数据。

```
import xlwings as xw                                    #调用第三方库
app=xw.App(visible=True,add_book=False)                 #启动 Excel 程序
workbook=app.books.open(r"d:\abc\第 3 章.xlsx")         #打开工作簿
cell=workbook.sheets[0].range("A1").expand()            #指定范围
data=cell.value                                         #读取数据
print(data)                                             #输出数据
workbook.close()                                        #关闭当前工作簿
app.quit()                                              #退出 Excel 程序
```

运行结果如图 3-37 所示。

```
[['品名','单位','单价','容量','数量','总价'],
['怡宝','瓶', 1.6, '350ml', 100.0, None], ['农夫山
泉','瓶', 1.6, '380ml', 70.0, None], ['屈臣氏','
瓶', 2.5, '400ml', 50.0, None], ['加多宝','瓶', 5.
5, '500ml', 30.0, None], ['可口可乐','瓶', 2.8, '3
30ml', 60.0, None], ['椰树椰汁','听', 4.6, '245ml'
, 60.0, None], ['美汁源','瓶', 4.0, '330ml', 50.0,
None], ['雪碧','听', 2.9, '330ml', 50.0, None], ['
红牛饮料','听', 6.9, '250ml', 60.0, None]]
>>>
```

图 3-37　读取全部数据

3.4.5 删除数据

1. 清除单元格数据

实例43：读取工作簿,打开工作表,清除单元格数据,以"3451.xlsx"文件保存。

```
import xlwings as xw                                          #调用第三方库
app=xw.App(visible=True,add_book=False)                       #启动 Excel 程序
workbook=app.books.open(r"d:\abc\第3章.xlsx")                  #打开工作簿
cell=workbook.sheets[0].range("A3")                           #指定范围
cell.clear()                                                  #清除数据
workbook.save(r"d:\abc\3451.xlsx")                            #保存工作簿
workbook.close()                                              #关闭当前工作簿
app.quit()                                                    #退出 Excel 程序
```

运行结果如图 3-38 所示。

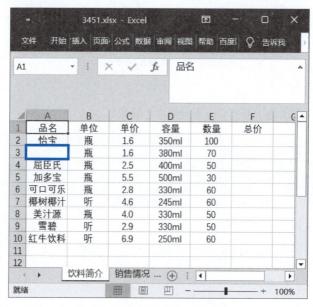

图 3-38 清除单元格数据

说明：本例中,clear()函数在清除数据的同时,也清除了单元格的格式。

2. 清除部分单元格数据

实例44：读取工作簿,打开工作表,清除部分单元格数据,以"3452.xlsx"文件保存。

```
import xlwings as xw                                          #调用第三方库
app=xw.App(visible=True,add_book=False)                       #启动 Excel 程序
workbook=app.books.open(r"d:\abc\第3章.xlsx")                  #打开工作簿
```

```
cell＝workbook.sheets[0].range("B3:C5")      #指定范围
cell.clear()                                  #清除数据
workbook.save(r"d:\abc\3452.xlsx")           #保存工作簿
workbook.close()                              #关闭当前工作簿
app.quit()                                    #退出 Excel 程序
```

运行结果如图 3-39 所示。

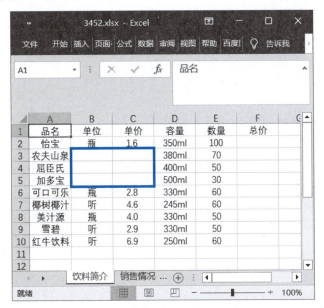

图 3-39　清除部分单元格数据

3. 清除整行数据

实例 45：读取工作簿，打开工作表，清除整行数据，以"3453.xlsx"文件保存。

```
import xlwings as xw                                          #调用第三方库
app＝xw.App(visible＝True,add_book＝False)                    #启动 Excel 程序
workbook＝app.books.open(r"d:\abc\第 3 章.xlsx")              #打开工作簿
cell＝workbook.sheets[0].range("A3").expand('right')          #指定范围
cell.clear()                                                   #清除数据
workbook.save(r"d:\abc\3453.xlsx")                            #保存工作簿
workbook.close()                                               #关闭当前工作簿
app.quit()                                                     #退出 Excel 程序
```

运行结果如图 3-40 所示。

4. 删除整行数据

实例 46：读取工作簿，打开工作表，删除整行数据，以"3454.xlsx"文件保存。

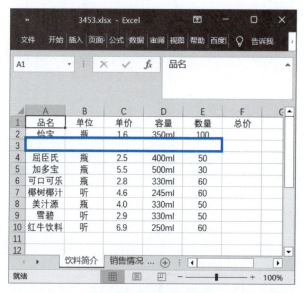

图 3-40　清除整行数据

```
import xlwings as xw                                    #调用第三方库
app = xw.App(visible=True,add_book=False)               #启动 Excel 程序
workbook = app.books.open(r"d:\abc\第 3 章.xlsx")        #打开工作簿
sht = workbook.sheets[0]                                #打开工作表
sht['3:4'].delete()                                     #删除第2,3行数据
workbook.save(r"3454.xlsx")                             #保存工作簿
workbook.close()                                        #关闭当前工作簿
app.quit()                                              #退出 Excel 程序
```

运行结果如图 3-41 所示。

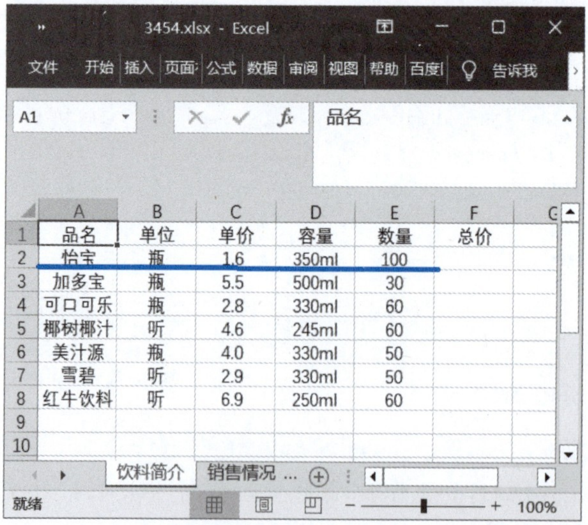

图 3-41　删除整行数据

5. 清除整列数据

实例47：读取工作簿，打开工作表，清除整列数据，以"3455.xlsx"文件保存。

```
import xlwings as xw                                          # 调用第三方库
app=xw.App(visible=True,add_book=False)                       # 启动 Excel 程序
workbook=app.books.open(r"d:\abc\第3章.xlsx")                 # 打开工作簿
cell=workbook.sheets[0].range("B1").expand('down')            # 指定范围
cell.clear()                                                  # 清除数据
workbook.save(r"d:\abc\3455.xlsx")                            # 保存工作簿
workbook.close()                                              # 关闭当前工作簿
app.quit()                                                    # 退出 Excel 程序
```

运行结果如图 3-42 所示。

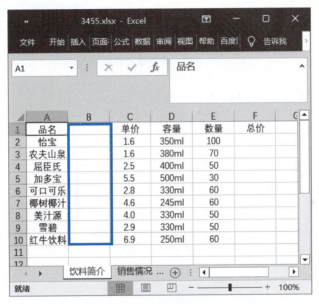

图 3-42　清除整列数据

6. 删除整列数据

实例48：读取工作簿，打开工作表，删除整列数据，以"3456.xlsx"文件保存。

```
import xlwings as xw                                          # 调用第三方库
app=xw.App(visible=True,add_book=False)                       # 启动 Excel 程序
workbook=app.books.open(r"d:\abc\第3章.xlsx")                 # 打开工作簿
sht=workbook.sheets[0]                                        # 打开工作表
sht['B:C'].delete()                                           # 删除第2,3列数据
workbook.save(r"3456.xlsx")                                   # 保存工作簿
workbook.close()                                              # 关闭当前工作簿
app.quit()                                                    # 退出 Excel 程序
```

运行结果如图 3-43 所示。

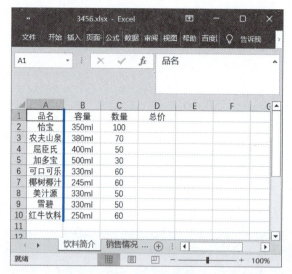

图 3-43　删除整列数据

7. 删除全部数据

实例 49：读取工作簿，打开工作表，删除全部数据，以"3457.xlsx"文件保存。

```
import xlwings as xw                                          # 调用第三方库
app = xw.App(visible=True, add_book=False)                    # 启动 Excel 程序
workbook = app.books.open(r"d:\abc\第 3 章.xlsx")              # 打开工作簿
cell = workbook.sheets[0]                                     # 指定工作表
cell.clear()                                                  # 删除数据
workbook.save(r"d:\abc\3457.xlsx")                            # 保存工作簿
workbook.close()                                              # 关闭当前工作簿
app.quit()                                                    # 退出 Excel 程序
```

运行结果如图 3-44 所示。

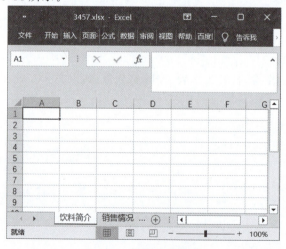

图 3-44　删除全部数据

8. 清除单元格中数据，保留格式

实例 50：读取工作簿，打开工作表，清除单元格中的数据，保留格式，以"3458.xlsx"文件保存。

```
import xlwings as xw                                    # 调用第三方库
app = xw.App(visible=True, add_book=False)              # 启动 Excel 程序
workbook = app.books.open(r"d:\abc\第 3 章.xlsx")        # 打开工作簿
sht = workbook.sheets[0]                                # 打开第 1 个工作表
fw = sht.range("B3:C4")                                 # 设定范围
fw.clear_contents()                                     # 清除单元格中的数据，保留格式
workbook.save(r'd:\abc\3458.xlsx')                      # 保存工作簿
workbook.close()                                        # 关闭当前工作簿
app.quit()                                              # 退出 Excel 程序
```

运行结果如图 3-45 所示。

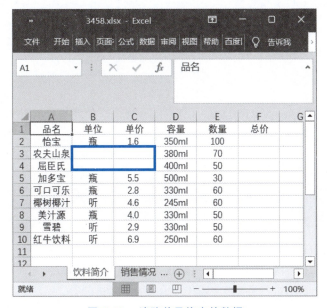

图 3-45　清除单元格中的数据

说明：本例中由于源工作表中没有格式，所以在结果中看不到效果。

3.5　范围(Range)操作

在工作表中，多个单元格构成了范围，一个单元格是范围的特殊形式。最小的范围是一个单元格，最大的范围是整个工作表。

3.5.1 范围的相关数据

1. 获取范围的行数（rows.count）

实例51：读取工作簿，打开工作表，输出范围的行数。

```
import xlwings as xw                                    #调用第三方库
app=xw.App(visible=True,add_book=False)                 #启动 Excel 程序
workbook=app.books.open(r"d:\abc\第 3 章.xlsx")         #打开工作簿
sht=workbook.sheets[0]                                  #调用工作表
fw=sht.range("A1:E4")                                   #设置范围
print(fw.rows.count)                                    #输出范围的行数
workbook.close()                                        #关闭当前工作簿
app.quit()                                              #退出 Excel 程序
```

运行结果如图 3-46 所示。

```
>>> 4
```

图 3-46 范围的行数

2. 获取范围的列数（columns.count）

实例52：读取工作簿，打开工作表，输出范围的列数。

```
import xlwings as xw                                    #调用第三方库
app=xw.App(visible=True,add_book=False)                 #启动 Excel 程序
workbook=app.books.open(r"d:\abc\第 3 章.xlsx")         #打开工作簿
sheet=workbook.sheets[0]                                #调用工作表
fw=sheet.range("A1:E4")                                 #设置范围
print(fw.columns.count)                                 #输出范围的列数
workbook.close()                                        #关闭当前工作簿
app.quit()                                              #退出 Excel 程序
```

运行结果如图 3-47 所示。

```
>>> 5
```

图 3-47 范围的列数

3. 获取范围的行数和列数（shape）

实例53：读取工作簿，打开工作表，输出范围的行数和列数。

```
import xlwings as xw                                    #调用第三方库
app=xw.App(visible=True,add_book=False)                 #启动 Excel 程序
workbook=app.books.open(r"d:\abc\第 3 章.xlsx")         #打开工作簿
sheet=workbook.sheets[0]                                #调用工作表
fw=sheet.range("A1:E4")                                 #设置范围
print(fw.shape)                                         #输出范围的行数和列数
workbook.close()                                        #关闭当前工作簿
app.quit()                                              #退出 Excel 程序
```

运行结果如图 3-48 所示。

```
>>> (4, 5)
```

图 3-48 范围的行数和列数

4. 获取范围的高度（height）

实例54：读取工作簿，打开工作表，输出范围的高度。

```
import xlwings as xw                                    # 调用第三方库
app=xw.App(visible=True,add_book=False)                 # 启动 Excel 程序
workbook=app.books.open(r"d:\abc\第 3 章.xlsx")          # 打开工作簿
sht=workbook.sheets[0]                                  # 调用工作表
fw=sht.range("A1:E4")                                   # 设置范围
print(fw.height)                                        # 输出范围的高度
workbook.close()                                        # 关闭当前工作簿
app.quit()                                              # 退出 Excel 程序
```

运行结果如图 3-49 所示。

```
>>> 55.2
```

图 3-49　范围的高度

5. 获取范围的宽度（width）

实例 55：读取工作簿，打开工作表，输出范围的宽度。

```
import xlwings as xw                                    # 调用第三方库
app=xw.App(visible=True,add_book=False)                 # 启动 Excel 程序
workbook=app.books.open(r"d:\abc\第 3 章.xlsx")          # 打开工作簿
sht=workbook.sheets[0]                                  # 调用工作表
fw=sht.range("A1:E4")                                   # 设置范围
print(fw.width)                                         # 输出范围的宽度
workbook.close()                                        # 关闭当前工作簿
app.quit()                                              # 退出 Excel 程序
```

运行结果如图 3-50 所示。

```
>>> 240.0
```

图 3-50　范围的宽度

6. 获取范围的单元格数量（count）

实例 56：读取工作簿，打开工作表，输出范围的单元格数量。

```
import xlwings as xw                                    # 调用第三方库
app=xw.App(visible=True,add_book=False)                 # 启动 Excel 程序
workbook=app.books.open(r"d:\abc\第 3 章.xlsx")          # 打开工作簿
sht=workbook.sheets[0]                                  # 调用工作表
fw=sht.range("A1:E4")                                   # 设置范围
print(fw.count)                                         # 输出范围的单元格数量
workbook.close()                                        # 关闭当前工作簿
app.quit()                                              # 退出 Excel 程序
```

运行结果如图 3-51 所示。

```
>>> 20
```

图 3-51　范围的单元格数量

7. 获取范围的首行行标（row）

实例 57：读取工作簿，打开工作表，输出范围的首行行标。

```
import xlwings as xw                                    # 调用第三方库
app=xw.App(visible=True,add_book=False)                 # 启动 Excel 程序
workbook=app.books.open(r"d:\abc\第 3 章.xlsx")          # 打开工作簿
sht=workbook.sheets[0]                                  # 调用工作表
fw=sht.range("A2:E4")                                   # 设置范围
print(fw.row)                                           # 输出范围的首行行标
```

```
workbook.close()                                          # 关闭当前工作簿
app.quit()                                                # 退出 Excel 程序
```

运行结果如图 3-52 所示。

8. 获取范围的首列列标（column）

>>> 2

图 3-52 范围的首行行标

实例 58：读取工作簿，打开工作表，输出范围的首列列标。

```
import xlwings as xw                                      # 调用第三方库
app=xw.App(visible=True,add_book=False)                   # 启动 Excel 程序
workbook=app.books.open(r"d:\abc\第 3 章.xlsx")            # 打开工作簿
sht=workbook.sheets[0]                                    # 调用工作表
fw=sht.range("B2:E4")                                     # 设置范围
print(fw.column)                                          # 输出范围的首列列标
workbook.close()                                          # 关闭当前工作簿
app.quit()                                                # 退出 Excel 程序
```

运行结果如图 3-53 所示。

3.5.2 范围的相关操作

>>> 2

图 3-53 范围的首列列标

1. 获取范围中的某行范围（rows[n]）

实例 59：读取工作簿，打开工作表，输出范围中的某行范围。

```
import xlwings as xw                                      # 调用第三方库
app=xw.App(visible=True,add_book=False)                   # 启动 Excel 程序
workbook=app.books.open(r"d:\abc\第 3 章.xlsx")            # 打开工作簿
sht=workbook.sheets[0]                                    # 调用工作表
fw=sht.range("B2:E4")                                     # 设置范围
print(fw.rows[2])                                         # 输出范围中第 2 行的范围
workbook.close()                                          # 关闭当前工作簿
app.quit()                                                # 退出 Excel 程序
```

运行结果如图 3-54 所示。

说明：rows[n]中，若 n=0，则获取的是首行范围。某行范围，等同于范围中的某行的列范围。

>>> <Range [第3章.xlsx]饮料简介!$B$4:$E$4>

图 3-54 范围中的某行范围

2. 获取范围中的某列范围（columns[n]）

实例 60：读取工作簿，打开工作表，输出范围中的某列范围。

```
import xlwings as xw                                      # 调用第三方库
app=xw.App(visible=True,add_book=False)                   # 启动 Excel 程序
workbook=app.books.open(r"d:\abc\第 3 章.xlsx")            # 打开工作簿
sht=workbook.sheets[0]                                    # 调用工作表
fw=sht.range("B2:E4")                                     # 设置范围
```

```
print(fw.columns[2])                          #输出范围的第 2 列范围
workbook.close()                              #关闭当前工作簿
app.quit()                                    #退出 Excel 程序
```

运行结果如图 3-55 所示。

说明：columns[n]，若 n＝0，则获取的是首列范围。某列范围，等同于范围中的某列的行范围。

```
>>> <Range [第3章.xlsx]饮料简介!$D$2:$D$4>
```

图 3-55　范围中的某列范围

3. 设置范围的行高度（row_height）

实例 61：读取工作簿，打开工作表，设置范围的行高度，以"3523.xlsx"文件保存。

```
import xlwings as xw                                    #调用第三方库
app=xw.App(visible=True,add_book=False)                 #启动 Excel 程序
workbook=app.books.open(r"d:\abc\第 3 章.xlsx")         #打开工作簿
sht=workbook.sheets[0]                                  #调用工作表
fw=sht.range("B3:E4")                                   #设置范围
fw.row_height=30                                        #设置行高度
workbook.save(r'd:\abc\3523.xlsx')                      #保存工作簿
workbook.close()                                        #关闭当前工作簿
app.quit()                                              #退出 Excel 程序
```

运行结果如图 3-56 所示。

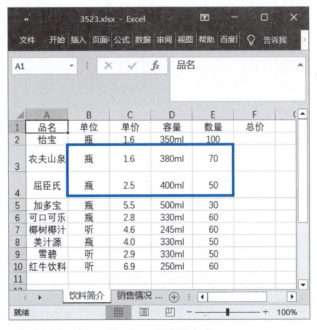

图 3-56　设置行高度

4. 设置范围的列宽度（column_width）

实例62：读取工作簿，打开工作表，设置范围的列宽度，以"3524.xlsx"文件保存。

```
import xlwings as xw                                    #调用第三方库
app=xw.App(visible=True,add_book=False)                 #启动 Excel 程序
workbook=app.books.open(r"d:\abc\第 3 章.xlsx")         #打开工作簿
sht=workbook.sheets[0]                                  #调用工作表
fw=sht.range("B3:C4")                                   #设置范围
fw.column_width=15                                      #设置列宽度
workbook.save(r'd:\abc\3524.xlsx')                      #保存工作簿
workbook.close()                                        #关闭当前工作簿
app.quit()                                              #退出 Excel 程序
```

运行结果如图 3-57 所示。

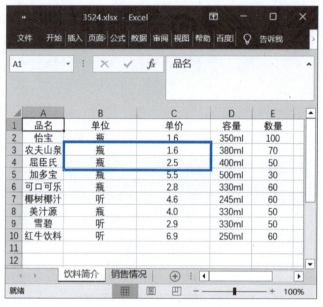

图 3-57　设置列宽度

5. 获取范围左上角单元格行标（row）

实例63：读取工作簿，打开工作表，输出范围左上角单元格行标。

```
import xlwings as xw                                    #调用第三方库
app=xw.App(visible=True,add_book=False)                 #启动 Excel 程序
workbook=app.books.open(r"d:\abc\第 3 章.xlsx")         #打开工作簿
sht=workbook.sheets[0]                                  #调用工作表
fw=sht.range("B2:E5")                                   #设置范围
print(fw.row)                                           #输出范围左上角单元格行标
workbook.close()                                        #关闭当前工作簿
app.quit()                                              #退出 Excel 程序
```

运行结果如图 3-58 所示。

```
>>> 2
```

图 3-58 范围左上角单元格行标

说明：左上角单元格的行标，也是范围的首行行标。

6. 获取范围左上角单元格列标(column)

实例 64：读取工作簿，打开工作表，输出范围左上角单元格列标。

```
import xlwings as xw                                    #调用第三方库
app=xw.App(visible=True,add_book=False)                 #启动 Excel 程序
workbook=app.books.open(r"d:\abc\第 3 章.xlsx")          #打开工作簿
sht=workbook.sheets[0]                                  #调用工作表
fw=sht.range("C2:E5")                                   #设置范围
print(fw.column)                                        #输出范围左上角单元格列标
workbook.close()                                        #关闭当前工作簿
app.quit()                                              #退出 Excel 程序
```

运行结果如图 3-59 所示。

```
>>> 3
```

图 3-59 范围左上角单元格列标

说明：左上角单元格的列标，也是范围的首列行标。

7. 获取范围右下角单元格行标(last_cell.row)

实例 65：读取工作簿，打开工作表，输出范围右下角单元格行标。

```
import xlwings as xw                                    #调用第三方库
app=xw.App(visible=True,add_book=False)                 #启动 Excel 程序
workbook=app.books.open(r"d:\abc\第 3 章.xlsx")          #打开工作簿
sht=workbook.sheets[0]                                  #调用工作表
fw=sht.range("B2:E5")                                   #设置范围
print(fw.last_cell.row)                                 #输出范围右下角单元格行标
workbook.close()                                        #关闭当前工作簿
app.quit()                                              #退出 Excel 程序
```

运行结果如图 3-60 所示。

```
>>> 5
```

图 3-60 范围右下角单元格行标

说明：右下角单元格的行标，也是范围的末列行标。

8. 获取范围右下角单元格列标(last_cell.column)

实例 66：读取工作簿，打开工作表，输出范围右下角单元格列标。

```
import xlwings as xw                                    #调用第三方库
app=xw.App(visible=True,add_book=False)                 #启动 Excel 程序
workbook=app.books.open(r"d:\abc\第 3 章.xlsx")          #打开工作簿
sht=workbook.sheets[0]                                  #调用工作表
fw=sht.range("B2:E4")                                   #设置范围
print(fw.last_cell.column)                              #输出范围右下角单元格列标
workbook.close()                                        #关闭当前工作簿
app.quit()                                              #退出 Excel 程序
```

运行结果如图 3-61 所示。

```
>>> 5
```

图 3-61 范围右下角单元格列标

说明：右下角单元格的列标，也是范围的末列列标。

3.5.3 范围的格式自适应

1. 设置行高度自适应（rows.autofit()）

实例67：读取工作簿，打开工作表，设置行高度自适应，以"3531.xlsx"文件保存。

```
import xlwings as xw                                        # 调用第三方库
app=xw.App(visible=True,add_book=False)                     # 启动 Excel 程序
workbook=app.books.open(r"d:\abc\第 3 章.xlsx")              # 打开工作簿
sheet=workbook.sheets[0]                                    # 调用第 1 个工作表
fw=sheet.range("B3:C4")                                     # 设置范围
fw.api.Font.Size=20                                         # 设置字体大小
fw.rows.autofit()                                           # 设置行高度自适应
workbook.save(r'd:\abc\3531.xlsx')                          # 保存工作簿
workbook.close()                                            # 关闭当前工作簿
app.quit()                                                  # 退出 Excel 程序
```

运行结果如图 3-62 所示。

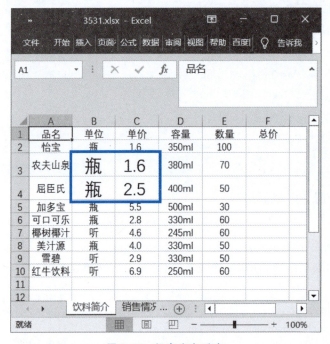

图 3-62　行高度自适应

2. 设置列宽度自适应（columns.autofit()）

实例68：读取工作簿，打开工作表，设置列宽度自适应，以"3532.xlsx"文件保存。

```
import xlwings as xw                                        # 调用第三方库
app=xw.App(visible=True,add_book=False)                     # 启动 Excel 程序
```

```
workbook=app.books.open(r"d:\abc\第 3 章.xlsx")    #打开工作簿
sheet=workbook.sheets[0]                           #调用第 1 个工作表
fw=sheet.range("A6:A7")                            #设置范围
fw.api.Font.Size=20                                #设置字体大小
fw.columns.autofit()                               #设置列宽度自适应
workbook.save(r'd:\abc\3532.xlsx')                 #保存工作簿
workbook.close()                                   #关闭当前工作簿
app.quit()                                         #退出 Excel 程序
```

运行结果如图 3-63 所示。

图 3-63　列宽度自适应

3. 自动调整行高和列宽（autofit）

实例 69：读取工作簿，打开工作表，设置范围的大小自适应，以"3533.xlsx"文件保存。

```
import xlwings as xw                               #调用第三方库
app=xw.App(visible=True,add_book=False)            #启动 Excel 程序
workbook=app.books.open(r"d:\abc\第 3 章.xlsx")    #打开工作簿
sheet=workbook.sheets[0]                           #调用第 1 个工作表
fw=sheet.range("A6:C7")                            #设置范围
fw.api.Font.Size=20                                #设置字体大小
fw.autofit()                                       #设置大小自适应
workbook.save(r'd:\abc\3533.xlsx')                 #保存工作簿
workbook.close()                                   #关闭当前工作簿
app.quit()                                         #退出 Excel 程序
```

运行结果如图 3-64 所示。

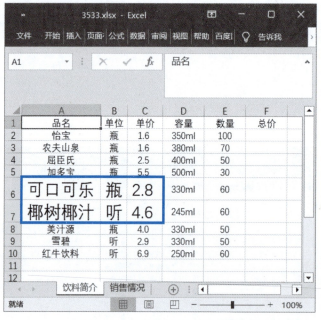

图 3-64　自动调整行高和列宽

3.6　单元格操作

3.6.1　单元格的相关数据

1. 获取单元格行标（row）

实例 70：读取工作簿，打开工作表，获取某个单元格行标。

```
import xlwings as xw                                          #调用第三方库
app=xw.App(visible=True,add_book=False)                       #启动 Excel 程序
workbook=app.books.open(r"d:\abc\第 3 章.xlsx")                #打开工作簿
ws=workbook.sheets[0]                                         #调用第 1 个工作表
fw=ws.range("C4")                                             #设定单元格
print(fw.row)                                                 #输出单元格行标
workbook.close()                                              #关闭当前工作簿
app.quit()                                                    #退出 Excel 程序
```

运行结果如图 3-65 所示。

2. 获取单元格列标（column）

实例 71：读取工作簿，打开工作表，获取单元格列标。

图 3-65　单元格行标

```
import xlwings as xw                              # 调用第三方库
app=xw.App(visible=True,add_book=False)           # 启动 Excel 程序
workbook=app.books.open(r"d:\abc\第 3 章.xlsx")    # 打开工作簿
ws=workbook.sheets[0]                             # 调用第 1 个工作表
fw=ws.range("C4")                                 # 设定单元格
print(fw.column)                                  # 输出单元格列标
workbook.close()                                  # 关闭当前工作簿
app.quit()                                        # 退出 Excel 程序
```

运行结果如图 3-66 所示。

```
>>> 3
```

3. 获取单元格行高（row_height）

图 3-66　单元格列标

实例 72：读取工作簿，打开工作表，获取单元格行高。

```
import xlwings as xw                              # 调用第三方库
app=xw.App(visible=True,add_book=False)           # 启动 Excel 程序
workbook=app.books.open(r"d:\abc\第 3 章.xlsx")    # 打开工作簿
sht=workbook.sheets[0]                            # 打开第 1 个工作表
fw=sht.range("A4")                                # 设定单元格
print(fw.row_height)                              # 输出单元格行高
workbook.close()                                  # 关闭当前工作簿
app.quit()                                        # 退出 Excel 程序
```

运行结果如图 3-67 所示。

```
>>> 13.8
```

4. 获取单元格列宽（column_width）

图 3-67　单元格行高

实例 73：读取工作簿，打开工作表，获取单元格列宽。

```
import xlwings as xw                              # 调用第三方库
app=xw.App(visible=True,add_book=False)           # 启动 Excel 程序
workbook=app.books.open(r"d:\abc\第 3 章.xlsx")    # 打开工作簿
sht=workbook.sheets[0]                            # 打开第 1 个工作表
fw=sht.range("A4")                                # 设定单元格
print(fw.column_width)                            # 输出单元格列宽
workbook.close()                                  # 关闭当前工作簿
app.quit()                                        # 退出 Excel 程序
```

运行结果如图 3-68 所示。

```
>>> 8.11
```

5. 获取单元格地址（get_address()）

图 3-68　单元格列宽

实例 74：读取工作簿，打开工作表，获取单元格地址。

```
import xlwings as xw                              # 调用第三方库
app=xw.App(visible=True,add_book=False)           # 启动 Excel 程序
workbook=app.books.open(r"d:\abc\第 3 章.xlsx")    # 打开工作簿
sht=workbook.sheets[0]                            # 打开第 1 个工作表
fw=sht.range("C4")                                # 设定单元格
print(fw.get_address())                           # 输出单元格地址
```

```
workbook.close()                               # 关闭当前工作簿
app.quit()                                     # 退出 Excel 程序
```

运行结果如图 3-69 所示。

>>> $C$4

图 3-69　单元格地址

6. 获取单元格绝对地址

实例 75：读取工作簿，打开工作表，获取单元格绝对地址。

```
import xlwings as xw                                             # 调用第三方库
app=xw.App(visible=True,add_book=False)                          # 启动 Excel 程序
workbook=app.books.open(r"d:\abc\第 3 章.xlsx")                  # 打开工作簿
sht=workbook.sheets[0]                                           # 打开第 1 个工作表
fw=sht.range("C4")                                               # 设定单元格
print(fw.get_address(row_absolute=True,column_absolute=True))    # 输出单元格绝对地址
workbook.close()                                                 # 关闭当前工作簿
app.quit()                                                       # 退出 Excel 程序
```

运行结果如图 3-70 所示。

图 3-70　单元格绝对地址

说明：若将 row_absolute=True,column_absolute=True 中 True 均改为 False，则输出的是相对地址。

3.6.2　设置超链接

1. 设置超链接(add_hyperlink())

实例 76：创建工作簿，打开工作表，设置超链接。

```
import xlwings as xw                                             # 调用第三方库
app=xw.App(visible=True,add_book=False)                          # 启动 Excel 程序
workbook=app.books.add()                                         # 创建工作簿
sht=workbook.sheets[0]                                           # 打开工作表
fw=sht.range("B3")
fw.add_hyperlink("www.pylab.club","蝈蝈派","链接到网站")
workbook.save(r'd:\abc\3621.xlsx')                               # 保存工作簿
workbook.close()                                                 # 关闭当前工作簿
app.quit()                                                       # 退出 Excel 程序
```

运行结果如图 3-71 所示。

图 3-71　设置超链接

2. 获取超链接（hyperlink）

实例 77：读取工作簿，打开工作表，获取超链接。

```
import xlwings as xw                                    #调用第三方库
app＝xw.App(visible＝True,add_book＝False)                #启动 Excel 程序
workbook＝app.books.open(r"d:\abc\3621.xlsx")            #打开工作簿
sht＝workbook.sheets[0]                                  #打开工作表
fw＝sht.range("B3")                                      #设定位置
print(fw.hyperlink)                                     #获取超链接
workbook.close()                                        #关闭当前工作簿
app.quit()                                              #退出 Excel 程序
```

运行结果如图 3-72 所示。

```
>>> http://www.pylab.club/
```

图 3-72　获取超链接

3. 取消超链接（clear()）

实例 78：创建工作簿，打开工作表，取消超链接。

```
import xlwings as xw                                    #调用第三方库
app＝xw.App(visible＝True,add_book＝False)                #启动 Excel 程序
workbook＝app.books.add()                                #创建工作簿
sht＝workbook.sheets[0]                                  #打开工作表
fw1＝sht.range("B3")                                     #设定位置
fw1.add_hyperlink("www.pylab.club","蝈蝈派","链接到网站")   #设置超链接
```

```
fw2=sht.range("B5")                                    #设定位置
fw2.add_hyperlink("www.baidu.com","百度","链接到网站")  #设置超链接
fw2.clear()                                            #取消超链接
workbook.save(r'd:\abc\3623.xlsx')                     #保存工作簿
workbook.close()                                       #关闭当前工作簿
app.quit()                                             #退出 Excel 程序
```

运行结果如图 3-73 所示。

图 3-73　取消超链接

3.6.3　合并单元格

1. 合并单元格（Merge）

实例 79：创建工作簿，打开工作表，合并单元格。

```
import xlwings as xw                              #调用第三方库
app=xw.App(visible=True,add_book=False)           #启动 Excel 程序
workbook=app.books.add()                          #创建工作簿
sht=workbook.sheets[0]                            #打开工作表
sht.range('B3:D6').api.Merge()                    #合并单元格
workbook.save(r'd:\abc\3631.xlsx')                #保存工作簿
workbook.close()                                  #关闭当前工作簿
app.quit()                                        #退出 Excel 程序
```

运行结果如图 3-74 所示。

2. 取消合并单元格（UnMerge）

实例 80：创建工作簿，打开工作表，取消合并单元格。

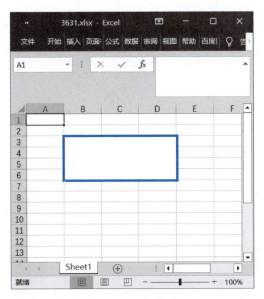

图 3-74　合并单元格

```
import xlwings as xw                              # 调用第三方库
app=xw.App(visible=True,add_book=False)          # 启动 Excel 程序
workbook=app.books.add()                          # 创建工作簿
sht=workbook.sheets[0]                            # 打开工作表
sht.range('B2:C3').api.Merge()                    # 合并单元格
sht.range('B5:C6').api.Merge()                    # 合并单元格
sht.range('B5:C6').api.UnMerge()                  # 取消合并单元格
workbook.save(r'd:\abc\3632.xlsx')                # 保存工作簿
workbook.close()                                  # 关闭当前工作簿
app.quit()                                        # 退出 Excel 程序
```

运行结果如图 3-75 所示。

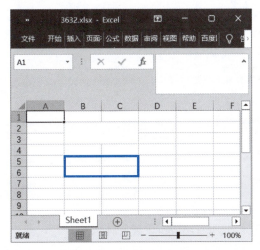

图 3-75　取消合并单元格

说明：只有合并过的单元格才能取消。

3.7 格式设置

3.7.1 设置字体（Font）

1. 设置字体名称（Font.Name）

实例81：读取工作簿，打开工作表，设置字体名称。

```
import xlwings as xw                                    # 调用第三方库
app = xw.App(visible=True, add_book=False)              # 启动 Excel 程序
workbook = app.books.open(r"d:\abc\第 3 章.xlsx")        # 打开工作簿
sht = workbook.sheets[0]                                # 调用第 1 个工作表
fw = sht.range("A3:D5")                                 # 设置范围
fw.api.Font.Name = '黑体'                               # 设置字体
workbook.save(r'd:\abc\3711.xlsx')                      # 保存工作簿
workbook.close()                                        # 关闭当前工作簿
app.quit()                                              # 退出 Excel 程序
```

运行结果如图 3-76 所示。

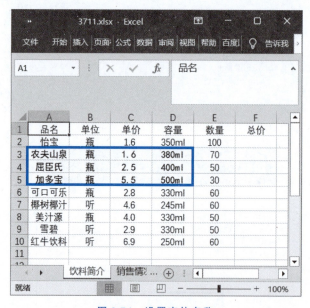

图 3-76　设置字体名称

2. 设置字体大小（Font.Size）

实例82：读取工作簿，打开工作表，设置字体大小。

```
import xlwings as xw                                    # 调用第三方库
app=xw.App(visible=True,add_book=False)                 # 启动 Excel 程序
workbook=app.books.open(r"d:\abc\第 3 章.xlsx")          # 打开工作簿
sht=workbook.sheets[0]                                  # 调用第 1 个工作表
fw=sht.range("B1:D1")                                   # 设置范围
fw.api.Font.Size=20                                     # 设置字体大小
workbook.save(r'd:\abc\3712.xlsx')                      # 保存工作簿
workbook.close()                                        # 关闭当前工作簿
app.quit()                                              # 退出 Excel 程序
```

运行结果如图 3-77 所示。

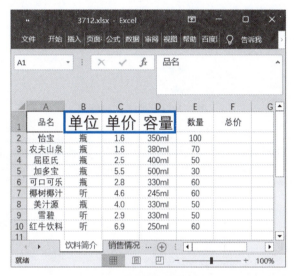

图 3-77　设置字体大小

说明：如果设置的字体过大，应该再设置"自动调整行高和列宽"。

3. 设置字体加粗（Font.Bold）

实例 83：读取工作簿，打开工作表，设置字体加粗。

```
import xlwings as xw                                    # 调用第三方库
app=xw.App(visible=True,add_book=False)                 # 启动 Excel 程序
workbook=app.books.open(r"d:\abc\第 3 章.xlsx")          # 打开工作簿
sht=workbook.sheets[0]                                  # 调用第 1 个工作表
fw=sht.range("B1:D1")                                   # 设置范围
fw.api.Font.Bold=True                                   # 设置字体加粗
workbook.save(r'd:\abc\3713.xlsx')                      # 保存工作簿
workbook.close()                                        # 关闭当前工作簿
app.quit()                                              # 退出 Excel 程序
```

运行结果如图 3-78 所示。

4. 设置字体颜色（Font.Color）

实例 84：读取工作簿，打开工作表，设置字体颜色。

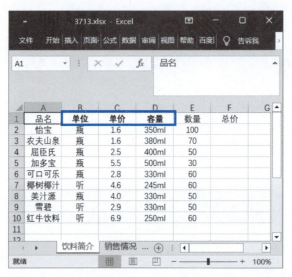

图 3-78 设置字体加粗

```
import xlwings as xw                              ♯调用第三方库
app＝xw.App(visible＝True,add_book＝False)        ♯启动 Excel 程序
workbook＝app.books.open(r"d:\abc\第 3 章.xlsx")   ♯打开工作簿
sht＝workbook.sheets[0]                            ♯调用第 1 个工作表
fw＝sht.range("B1:D1")                            ♯设置范围
fw.api.Font.Color＝0xFF0000                       ♯设置字体颜色
workbook.save(r'd:\abc\3714.xlsx')                ♯保存工作簿
workbook.close()                                   ♯关闭当前工作簿
app.quit()                                         ♯退出 Excel 程序
```

运行结果如图 3-79 所示。

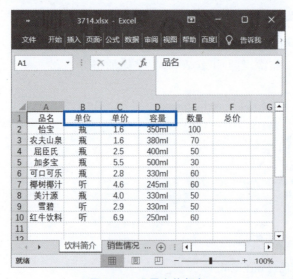

图 3-79 设置字体颜色

3.7.2 设置边框（Borders）

1. 设置边框线型（LineStyle）

实例 85：读取工作簿，打开工作表，设置边框线型。

```
import xlwings as xw                                      # 调用第三方库
app=xw.App(visible=True,add_book=False)                   # 启动 Excel 程序
workbook=app.books.open(r"d:\abc\第 3 章.xlsx")            # 打开工作簿
sht=workbook.sheets[0]                                    # 调用工作表
fw=sht.range("B2:D5")                                     # 设定范围
fw.api.Borders(7).LineStyle=1                             # 设置左边边框线型
fw.api.Borders(7).Weight=3                                # 设置左边边框粗细
fw.api.Borders(8).LineStyle=1                             # 设置上部边框线型
fw.api.Borders(8).Weight=3                                # 设置上部边框粗细
fw.api.Borders(9).LineStyle=1                             # 设置下部边框线型
fw.api.Borders(9).Weight=3                                # 设置下部边框粗细
fw.api.Borders(10).LineStyle=1                            # 设置右边边框线型
fw.api.Borders(10).Weight=3                               # 设置右边边框粗细
workbook.save(r'd:\abc\3721.xlsx')                        # 保存工作簿
workbook.close()                                          # 关闭当前工作簿
app.quit()                                                # 退出 Excel 程序
```

运行结果如图 3-80 所示。

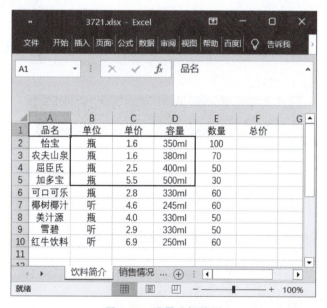

图 3-80 设置边框线型

说明：本例中涉及边框线型（LineStyle）、边框名称（Borders）和边框宽度（Weight）3 个概念。边框线型和边框名称的具体数值及说明分别参照表 3-1 和表 3-2。

表 3-1　边框线型（LineStyle）汇总

序号	数值	说明
1	0	透明
2	1	实线
3	2	虚线
4	3	双实线
5	4	点画线
6	5	双点画线

表 3-2　边框名称（Borders）汇总

序号	数值	说明
1	5	左上角到右下角
2	6	左下角到右上角
3	7	左部边框
4	8	顶部边框
5	9	底部边框
6	10	右部边框
7	11	垂直内边框
8	12	水平内边框

2．设置区域内部边框

实例86：读取工作簿，打开工作表，设置区域内部边框。

```python
import xlwings as xw                                  # 调用第三方库
app = xw.App(visible=True, add_book=False)            # 启动 Excel 程序
workbook = app.books.open(r"d:\abc\第 3 章.xlsx")     # 打开工作簿
sht = workbook.sheets[0]                              # 调用工作表
fw = sht.range("B2:D5")                               # 设定范围
fw.api.Borders(11).LineStyle = 1                      # 设置垂直内部边框线型
fw.api.Borders(11).Weight = 3                         # 设置垂直内部边框粗细
fw.api.Borders(12).LineStyle = 1                      # 设置水平内部边框线型
fw.api.Borders(12).Weight = 3                         # 设置水平内部边框粗细
workbook.save(r'd:\abc\3722.xlsx')                    # 保存工作簿
workbook.close()                                      # 关闭当前工作簿
app.quit()                                            # 退出 Excel 程序
```

运行结果如图 3-81 所示。

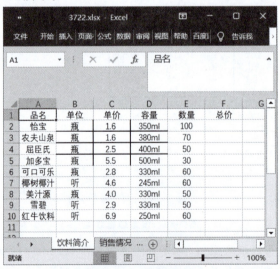

图 3-81　设置区域内部边框

3. 设置倾斜内部边框

实例 87：创建工作簿，打开工作表，设置倾斜内部边框。

```
import xlwings as xw                                    #调用第三方库
app=xw.App(visible=True,add_book=False)                 #启动 Excel 程序
workbook=app.books.add()                                #创建工作簿
sht=workbook.sheets[0]                                  #打开工作表
sht.range('A1:B2').api.Merge()                          #合并单元格
fw=sht.range("A1")                                      #设定范围
fw.api.Borders(5).LineStyle=1                           #设置左上到右下边框线型
fw.api.Borders(5).Weight=3                              #设置左上到右下边框粗细
sht.range('B4:C5').api.Merge()                          #合并单元格
fw=sht.range("B4")                                      #设定范围
fw.api.Borders(6).LineStyle=1                           #设置左下到右上边框线型
fw.api.Borders(6).Weight=3                              #设置左下到右上边框粗细
workbook.save(r'd:\abc\3722.xlsx')                      #保存工作簿
workbook.close()                                        #关闭当前工作簿
app.quit()                                              #退出 Excel 程序
```

运行结果如图 3-82 所示。

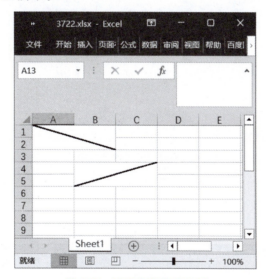

图 3-82　设置倾斜内部边框

3.7.3　设置位置（Alignment）

1. 水平方向（HorizontalAlignment）

实例 88：打开工作簿，打开工作表，设置水平居中。

```
import xlwings as xw                                    #调用第三方库
app=xw.App(visible=True,add_book=False)                 #启动 Excel 程序
```

```
workbook=app.books.open(r"d:\abc\第 3 章.xlsx")    ＃打开工作簿
sht=workbook.sheets[0]                              ＃调用工作表
fw=sht.range("A1:F10")                              ＃设定范围
fw.column_width=12                                  ＃设置列宽
fw.api.HorizontalAlignment=－4108                   ＃设置水平居中
workbook.save(r'd:\abc\3731.xlsx')                  ＃保存工作簿
workbook.close()                                    ＃关闭当前工作簿
app.quit()                                          ＃退出 Excel 程序
```

运行结果如图 3-83 所示。

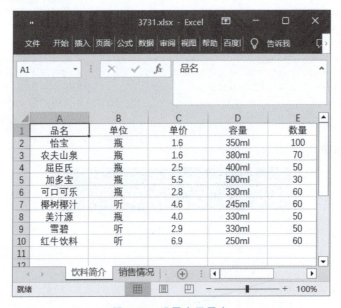

图 3-83　设置水平居中

说明：本例中涉及水平方向（HorizontalAlignment）和垂直方向（VerticalAlignment）2 个概念。位置的具体数值及说明参照表 3-3。

表 3-3　位置（Alignment）汇总

序　号	方　　向	数　　值	说　　明
1	水平方向	－4108	水平居中
2		－4131	靠左
3		－4152	靠右
4	垂直方向	－4108	垂直居中
5		－4160	靠上
6		－4107	靠下
7		－4130	自动换行对齐

2. 垂直方向（VerticalAlignment）

实例 89：打开工作簿，打开工作表，设置垂直居中。

```
import xlwings as xw                                    # 调用第三方库
app=xw.App(visible=True,add_book=False)                 # 启动 Excel 程序
workbook=app.books.open(r"d:\abc\第 3 章.xlsx")          # 打开工作簿
sht=workbook.sheets[0]                                  # 调用工作表
fw=sht.range("A1:F10")                                  # 设定范围
fw.row_height=30                                        # 设置行高
fw.api.VerticalAlignment=-4108                          # 设置垂直居中
workbook.save(r'd:\abc\3732.xlsx')                      # 保存工作簿
workbook.close()                                        # 关闭当前工作簿
app.quit()                                              # 退出 Excel 程序
```

运行结果如图 3-84 所示。

图 3-84　设置垂直居中

3.7.4　设置颜色(Color)

1. 设置字体颜色(Font.Color)

实例 90：打开工作簿，打开工作表，设置字体颜色，以"3741.xlsx"文件保存。

```
import xlwings as xw                                    # 调用第三方库
app=xw.App(visible=True,add_book=False)                 # 启动 Excel 程序
workbook=app.books.open(r"d:\abc\第 3 章.xlsx")          # 打开工作簿
sht=workbook.sheets[0]                                  # 打开工作表
def zh(r,g,b):                                          # 设置转换函数
    return (2**16)*b+(2**8)*g*r
fw=sht.range("A3:C5")                                   # 设定范围
fw.api.Font.Color=zh(12,56,122)                         # 设置颜色
```

```
workbook.save(r'd:\abc\3741.xlsx')                    # 保存工作簿
workbook.close()                                       # 关闭当前工作簿
app.quit()                                             # 退出 Excel 程序
```

运行结果如图 3-85 所示。

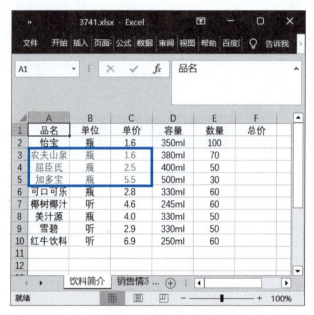

图 3-85　设置字体颜色

说明：字体颜色，也称为前景色。本例中使用自定义转换函数 zh() 进行字体颜色设置。

2. 设置边框颜色（Borders.Color）

实例 91：打开工作簿，打开工作表，设置边框颜色，以"3742.xlsx"文件保存。

```
import xlwings as xw                                   # 调用第三方库
app = xw.App(visible=True, add_book=False)             # 启动 Excel 程序
workbook = app.books.open(r"d:\abc\第 3 章.xlsx")       # 打开工作簿
sht = workbook.sheets[0]                               # 调用工作表
fw = sht.range("B3:D5")                                # 设定范围
fw.api.Borders.Color = 0x800a01a8                      # 设置边框颜色
workbook.save(r'd:\abc\3742.xlsx')                    # 保存工作簿
workbook.close()                                       # 关闭当前工作簿
app.quit()                                             # 退出 Excel 程序
```

运行结果如图 3-86 所示。

3. 设置底纹颜色（Interior.Color）

实例 92：打开工作簿，打开工作表，设置底纹颜色，以"3743.xlsx"文件保存。

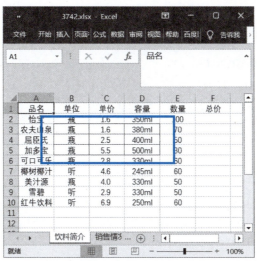

图 3-86　设置边框颜色

```
import xlwings as xw                              #调用第三方库
app=xw.App(visible=True,add_book=False)           #启动 Excel 程序
workbook=app.books.open(r"d:\abc\第 3 章.xlsx")    #打开工作簿
sht=workbook.sheets[0]                            #调用工作表
def zh(r,g,b):                                    #设置转换函数
    return (2**16)*b+(2**8)*g*r
fw=sht.range("B3:D5")                             #设定范围
fw.api.Interior.Color=zh(250,235,215)             #设置底纹颜色
workbook.save(r'd:\abc\3743.xlsx')                #保存工作簿
workbook.close()                                  #关闭当前工作簿
app.quit()                                        #退出 Excel 程序
```

运行结果如图 3-87 所示。

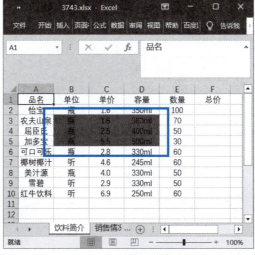

图 3-87　设置底纹颜色

说明：底纹颜色，也称为背景色。本例中使用自定义转换函数 zh() 进行底纹颜色设置。

4. 设置选项卡颜色（Tab.Color）

实例 93：打开工作簿，打开工作表，设置选项卡颜色，以"3744.xlsx"文件保存。

```
import xlwings as xw                                      # 调用第三方库
app=xw.App(visible=True,add_book=False)                   # 启动 Excel 程序
workbook=app.books.open(r"d:\abc\第 3 章.xlsx")            # 打开工作簿
sht=workbook.sheets[0]                                    # 调用工作表
def zh(r,g,b):                                            # 设置转换函数
    return (2**16)*b+(2**8)*g*r
sht.api.Tab.Color=zh(12,56,122)                           # 设置选项卡颜色
workbook.save(r'd:\abc\3744.xlsx')                        # 保存工作簿
workbook.close()                                          # 关闭当前工作簿
app.quit()                                                # 退出 Excel 程序
```

运行结果如图 3-88 所示。

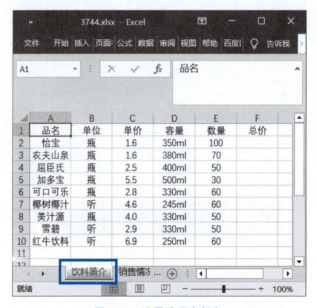

图 3-88　设置选项卡颜色

5. 设置背景色

实例 94：读取工作簿，打开工作表，设置背景色。

```
import xlwings as xw                                      # 调用第三方库
app=xw.App(visible=True,add_book=False)                   # 启动 Excel 程序
workbook=app.books.open(r"d:\abc\第 3 章.xlsx")            # 打开工作簿
sht=workbook.sheets[0]                                    # 调用第 1 个工作表
fw=sht.range("B3:D5")                                     # 设定范围
```

```
fw.color=(250,235,215)                              #设置背景色
workbook.save(r'd:\abc\3745.xlsx')                  #保存工作簿
workbook.close()                                    #关闭当前工作簿
app.quit()                                          #退出 Excel 程序
```

运行结果如图 3-89 所示。

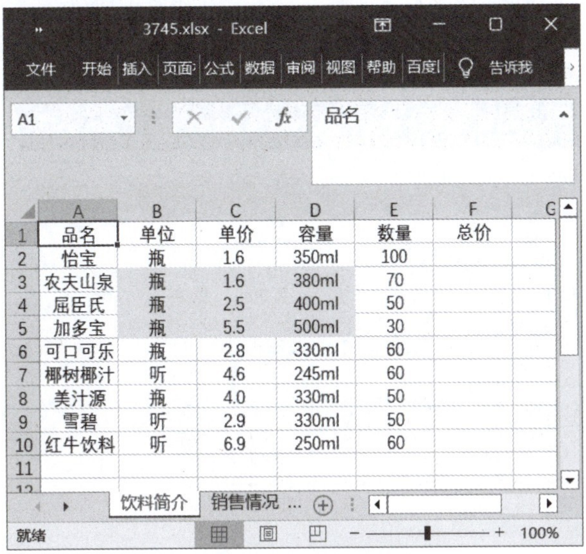

图 3-89 设置背景色

6. 获取背景色

实例 95：读取工作簿，打开工作表，获取背景色。

```
import xlwings as xw                                #调用第三方库
app=xw.App(visible=True,add_book=False)             #启动 Excel 程序
workbook=app.books.open(r"d:\abc\3745.xlsx")        #打开工作簿
sht=workbook.sheets[0]                              #调用第 1 个工作表
fw=sht.range("B4")                                  #设定范围
print(fw.color)                                     #获取背景色
workbook.close()                                    #关闭当前工作簿
app.quit()                                          #退出 Excel 程序
```

运行结果如图 3-90 所示。

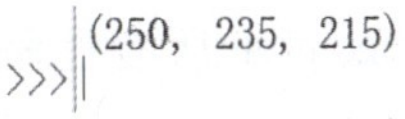

```
(250, 235, 215)
>>>
```

图 3-90 获取背景色

7. 清除背景色

实例 96：读取工作簿，打开工作表，清除背景色，以"3747.xlsx"文件保存。

```
import xlwings as xw                                #调用第三方库
app=xw.App(visible=True,add_book=False)             #启动 Excel 程序
workbook=app.books.open(r"d:\abc\3745.xlsx")        #打开工作簿
```

```
sht=workbook.sheets[0]              #调用第1个工作表
fw=sht.range("B4:D5")               #设定范围
fw.color=None                       #清除背景色
workbook.save(r'd:\abc\3747.xlsx')  #保存工作簿
workbook.close()                    #关闭当前工作簿
app.quit()                          #退出Excel程序
```

运行结果如图3-91所示。

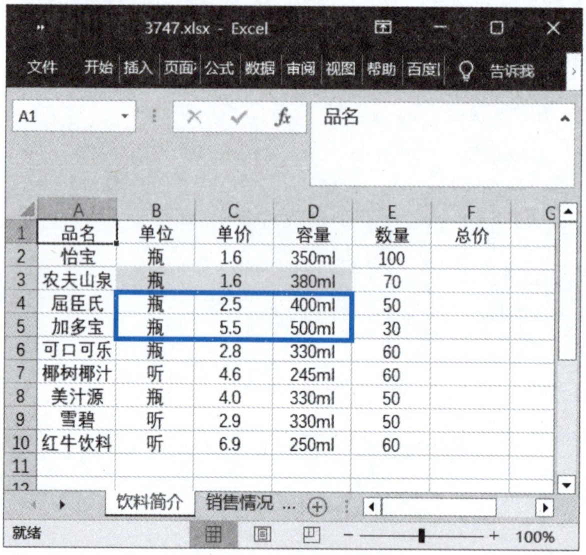

图3-91 清除背景色

3.8 本章总结

本章是本书的重点讲解内容。本章的工作对象是".xlsx"文件，是目前正使用的Excel文件。

本章对xlwings第三方库进行了全面、系统的介绍。通过对工作簿、工作表、单元格、范围的介绍，以及对数据的输入、修改、删除，对行、列、范围各项相关数据的获取，对样式的设置（字体、字号、边框、颜色、背景色），超链接的建立等，全面地讲解了Python语言操控Excel的所有过程。通过对本章的学习，读者可以对Python与Excel的结合建立一个整体框架，转变传统思维，以全新的视角探索数据处理的艺术。

xlwings第三方库功能的作用区域如表3-4所示。

表3-4 xlwings第三方库作用区域

库名	.xls	.xlsx	读取	写入	修改	保存	格式设置	.csv
xlwings	√	√	√	√	√	√	√	×

CHAPTER 4

第 4 章 pandas 库

本章主要围绕 pandas 第三方库进行讲解。作为目前广泛流行的库,pandas 在功能上比 xlrd、xlwt 和 xlwings 等库更为先进和强大。特别是在数据可视化处理方面,pandas 库的应用非常广泛,是使用最多的第三方库之一。pandas 是一个基于 NumPy 构建的开源数据分析工具库,专为处理数据分析任务而设计。它集成了多种数据处理工具和标准数据模型,提供了丰富的函数和方法,使得操作大型数据集变得高效便捷。pandas 库的这些功能是使 Python 转变为一个强大且高效的数据分析工具的关键因素之一。

pandas 库是在 NumPy 库的基础上构建的,因此在安装 pandas 之前需要先安装 NumPy 库。默认情况下,pandas 库不能直接读写 Excel 文件。要想正常读写 .xlsx 后缀的 Excel 文件,还需要安装 openpyxl 第三方库。

4.1 创建文件

4.1.1 创建工作簿

实例 01:在 D 盘 abc 文件夹下创建工作簿,以"411.xlsx"文件保存。

```
import pandas as pd                        #调用第三方库
df=pd.DataFrame()                          #创建工作簿
df.to_excel('d:/abc/411.xlsx')             #保存文件
```

运行结果如图 4-1 所示。

说明:本例需要在 D 盘创建一个名为 abc 的文件夹(用来存放所创建的文件)并完成相应第三方库的安装。工作簿初始创建时,默认创建了一个名为"Sheet1"的工作表。

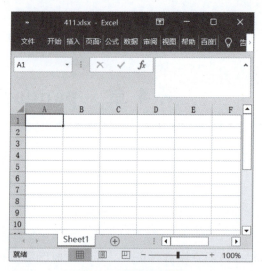

图 4-1　创建工作簿

4.1.2　填写数据

实例 02：创建工作簿，并填写数据，以"412.xlsx"文件保存。

```
import pandas as pd                                      #调用第三方库
df=pd.DataFrame({'品名':['怡宝','农夫山泉','屈臣氏'],
                '单位':['瓶','瓶','瓶'],
                '单价':[1.6,1.6,2.5]})                    #写入数据
df.to_excel('d:/abc/412.xlsx')                           #保存文件
```

运行结果如图 4-2 所示。

图 4-2　填写数据

说明：本例以字典的方式写入数据。第1列为索引，也是默认索引，索引列可以更改。数据写入需要注意数据类型，如字符型数据与数值型数据的区别。

4.1.3 设置索引

实例03：创建工作簿，填写内容，并将"品名"列设置为索引，以"413.xlsx"文件保存。

```
import pandas as pd                              ♯调用第三方库
df=pd.DataFrame({'品名':['怡宝','农夫山泉','屈臣氏'],
                '单位':['瓶','瓶','瓶'],
                '单价':[1.6,1.6,2.5]})           ♯写入数据
df1=df.set_index('品名')                         ♯将"品名"列设置为索引
df1.to_excel('d:/abc/413.xlsx')                  ♯保存文件
```

运行结果如图4-3所示。

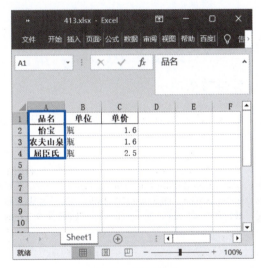

图4-3 设置索引

说明：通过Python语言创建Excel工作表时，系统默认带有索引（index）。当前索引只能有一个，建立一个新的索引等同于取消了原来系统默认的索引。

实例02中第1列（A列）为索引，是系统自动创建的默认索引。实例03中将第2列（B列）设置为索引之后，则自动取消了第1列的默认索引，同时"品名"列成了A列，即索引列。

4.2 读取文件

4.2.1 以工作表名称读取文件

实例04：打开"第4章.xlsx"工作簿及"饮料简介"工作表，显示其数据内容。

```
import pandas as pd                                              #调用第三方库
pd.set_option('display.unicode.ambiguous_as_wide',True)          #设置数据对齐
pd.set_option('display.unicode.east_asian_width',True)           #设置数据对齐
df=pd.read_excel('d:/abc/第 4 章.xlsx',sheet_name='饮料简介')     #打开工作表
print(df)                                                        #显示数据内容
```

运行结果如图 4-4 所示。

```
     品名   单位  单价  容量  数量  总价
0   怡宝     瓶   1.6  350ml  100  NaN
1   农夫山泉  瓶   1.6  380ml   70  NaN
2   屈臣氏   瓶   2.5  400ml   50  NaN
3   加多宝   瓶   5.5  500ml   30  NaN
4   可口可乐  瓶   2.8  330ml   60  NaN
5   椰树椰汁  听   4.6  245ml   60  NaN
6   美汁源   瓶   4.0  330ml   50  NaN
7   雪碧     听   2.9  330ml   50  NaN
8   红牛饮料  听   6.9  250ml   60  NaN
>>>
```

图 4-4 工作表名称读取文件

说明：数据最左侧数字为系统默认索引。

4.2.2 读取文件并设置索引

实例 05：打开"第 4 章.xlsx"工作簿及"饮料简介"工作表，设置第 1 列为索引，并显示数据内容。

```
import pandas as pd                                                         #调用第三方库
pd.set_option('display.unicode.ambiguous_as_wide',True)                     #设置数据对齐
pd.set_option('display.unicode.east_asian_width',True)                      #设置数据对齐
df=pd.read_excel('d:/abc/第 4 章.xlsx',sheet_name='饮料简介',index_col=0)
                                                                            #打开工作表并设置索引
print(df)                                                                   #显示数据内容
```

运行结果如图 4-5 所示。

```
         单位  单价  容量  数量  总价
品名
怡宝      瓶   1.6  350ml  100  NaN
农夫山泉   瓶   1.6  380ml   70  NaN
屈臣氏    瓶   2.5  400ml   50  NaN
加多宝    瓶   5.5  500ml   30  NaN
可口可乐   瓶   2.8  330ml   60  NaN
椰树椰汁   听   4.6  245ml   60  NaN
美汁源    瓶   4.0  330ml   50  NaN
雪碧      听   2.9  330ml   50  NaN
红牛饮料   听   6.9  250ml   60  NaN
>>>
```

图 4-5 读取文件并设置索引

说明：本例将第 0 列"品名"列设置成为新的索引，替换原来默认的索引。

4.2.3 读取文件并隐藏标题

实例 06：打开"第 4 章.xlsx"工作簿及"饮料简介"工作表，显示数据内容，不包含标题。

```
import pandas as pd                                              #调用第三方库
pd.set_option('display.unicode.ambiguous_as_wide', True)         #设置数据对齐
pd.set_option('display.unicode.east_asian_width', True)          #设置数据对齐
df=pd.read_excel('d:/abc/第 4 章.xlsx',sheet_name='饮料简介',header=None)
                                                                 #打开工作表，不显示标题名称
print(df)                                                        #显示数据内容
```

运行结果如图 4-6 所示。

```
      0     1    2      3    4    5
0    品名   单位  单价   容量  数量  总价
1    怡宝    瓶   1.6  350ml  100  NaN
2    农夫山泉 瓶   1.6  380ml   70  NaN
3    屈臣氏   瓶   2.5  400ml   50  NaN
4    加多宝   瓶   5.5  500ml   30  NaN
5    可口可乐 瓶   2.8  330ml   60  NaN
6    椰树椰汁 听   4.6  245ml   60  NaN
7    美汁源   听     4  330ml   50  NaN
8    雪碧    听   2.9  330ml   50  NaN
9    红牛饮料 听   6.9  250ml   60  NaN
>>>
```

图 4-6　读取文件并隐藏标题

4.3　写入数据

4.3.1　写入单元格数据

实例 07：创建工作簿，写入单元格数据，以"431.xlsx"文件保存。

```
import pandas as pd                                              #调用第三方库
df=pd.DataFrame({'品名'})                                         #写入数据
df.to_excel('d:/abc/431.xlsx',sheet_name="示例",startrow=2,
            startcol=1,index=False,header=False)                 #保存文件
```

运行结果如图 4-7 所示。

说明：本例代码解释如下。

（1）sheet_name="示例"：设定工作表的名称。

（2）startrow=2：设定写入单元格的行位置。

（3）startcol=1：设定写入单元格的列位置。

（4）index=False：取消默认索引。

（5）header=False：取消标题行。

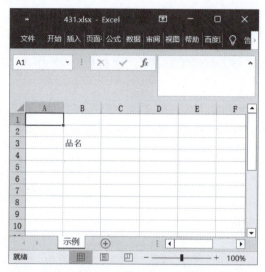

图 4-7　写入单元格数据

4.3.2　写入整行数据

实例 08：创建工作簿，写入整行数据，以"432.xlsx"文件保存。

```
import pandas as pd                                      #调用第三方库
df=pd.DataFrame({'品名':['怡宝'],'单位':['农夫山泉'],'单价':['屈臣氏']})    #写入数据
df.to_excel('d:/abc/432.xlsx',header=None,startrow=1,startcol=1,index=False)
                                                         #保存文件
```

运行结果如图 4-8 所示。

图 4-8　写入整行数据

说明：本例中，数据从第 1 行、第 1 列位置开始写入，取消了默认索引，取消了标题行。

4.3.3　写入整列数据

实例 09：创建工作簿，写入整列数据，以"433.xlsx"文件保存。

```
import pandas as pd                                              #调用第三方库
df=pd.DataFrame()                                                #创建工作簿
df['数量']=[10,20,30,40,50,60]                                    #写入数据
df.to_excel('d:/abc/433.xlsx',header=None,startrow=1,startcol=1,index=False)
                                                                 #保存文件
```

运行结果如图 4-9 所示。

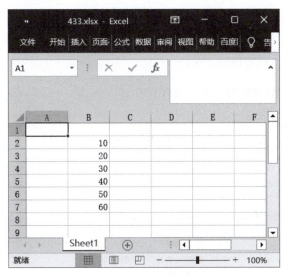

图 4-9　写入整列数据

说明：本例中数据从第 1 行、第 1 列位置开始写入，取消了默认索引，取消了标题行。

4.3.4　写入整行整列数据

实例 10：创建工作簿，写入整行整列数据，以"434.xlsx"文件保存。

```
import pandas as pd                                              #调用第三方库
df=pd.DataFrame({'品名':['怡宝','农夫山泉','屈臣氏','加多宝'],
                '单位':['瓶','瓶','瓶','瓶'],
                '单价':[1.6,1.6,2.5,5.5]})                        #写入数据
df.to_excel('d:/abc/434.xlsx')                                   #保存文件
```

运行结果如图 4-10 所示。
说明：本例加入了默认索引及标题行。

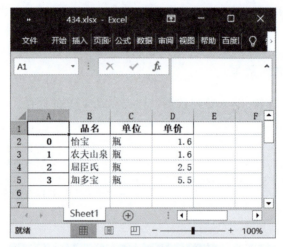

图 4-10 写入整行整列数据

4.3.5 写入.csv 文件

实例 11:写入数据,以"435.csv"文件保存。

```
import pandas as pd                           #调用第三方库
df=pd.DataFrame({'品名':['怡宝','农夫山泉','屈臣氏','加多宝'],
                 '单位':['瓶','瓶','瓶','瓶'],
                 '单价':[1.6,1.6,2.5,5.5]})    #写入数据
df.to_csv('d:/abc/435.csv')                   #保存文件
```

运行结果如图 4-11 所示。

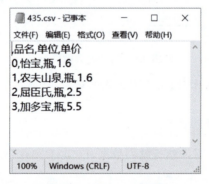

图 4-11 写入.csv 文件

说明:.csv、.tsv、.txt 文件由任意数目的记录组成,记录间以某种换行符分隔,每条记录由字段组成,字段间的分隔符是其他字符或字符串,最常见的分隔符是逗号或制表符,所有记录通常都有完全相同的字段序列。.csv、.tsv、.txt 文件通常都是纯文本文件,可使用记事本软件打开。

4.3.6　写入.tsv文件

实例12：写入数据，以"436.tsv"文件保存。

```
import pandas as pd                                    #调用第三方库
df=pd.DataFrame({'品名':['怡宝','农夫山泉','屈臣氏','加多宝'],
                '单位':['瓶','瓶','瓶','瓶'],
                '单价':[1.6,1.6,2.5,5.5]})            #写入数据
df.to_csv('d:/abc/436.tsv')                           #保存文件
```

运行结果如图 4-12 所示。

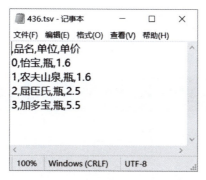

图 4-12　写入.tsv文件

4.3.7　写入.txt文件

实例13：写入数据，以"437.txt"文件保存。

```
import pandas as pd                                    #调用第三方库
df=pd.DataFrame({'品名':['怡宝','农夫山泉','屈臣氏','加多宝'],
                '单位':['瓶','瓶','瓶','瓶'],
                '单价':[1.6,1.6,2.5,5.5]})            #写入数据
df.to_csv('d:/abc/437.txt')                           #保存文件
```

运行结果如图 4-13 所示。

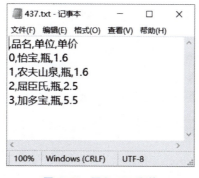

图 4-13　写入.txt文件

4.3.8 填充日期序列

实例14：打开"第4章.xlsx"工作簿及"销售报表"工作表,将其中的"销售日期"数据从2018-01-01开始填充,步长设为一天,以"438.xlsx"文件保存。

```
import pandas as pd                                    #调用第三方库
from datetime import date,timedelta
df=pd.read_excel('d:/abc/第4章.xlsx',sheet_name='销售报表',
        dtype={'销售日期':str})                          #打开工作表
start=date(2018,1,1)
for i in df.index:
    df["销售日期"].at[i]=start+timedelta(days=i)         #写入数据
df.to_excel('d:/abc/438.xlsx')                          #保存文件
```

运行结果如图4-14所示。

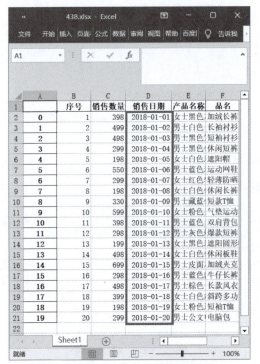

图4-14 填充日期序列

说明：日期分为3个主要部分,分别为年、月、日。本例主要讲述以"日"的方式填充数据,其中timedelta()函数表示两个对象之间的时间间隔。

4.3.9 填充年份序列

实例15：打开"第4章.xlsx"工作簿及"销售报表"工作表,将其中所有的"销售日期"数据从2018-01-01开始填充,步长设为一年,以"439.xlsx"文件保存。

```
import pandas as pd                                    #调用第三方库
from datetime import date,timedelta
df=pd.read_excel('d:/abc/第4章.xlsx',sheet_name='销售报表',
                 dtype={'销售日期':str})              #打开工作表
start=date(2018,1,1)
for i in df.index:
    df["销售日期"].at[i]=date(start.year+i,start.month,start.day).strftime('%Y')
                                                      #写入数据
df.to_excel('d:/abc/439.xlsx')                        #保存文件
```

运行结果如图 4-15 所示。

图 4-15 填充年份序列

4.3.10 填充月份序列

实例 16：打开"第 4 章.xlsx"工作簿及"销售报表"工作表,将其中所有的"销售日期"数据从 2018-01-01 开始填充,步长设为一个月,以"4310.xlsx"文件保存。

代码请扫描侧边二维码查看,运行结果如图 4-16 所示。

说明：本例对月份进行填充。与年份和日期的填充有所不同,需要通过自定义转换函数实现对月份的变换。

实例 16

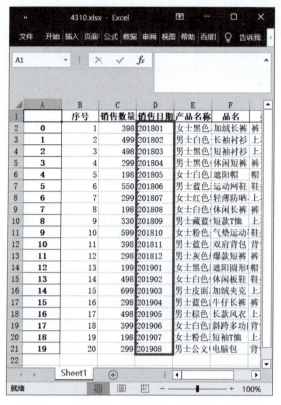

图 4-16 填充月份序列

4.4 读取数据

4.4.1 读取单元格数据

实例 17：打开"第 4 章.xlsx"工作簿及"饮料简介"工作表，读取单元格数据。

```
import pandas as pd                                              # 调用第三方库
df=pd.read_excel('d:/abc/第 4 章.xlsx',sheet_name='饮料简介')    # 打开工作表
tt=df.loc[2,"品名"]                                              # 读取第 3 行第 1 个数据
print(tt)                                                        # 输出数据
```

运行结果如图 4-17 所示。

图 4-17 读取单元格数据

4.4.2 读取整行数据

实例 18:打开"第 4 章.xlsx"工作簿及"饮料简介"工作表,读取整行数据。

```
import pandas as pd                                          #调用第三方库
df=pd.read_excel('d:/abc/第 4 章.xlsx',sheet_name='饮料简介')   #打开工作表
tt=df.loc[2]                                                 #读取第 3 行数据
print(tt)                                                    #输出数据
```

运行结果如图 4-18 所示。

```
品名        屈臣氏
单位         瓶
单价        2.5
容量       400ml
数量         50
总价        125
Name: 2, dtype: object
>>>
```

图 4-18 读取整行数据

4.4.3 读取整列数据

实例 19:打开"第 4 章.xlsx"工作簿及"饮料简介"工作表,读取整列数据。

```
import pandas as pd                                                       #调用第三方库
pd.set_option('display.unicode.ambiguous_as_wide', True)                  #设置数据对齐
pd.set_option('display.unicode.east_asian_width', True)                   #设置数据对齐
df=pd.read_excel('d:/abc/第 4 章.xlsx',sheet_name='饮料简介')               #打开工作表
tt=df[["单位","容量"]]                                                    #读取第 2 列,第 4 列数据
print(tt)                                                                #输出数据
```

运行结果如图 4-19 所示。

```
   单位    容量
0   瓶   350ml
1   瓶   380ml
2   瓶   400ml
3   瓶   500ml
4   瓶   330ml
5   听   245ml
6   瓶   330ml
7   听   330ml
8   听   250ml
>>>
```

图 4-19 读取整列数据

4.4.4 读取部分数据

实例 20:打开"第 4 章.xlsx"工作簿及"饮料简介"工作表,显示其中的前 2 行及后 3

行数据内容。

```
import pandas as pd                                              # 调用第三方库
df=pd.read_excel('d:/abc/第 4 章.xlsx',sheet_name='饮料简介')      # 打开工作表
print(df.head(2))                                                # 显示前 2 行内容
print('===========================')
print(df.tail(3))                                                # 显示后 3 行内容
```

运行结果如图 4-20 所示。

```
     品名    单位    单价    容量    数量    总价
0    怡宝    瓶    1.6    350ml   100   160
1   农夫山泉   瓶    1.6    380ml    70   112
===========================
     品名    单位    单价    容量    数量    总价
6   美汁源    瓶    4.0    330ml    50   200
7    雪碧    听    2.9    330ml    50   145
8   红牛饮料   听    6.9    250ml    60   414
>>>
```

图 4-20　读取部分数据

说明：head()函数默认显示前 5 行数据，tail()函数默认显示后 5 行数据。

4.4.5　读取列数据至列表

实例 21：打开"第 4 章.xlsx"工作簿及"饮料简介"工作表，将其中的列数据提取到列表。

```
import pandas as pd                                                              # 调用第三方库
df=pd.read_excel('d:/abc/第 4 章.xlsx',sheet_name='饮料简介',header=None)
                                                                                 # 打开工作表
tt=df.loc[0]                                                                     # 读取标题
df=pd.read_excel('d:/abc/第 4 章.xlsx',sheet_name='饮料简介')                     # 重新打开工作表
for i in range(len(df.columns)):
    print(tt[i],end=":")
    list=df[tt[i]].values.tolist()                                               # 提取列数据
    print(list)
```

运行结果如图 4-21 所示。

```
品名:['怡宝','农夫山泉','屈臣氏','加多宝','可口可乐','椰树椰汁','美汁源','雪碧','红牛饮料']
单位:['瓶','瓶','瓶','瓶','瓶','听','瓶','听','听']
单价:[1.6, 1.6, 2.5, 5.5, 2.8, 4.6, 4.0, 2.9, 6.9]
容量:['350ml','380ml','400ml','500ml','330ml','245ml','330ml','330ml','250ml']
数量:[100, 70, 50, 30, 60, 60, 50, 50, 60]
总价:[nan, nan, nan, nan, nan, nan, nan, nan, nan]
>>>
```

图 4-21　读取列数据至列表

说明：本例中的"header=None"将数据表中的首行解析为数据，从而作为第 1 行数据读取。

4.4.6 读取行数据至列表

实例22：打开"第4章.xlsx"工作簿及"饮料简介"工作表,将其中的行数据提取到列表。

```
import pandas as pd                                              #调用第三方库
df=pd.read_excel('d:/abc/第4章.xlsx',sheet_name='饮料简介')        #打开工作表
for i in range(len(df)):
    list=df.loc[i]                                               #提取行数据
    for j in range(len(df.columns)):
        print(list[j],end=" ")                                   #数据横向输出,不换行
    print("")                                                    #换行
```

运行结果如图4-22所示。

```
怡宝      瓶   1.6   350ml   100   nan
农夫山泉   瓶   1.6   380ml   70    nan
屈臣氏    瓶   2.5   400ml   50    nan
加多宝    瓶   5.5   500ml   30    nan
可口可乐   瓶   2.8   330ml   60    nan
椰树椰汁   听   4.6   245ml   60    nan
美汁源    瓶   4.0   330ml   50    nan
雪碧      听   2.9   330ml   50    nan
红牛饮料   听   6.9   250ml   60    nan
>>>
```

图 4-22 读取行数据至列表

说明：本例中为了避免数据输出显示过长,采用了循环横向输出的方式,实际应用过程中不必如此复杂。

4.5 修改数据

4.5.1 修改列标题

实例23：打开"第4章.xlsx"工作簿及"饮料简介"工作表,修改第1列列标题"品名"为"名称",以"451.xlsx"文件保存。

```
import pandas as pd                                              #调用第三方库
df=pd.read_excel('d:/abc/第4章.xlsx',sheet_name='饮料简介')        #打开工作表
df.rename(columns={"品名":"名称"},inplace=True)                   #修改列标题
df.to_excel('d:/abc/451.xlsx')                                   #保存文件
```

运行结果如图4-23所示。

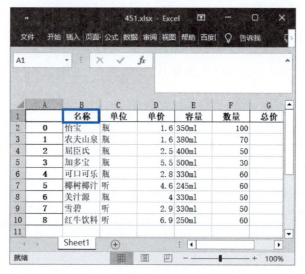

图 4-23 修改列标题

4.5.2 修改单元格数据

实例 24：打开"第 4 章.xlsx"工作簿及"饮料简介"工作表，修改单元格数据，以"452.xlsx"文件保存。

```
import pandas as pd                                              # 调用第三方库
df=pd.read_excel('d:/abc/第 4 章.xlsx',sheet_name='饮料简介')    # 打开工作表
df.iloc[1,0]="加多宝"                                            # 修改单元格数据
df.to_excel('d:/abc/452.xlsx')                                   # 保存文件
```

运行结果如图 4-24 所示。

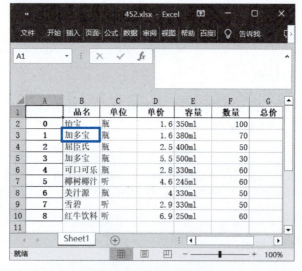

图 4-24 修改单元格数据

4.5.3 替换整行数据

实例 25：打开"第 4 章.xlsx"工作簿及"饮料简介"工作表,替换整行数据,以"453.xlsx"文件保存。

```
import pandas as pd                                              #调用第三方库
df=pd.read_excel('d:/abc/第 4 章.xlsx',sheet_name='饮料简介')   #打开工作表
data=pd.Series({"品名":"百事可乐","单位":"瓶","单价":3.0,"容量":
                '500ml',"数量":70,"总价":""})                    #新数据
df.iloc[2]=data                                                  #替换整行数据
df.to_excel('d:/abc/453.xlsx')                                   #保存文件
```

运行结果如图 4-25 所示。

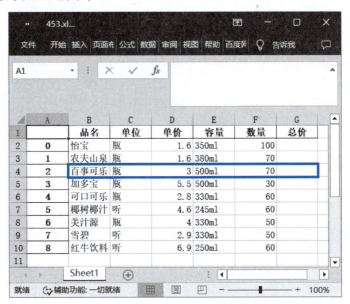

图 4-25 替换整行数据

说明：本例中"总价"列没有数据,用空值替代。

4.5.4 替换整列数据

实例 26：打开"第 4 章.xlsx"工作簿及"饮料简介"工作表,替换整列数据,以"454.xlsx"文件保存。

```
import pandas as pd                                              #调用第三方库
df=pd.read_excel('d:/abc/第 4 章.xlsx',sheet_name='饮料简介')   #打开工作表
data=[20,20,20,20,20,20,20,20]                                   #新数据
df.loc[:,"数量"]=data                                            #替换整列数据
df.to_excel('d:/abc/454.xlsx')                                   #保存文件
```

运行结果如图 4-26 所示。

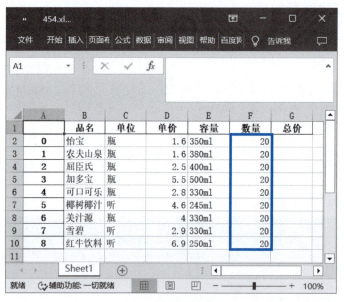

图 4-26　替换整列数据

4.6　插入数据

4.6.1　插入整行数据

实例 27：打开"第 4 章.xlsx"工作簿及"饮料简介"工作表,插入整行数据,以"461.xlsx"文件保存。

```
import pandas as pd                                              #调用第三方库
df=pd.read_excel('d:/abc/第 4 章.xlsx',sheet_name='饮料简介')      #打开工作表
data=pd.DataFrame({"品名":["百事可乐"],"单位":["瓶"],
                   "单价":[3.0],"容量":['500ml'],
                   "数量":[70]})                                  #新数据
df1=df[:3]                                                       #切片操作(左闭右开)
df2=df[3:]                                                       #切片操作(左闭右闭)
df3=pd.concat([df1,data,df2],ignore_index=True)                  #合并
df3.to_excel('d:/abc/461.xlsx')                                  #保存文件
```

运行结果如图 4-27 所示。

说明：由于 append() 在 Python3.11 中已经失效,本例中采用 concat() 进行合并操作。先将源工作表数据分片截取,再与新数据进行合并,ignore_index=True 的作用是对新的数据重新进行索引。

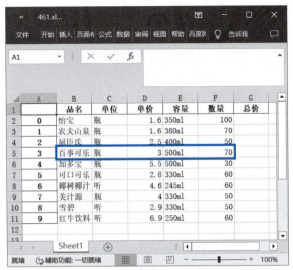

图 4-27　插入整行数据

4.6.2　插入整列数据

实例 28：打开"第 4 章.xlsx"工作簿及"饮料简介"工作表，插入整列数据，以"462.xlsx"文件保存。

```
import pandas as pd                                              #调用第三方库
df=pd.read_excel('d:/abc/第 4 章.xlsx',sheet_name='饮料简介')    #打开工作表
data=[10,20,30,40,50,60,70,80,90]                                #新数据
df.insert(2,column="示例",value=data)                            #插入列数据
df.to_excel('d:/abc/462.xlsx')                                   #保存文件
```

运行结果如图 4-28 所示。

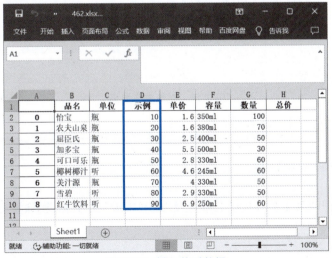

图 4-28　插入整列数据

4.7 删除数据

4.7.1 删除整行数据

实例29：打开"第4章.xlsx"工作簿及"饮料简介"工作表，删除整行数据，以"471.xlsx"文件保存。

```
import pandas as pd                                              #调用第三方库
df=pd.read_excel('d:/abc/第4章.xlsx',sheet_name='饮料简介')      #打开工作表
df.drop(index=[3,4,5],inplace=True)                              #删除行数据
df.to_excel('d:/abc/471.xlsx')                                   #保存文件
```

运行结果如图4-29所示。

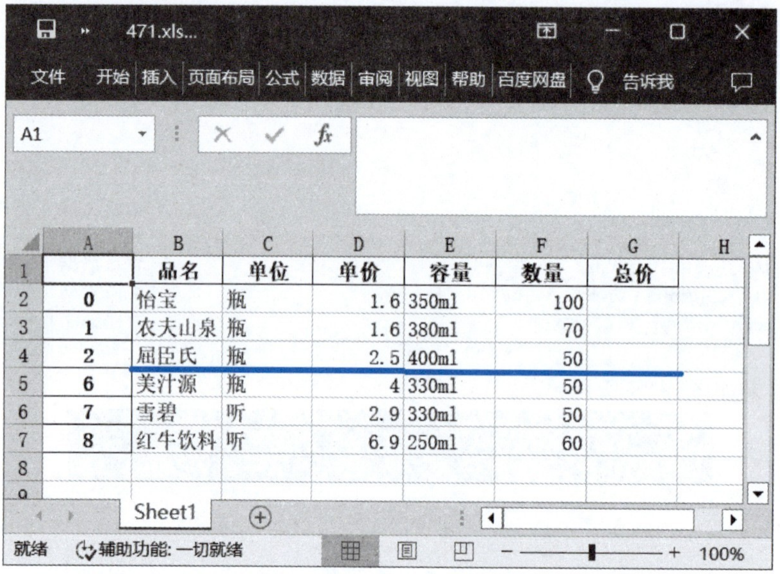

图4-29 删除整行数据

说明：本例中，删除数据操作以默认索引为依据。

4.7.2 删除整列数据

实例30：打开"第4章.xlsx"工作簿及"饮料简介"工作表，删除整列数据，以"472.xlsx"文件保存。

```
import pandas as pd                                              #调用第三方库
df=pd.read_excel('d:/abc/第 4 章.xlsx',sheet_name='饮料简介')     #打开工作表
df.drop(columns='容量',inplace=True)                              #删除整列数据
df.to_excel('d:/abc/472.xlsx')                                   #保存文件
```

运行结果如图 4-30 所示。

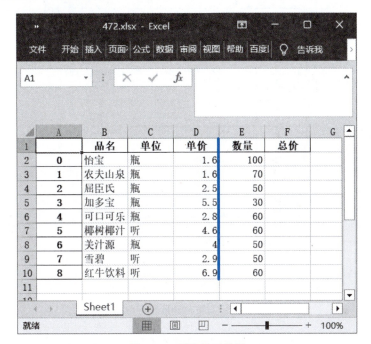

图 4-30　删除整列数据

4.7.3　有条件删除整行数据

实例 31：打开"第 4 章.xlsx"工作簿及"优秀名单"工作表,将人员中姓"李"的记录按条件方式进行删除,并重新设置索引,以"473.xlsx"文件保存。

```
import pandas as pd                                              #调用第三方库
df=pd.read_excel('d:/abc/第 4 章.xlsx',sheet_name='优秀名单')     #打开工作表
tt=df.loc[df['姓名'].str[0:1]=='李']                              #筛选数据
df.drop(index=tt.index,inplace=True)                             #有条件删除
df1=df.reset_index(drop=True)                                    #重新设置索引
df1.to_excel('d:/abc/473.xlsx')                                  #保存文件
```

运行结果如图 4-31 所示。

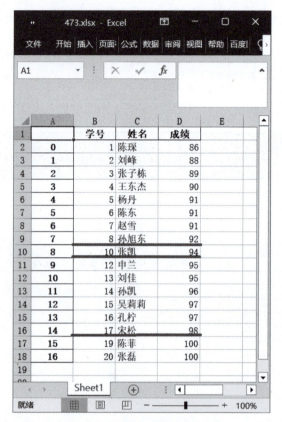

图 4-31　有条件删除整行数据

4.8　工作表中数据的行数和列数

4.8.1　获取工作表的行数和列数

实例 32：打开"第 4 章.xlsx"工作簿及"饮料简介"工作表，获取工作表中数据的行数和列数。

```
import pandas as pd                                          ＃调用第三方库
df=pd.read_excel('d:/abc/第 4 章.xlsx',sheet_name='饮料简介')   ＃打开工作表
print(df.shape)                                              ＃显示行数和列数
```

运行结果如图 4-32 所示。

>>> (9, 6)

图 4-32　行数和列数

4.8.2 获取工作表的行数

实例33：打开"第4章.xlsx"工作簿及"饮料简介"工作表，获取工作表中数据的行数。

```
import pandas as pd                                          #调用第三方库
df=pd.read_excel('d:/abc/第 4 章.xlsx',sheet_name='饮料简介')   #打开工作表
row=len(df)                                                   #获取行数
print(row)                                                    #显示行数
```

运行结果如图4-33所示。

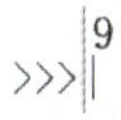

>>> 9

图4-33 工作表的行数

4.8.3 获取工作表的列数

实例34：打开"第4章.xlsx"工作簿及"饮料简介"工作表，获取工作表中数据的列数。

```
import pandas as pd                                          #调用第三方库
df=pd.read_excel('d:/abc/第 4 章.xlsx',sheet_name='饮料简介')   #打开工作表
col=len(df.columns)                                           #获取列数
print(col)                                                    #显示列数
```

运行结果如图4-34所示。

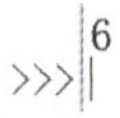

>>> 6

图4-34 工作表的列数

4.9 数据计算

4.9.1 公式计算

实例35：打开"第4章.xlsx"工作簿及"饮料简介"工作表，计算每种商品的总价，以"491.xlsx"文件保存。

```
import pandas as pd                                                    #调用第三方库
df=pd.read_excel('d:/abc/第 4 章.xlsx',sheet_name='饮料简介')           #打开工作表
df['总价']=df['单价'] * df['数量']                                      #计算
df.to_excel('d:/abc/491.xlsx')                                          #保存文件
```

运行结果如图 4-35 所示。

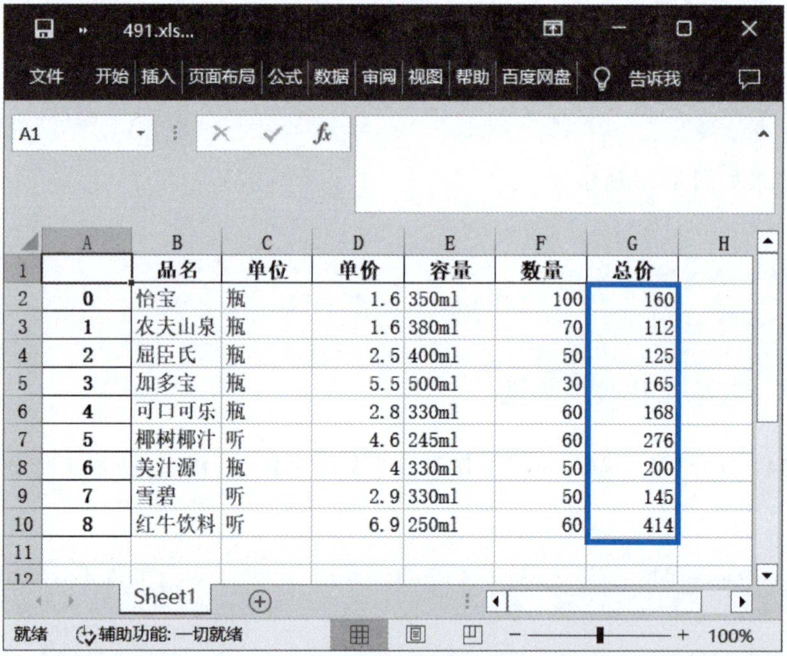

	品名	单位	单价	容量	数量	总价
0	怡宝	瓶	1.6	350ml	100	160
1	农夫山泉	瓶	1.6	380ml	70	112
2	屈臣氏	瓶	2.5	400ml	50	125
3	加多宝	瓶	5.5	500ml	30	165
4	可口可乐	瓶	2.8	330ml	60	168
5	椰树椰汁	听	4.6	245ml	60	276
6	美汁源	瓶	4	330ml	50	200
7	雪碧	听	2.9	330ml	50	145
8	红牛饮料	听	6.9	250ml	60	414

图 4-35　公式计算

4.9.2　函数填充(求和)

实例 36：打开“第 4 章.xlsx”工作簿及“期末成绩”工作表，计算其中每个人的总分，以“492.xlsx”文件保存。

```
import pandas as pd                                                    #调用第三方库
df=pd.read_excel("d:/abc/第 4 章.xlsx",sheet_name='期末成绩')           #打开工作表
tt=df[['语文','数学','英语']]                                           #提取数据
tt1=tt.sum(axis=1)                                                      #计算一行的总分
df['总分']=tt1                                                          #将总分写入“总分”列
df.to_excel('d:/abc/492.xlsx')                                          #保存文件
```

运行结果如图 4-36 所示。

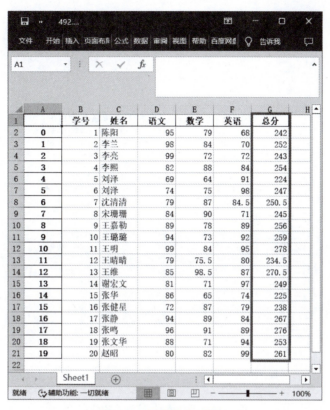

图 4-36 函数填充(求和)

4.9.3 函数填充(计算平均值)

实例 37：打开"第 4 章.xlsx"工作簿及"期末成绩"工作表,计算其中每个人各科的平均分,以"493.xlsx"文件保存。

```
import pandas as pd                                          #调用第三方库
df=pd.read_excel("d:/abc/第 4 章.xlsx",sheet_name='期末成绩')  #打开工作表
tt=df[['语文','数学','英语']]                                  #提取数据
tt1=tt.mean(axis=1)                                          #计算一行的平均分
df['平均分']=tt1                                              #将平均分写入"平均分"列
df.to_excel('d:/abc/493.xlsx')                               #保存文件
```

运行结果如图 4-37 所示。

说明：本例中的 mean()函数用于计算平均值。

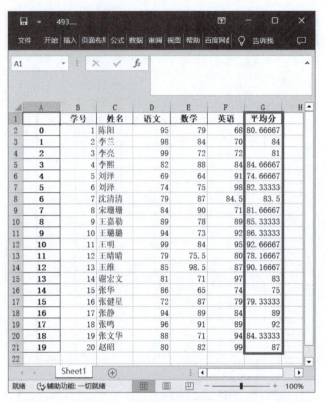

图 4-37 函数填充（计算平均值）

4.10 文件类型转换

4.10.1 读取.csv 文件内容到 Excel 文件中

实例 38：将"学生名单.csv"文件读入 Excel 文件，以"4101.xlsx"文件保存。

```
import pandas as pd                                              ♯调用第三方库
df=pd.read_csv('d:/abc/学生名单.csv',encoding='gbk',index_col='学号')
                                                                 ♯读入.csv 文件
df.to_excel('d:/abc/4101.xlsx')                                  ♯写入 Excel 文件中
```

运行结果如图 4-38 所示。

说明：Python 内置了 csv 模块用于读写.csv 文件。.csv 文件是数据科学中常见的数据存储格式之一。csv 模块能轻松完成各种体量数据的读写操作。本例中的 encoding='gbk'是为了解决中文乱码问题。

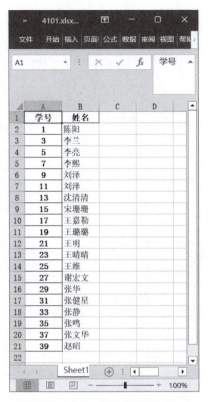

图 4-38　.csv 文件数据写入 Excel

4.10.2　读取 .tsv 文件内容到 Excel 文件中

实例 39：将"学生名单.tsv"文件读入 Excel 文件，以"4102.xlsx"文件保存。

import pandas as pd　　　　　　　　　　　　　　　　　　＃调用第三方库
df＝pd.read_csv('d:/abc/学生名单.tsv',sep＝'\t',encoding＝'gbk',index_col＝'学号') 　　　　　　　　　　　　　　　　　　　　　　　　　　　＃读入 .tsv 文件
df.to_excel('d:/abc/4102.xlsx')　　　　　　　　　　　　　＃写入 Excel 文件中

运行结果如图 4-39 所示。

说明：本例中的 sep＝'\t' 表示分隔符为 \t。在输出工作表中的数据时，加入如下两行代码可以完整显示全部数据。

pd.options.display.max_columns＝None　　　　　　　　　　＃取消最大列的限制
pd.options.display.max_rows＝None　　　　　　　　　　　　＃取消最大行的限制

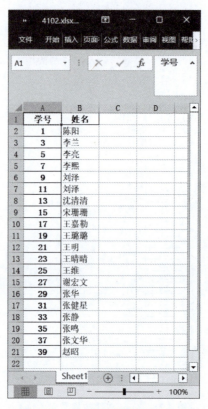

图 4-39 .tsv 文件数据写入 Excel

4.10.3 读取 .txt 文件内容到 Excel 文件中

实例 40：将"学生名单.txt"文件读入 Excel 文件，以"4103.xlsx"文件保存。

```
import pandas as pd                                                    #调用第三方库
df=pd.read_table('d:/abc/学生名单.txt',encoding='gbk',index_col='学号')
                                                                       #读入 .txt 文件
df.to_excel('d:/abc/4103.xlsx')                                        #写入 Excel 文件中
```

运行结果如图 4-40 所示。

说明：.csv、.tsv 和 .txt 文件都属于文本文件。.csv 文件和 .tsv 文件的字段间分别由逗号和 Tab 键隔开，而 .txt 文件则没有明确要求，可使用逗号、制表符、空格等多种不同的符号分隔字段。

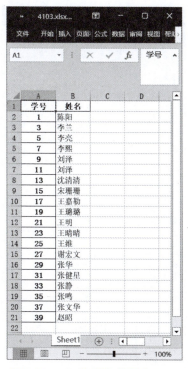

图 4-40　.txt 文件数据写入 Excel

4.11　合并工作表

4.11.1　将工作表合并

实例 41：打开"第 4 章.xlsx"工作簿,将其中"优秀名单""良好名单"工作表中的数据合并到一个工作表中,以"4111.xlsx"文件保存。

```
import pandas as pd                                                    #调用第三方库
df1=pd.read_excel('d:/abc/第 4 章.xlsx',sheet_name='优秀名单')          #打开工作表
df2=pd.read_excel('d:/abc/第 4 章.xlsx',sheet_name='良好名单')          #打开工作表
df3=pd.concat([df1,df2],ignore_index=True)                              #合并工作表
df3.to_excel('d:/abc/4111.xlsx')                                        #保存文件
```

运行结果如图 4-41 所示。

说明：在实际工作中,大量数据经常存放在不同的工作表中,将多个工作表合并成一个工作表是数据处理所必需的,本例以两个工作表的具体操作为例进行说明。

本例中,drop=True 的含义是放弃原来的索引;reset_index(drop=True)的含义是重新设置索引。

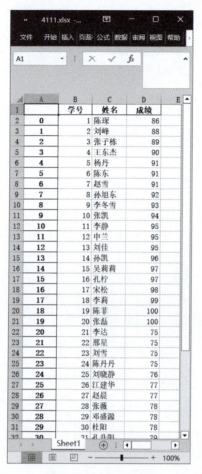

图 4-41 合并工作表

4.11.2 合并工作表（列的方式）

实例 42：打开"第 4 章.xlsx"工作簿，将其中"优秀名单""良好名单"工作表中的数据以列的方式合并到一个工作表中，以"4112.xlsx"文件保存。

```
import pandas as pd                                                    #调用第三方库
df1=pd.read_excel('d:/abc/第 4 章.xlsx',sheet_name='优秀名单')         #打开工作表
df2=pd.read_excel('d:/abc/第 4 章.xlsx',sheet_name='良好名单')         #打开工作表
df3=pd.concat((df1,df2),axis=1)                                        #合并工作表(列的方式)
df3.to_excel('d:/abc/4112.xlsx')                                       #保存文件
```

运行结果如图 4-42 所示。

说明：以列的方式合并工作表，在数据处理时不经常使用，但该方法可以将数据以合适的方式整合进行显示。

图 4-42　合并工作表（列的方式）

4.12　数据统计与分析

4.12.1　升序排序

实例 43：打开"第 4 章.xlsx"工作簿及"饮料简介"工作表，以"单价"为关键字排序（升序），以"4121.xlsx"文件保存。

```
import pandas as pd                                          #调用第三方库
df=pd.read_excel('d:/abc/第 4 章.xlsx',sheet_name='饮料简介')   #打开工作表
df.sort_values(by='单价',inplace=True)                        #升序排序
df.to_excel('d:/abc/4121.xlsx')                              #保存文件
```

运行结果如图 4-43 所示。

说明：当 inplace=True 时，表示排序后的数据替换原来的数据；当 inplace=False（默认）时，表示不替换原来的数据。

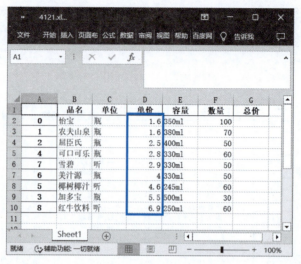

图 4-43 升序排序

4.12.2 降序排序

实例 44：打开"第 4 章.xlsx"工作簿及"饮料简介"工作表，以"单价"为关键字排序（降序），以"4122.xlsx"文件保存。

```
import pandas as pd                                              #调用第三方库
df=pd.read_excel('d:/abc/第 4 章.xlsx',sheet_name='饮料简介')    #打开工作表
df.sort_values(by='单价',inplace=True,ascending=False)           #降序排序
df.to_excel('d:/abc/4122.xlsx')                                  #保存文件
```

运行结果如图 4-44 所示。

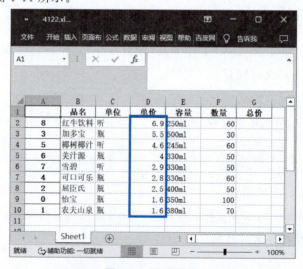

图 4-44 降序排序

说明：ascending＝True(默认)表示升序排列，ascending＝False 表示降序排列。

4.12.3 多重排序

实例 45：打开"第 4 章.xlsx"工作簿及"饮料简介"工作表，以"容量"为第一关键字（升序）、以"单价"为第二关键字（降序）进行排序，以"4123.xlsx"文件保存。

```
import pandas as pd                                                          #调用第三方库
df＝pd.read_excel('d:/abc/第 4 章.xlsx',sheet_name='饮料简介')                 #打开工作表
df.sort_values(by＝['容量','单价'],inplace＝True,ascending＝[True,False])     #多重排序
df.to_excel('d:/abc/4123.xlsx')                                              #保存文件
```

运行结果如图 4-45 所示。

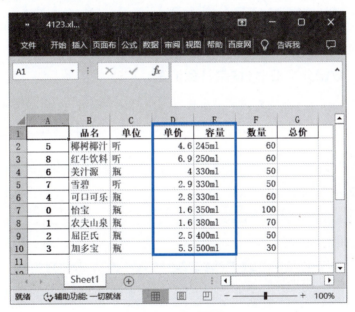

图 4-45　多重排序

4.12.4 数据筛选

实例 46：打开"第 4 章.xlsx"工作簿及"饮料简介"工作表，将"单价"介于 2～3 的数据筛选出来，以"4124.xlsx"文件保存。

```
import pandas as pd                                                  #调用第三方库
df＝pd.read_excel('d:/abc/第 4 章.xlsx',sheet_name='饮料简介')         #打开工作表
def dj(x):                                                           #定义单价筛选函数
    return 2＜x＜3
df1＝df.loc[df['单价'].apply(dj)]                                     #用函数 dj 对单价进行筛选
df1.to_excel('d:/abc/4124.xlsx')                                     #保存文件
```

运行结果如图4-46所示。

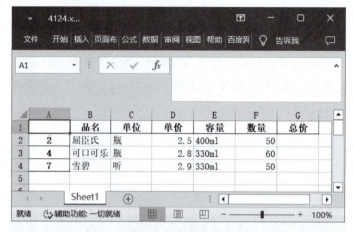

图4-46 数据筛选

4.12.5 数据分类汇总（按字符型汇总）

实例47：打开"第4章.xlsx"工作簿及"饮料简介"工作表，根据"单位"为依据分类汇总（求和），以"4125.xlsx"文件保存。

```
import pandas as pd                                      #调用第三方库
df=pd.read_excel('d:/abc/第4章.xlsx','饮料简介')        #打开工作表
df1=df.groupby(['单位']).sum()                           #按"单位"分组求和
df1.to_excel('d:/abc/4125.xlsx')                         #保存文件
```

运行结果如图4-47所示。

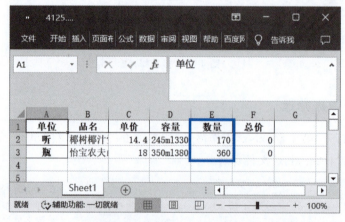

图4-47 分类汇总（字符型）

4.12.6 数据分类汇总(按数值型汇总)

实例 48：打开"第 4 章.xlsx"工作簿及"饮料简介"工作表,将其中的数据以"单位"和"容量"为依据分类汇总(求和),以"4126.xlsx"文件保存。

```
import pandas as pd                                      #调用第三方库
df=pd.read_excel('d:/abc/第 4 章.xlsx','饮料简介')        #打开工作表
df1=df.groupby(['单位','容量']).sum()                    #按"单位"和"容量"分组
df1.to_excel('d:/abc/4126.xlsx')                         #保存文件
```

运行结果如图 4-48 所示。

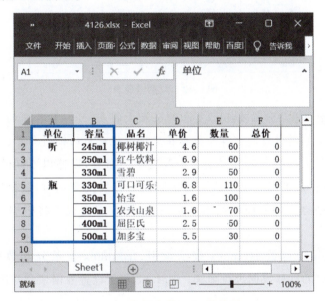

图 4-48　数据分类汇总(数值型)

4.12.7 创建数据透视表

实例 49：打开"第 4 章.xlsx"工作簿及"销售报表"工作表,以"年份"为行,以"销售数量"为列,建立数据透视表,以"4127.xlsx"文件保存。

```
import pandas as pd                                                    #调用第三方库
import numpy as np                                                     #调用第三方库
df=pd.read_excel("d:/abc/第 4 章.xlsx",'销售报表')                      #打开工作表
df['年份']=pd.DatetimeIndex(df['销售日期']).year                        #提取年份
df1=df.pivot_table(index='类别',columns='年份',
            values='销售数量',aggfunc=np.sum)                           #建立数据透视表
df1.to_excel('d:/abc/4127.xlsx')                                       #保存文件
```

运行结果如图 4-49 所示。

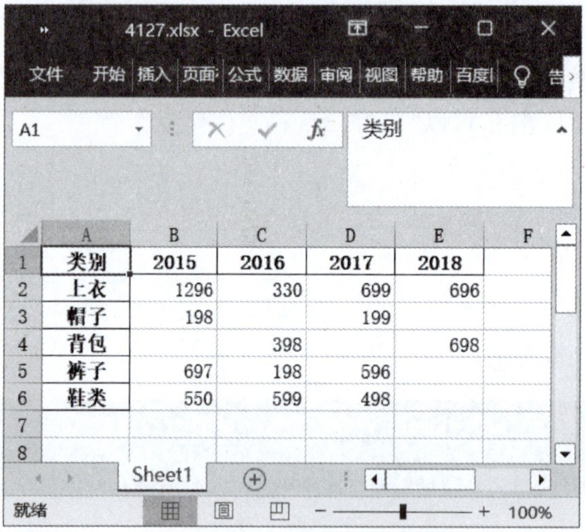

类别	2015	2016	2017	2018
上衣	1296	330	699	696
帽子	198		199	
背包		398		698
裤子	697	198	596	
鞋类	550	599	498	

图 4-49 数据透视表

说明：数据透视表(Pivot Table)是一种交互式的表，可以对其中的数据进行某些计算(如求和、计数等)，所进行的计算与数据在数据透视表中的排列有关。

数据透视表最大的特点是可以动态地改变版面布置，以便以不同的方式分析数据，也可以重新安排行号、列标和页字段。每次版面布置发生变化时，数据透视表会按照新的布置重新计算数据。如果原始数据发生更改，则数据透视表将根据最新的数据进行更新。

在 pivot_table( ) 函数中，index 表示索引；columns 表示分割数据的可选方式；values 用于对需要的计算数据进行筛选；aggfunc 用于设置数据聚合时进行的函数操作。

4.12.8 数据透视表分组

实例 50：打开“第 4 章.xlsx”工作簿及“销售报表”工作表，以“年份”为行，“销售总额”为列，分组建立数据透视表，以“4128.xlsx”文件保存。

```
import pandas as pd                                              #调用第三方库
import numpy as np                                               #调用第三方库
df=pd.read_excel("d:/abc/第 4 章.xlsx",'销售报表')                 #打开工作表
df['年份']=pd.DatetimeIndex(df['销售日期']).year                   #提取年份
groups=df.groupby(['类别','年份'])                                 #分组
s=groups['销售数量'].sum()                                         #计算销售总额
df1=pd.DataFrame({'销售总额':s})                                   #合并(聚合)
df1.to_excel('d:/abc/4128.xlsx')                                 #保存文件
```

运行结果如图 4-50 所示。

图 4-50　数据透视表分组

说明：在数据透视表中以不同的方式对数据进行分组，更能显示数据透视表的强大功能。

DataFrame 是一个表格型的数据结构，包含一组有序的列，每列可以是不同的数据类型（数值型、字符串型、布尔型等）。DataFrame 既有行索引也有列索引，可看作由序列（Series）组成的字典。

4.13　本章总结

本章主要通过 pandas 第三方库对 Excel 电子表格与 Python 语言的交互进行讲解与说明。pandas 第三方库是一个分析结构化数据的强大工具，它的使用基础是 NumPy 库（提供高性能的矩阵运算），它不仅提供数据挖掘和数据分析功能，同时也提供数据清洗功能。

本章主要讲解了如何通过 pandas 第三方库对 Excel 文件进行操作，包括创建、打开 Excel 文件，写入、读取、修改、插入和删除 Excel 文件数据，Excel 文件数据的计算，Excel 文件数据类型的转换，以及 Excel 文件数据的统计分析等，为后续章节中的数据可视化打下基础。针对 pandas 库在数据预处理方面的应用，将在第 8 章中进行详细阐述。

pandas 第三方库功能的作用区域如表 4-1 所示。

表 4-1 pandas 第三方库功能的作用区域

库名	.xls	.xlsx	读取	写入	修改	保存	格式设置	.csv
pandas	√	√	√	√	√	√	×	√

CHAPTER 5

第 5 章 数据可视化

图表能够直观地展示数据汇总结果,在大数据时代尤为重要。面对庞大的数据量,如股票市场这样的典型案例,没有图表的辅助,人们很容易感到不知所措。图表的使用使我们能够从海量数据中抽身,清晰地把握整体趋势,从而作出判断和决策。因此,图表是大数据直观展示中至关重要的一环。

图表的多样性使其能够根据数据的不同来源提供多样化的展示方式。本章主要介绍如何利用 Excel 承载的数据生成图表,包括柱状图、饼图、折线图、散点图、直方图、密度图、面积图、环形图和雷达图等常见类型。通过这些图表,我们可以从多个角度分析和理解数据中隐藏的规律,从而加深对事物的认识,并为预测和决策提供依据。

5.1 matplotlib 基础

matplotlib 是一个用于数据绘图的第三方 Python 库,它能够创建各种可视化图表。只需几行代码,就可以利用 matplotlib 生成图表。matplotlib 的子库 matplotlib.pyplot 提供了一系列绘图函数,每个函数都对应着对图表的一个特定操作。在绘图过程中,figure()函数用于创建一个新的图形窗口,而 subplot()函数用于在该窗口中创建子图。所有的绘图操作都在这些子图上进行。plt()函数用于表示当前活跃的子图。

绘图常用函数及其作用如表 5-1 所示,线条形状如表 5-2 所示,线条标记如表 5-3 所示,线条颜色如表 5-4 所示。

表 5-1 绘图常用函数及其作用

序号	函数	说　　明
1	figure	控制 dpi(每英寸点数,用于表示图像的分辨率)、边界颜色、图形大小和子区(subplot)设置
2	axes	设置坐标轴边界和表面的颜色、坐标刻度值的大小和网格的显示方式
3	font	设置字体大小和样式

续表

序号	函数	说　　明
4	grid	设置网格颜色和线型
5	legend	设置图例和其中的文本的显示
6	line	设置线条(颜色、线型、宽度等)和标记
7	patch	填充 2D 空间的图形对象(如多边形和圆),控制线宽、颜色及设置抗锯齿等
8	savefig	对保存的图形进行单独设置
9	verbose	设置 matplotlib 在执行期间的信息输出
10	xticks yticks	为 X、Y 轴的主刻度和次刻度设置颜色、大小、方向以及标签大小

表 5-2　线条形状(linestyle)

序号	符号	说　　明
1	-	solid line style(实线)
2	--	dashed line style(虚线)
3	-.	dash-dot line style(点画线)
4	:	dotted line style(点线)

表 5-3　线条标记(marker)

序号	符号	说　　明
1	.	point marker(点)
2	,	pixel marker(像素)
3	o	circle marker(圆形)
4	v	triangle_down marker(下三角)
5	^	triangle_up marker(上三角)
6	<	triangle_left marker(左三角)
7	>	triangle_right marker(右三角)
8	1	tri_down marker(下标记)
9	2	tri_up marker(上标记)
10	3	tri_left marker(左标记)
11	4	tri_right marker(右标记)
12	s	square marker(正方形)
13	p	pentagon marker(五边形)
14	*	star marker(星形)
15	h	hexagon1 marker(六角形 1)
16	H	hexagon2 marker(六角形 2)
17	+	plus marker(加号)
18	x	x marker(x 型)
19	D	diamond marker(菱形)
20	d	thin_diamond marker(小菱形)

续表

序号	符号	说明
21	|	vline marker(竖线型)
22	_	hline marker(横线型)

表 5-4 线条颜色(color)

序号	符号	说明
1	b	blue(蓝色)
2	g	green(绿色)
3	r	red(红色)
4	c	cyan(青色)
5	m	magenta(洋红色)
6	y	yellow(黄色)
7	k	black(黑色)
8	w	white(白色)

5.1.1 创建绘图窗口(figure()函数)

绘图涉及三个概念:figure 对象、subplot 对象和 axes 对象。其中,figure 对象表示整个图形,包括绘图窗口、子图、axes 对象以及其他图元素;subplot 对象是 figure 对象中的具体绘图区域;axes 对象是数据区内容,是制图的核心内容。

实例 01:创建 figure 窗口。

```
import matplotlib.pyplot as plt              # 调用第三方库
fig = plt.figure()                           # 创建窗口
plt.show()                                   # 显示当前图像
```

运行结果如图 5-1 所示。

图 5-1 创建绘图窗口

说明：在绘图之前，首先需要设置 figure 窗口。

5.1.2　建立单个子图（subplot（）函数）

实例 02：在 figure 窗口中建立单个子图。

```
import matplotlib.pyplot as plt              #调用第三方库
fig=plt.figure()                             #创建窗口
ax=fig.add_subplot(111)                      #建立子图
plt.show()                                   #显示当前图像
```

运行结果如图 5-2 所示。

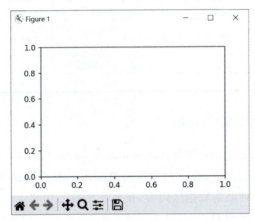

图 5-2　建立单个子图

说明：子图是 figure 窗口中作为具体绘图的区域。本例中 fig.add_subplot(111) 语句的功能是添加子图，参数（111）指在子图的第 1 行行第 1 列的第 1 个位置生成一个 axes 对象。也可以通过 fig.add_subplot(2,2,1) 的方式生成子图，该语句的前两个参数确定了面板的划分，即（2,2）会将整个面板划分成 2×2 的方格；第 3 个参数的取值范围是 [1,2×2]，表示第几个子图。

5.1.3　设置坐标轴线

实例 03：为 figure 窗口中的子图设置坐标轴线。

```
import matplotlib.pyplot as plt                              #调用第三方库
plt.rcParams['font.sans-serif']=['SimHei']                   #配置字体
plt.rcParams['axes.unicode_minus']=False                     #正常显示正负号
fig=plt.figure()                                             #创建窗口
ax=fig.add_subplot(111)                                      #建立子图
ax.set(xlim=[0.5,4.5],ylim=[-2,8],title='标题',ylabel='Y 轴',xlabel='X 轴')
                                                             #设置轴线
plt.show()                                                   #显示当前图像
```

运行结果如图 5-3 所示。

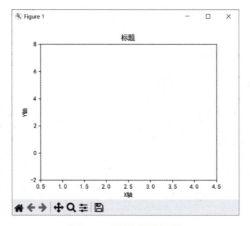

图 5-3　设置坐标轴线

说明：子图建立时默认是有轴线的。本例对轴线进行了更改，将 X 轴的范围设定为 $[0.5,4.5]$、Y 轴的范围设定为 $[-2,8]$，同时设定了标题、X 轴名称和 Y 轴名称。

5.1.4　建立多个子图（一）

实例 04：创建窗口并建立多个子图（一）。

```
import matplotlib.pyplot as plt          #调用第三方库
fig=plt.figure()                         #创建窗口
ax1 = fig.add_subplot(221)               #建立第 1 个子图
ax2 = fig.add_subplot(222)               #建立第 2 个子图
ax3 = fig.add_subplot(224)               #建立第 3 个子图
plt.show()                               #显示当前图像
```

运行结果如图 5-4 所示。

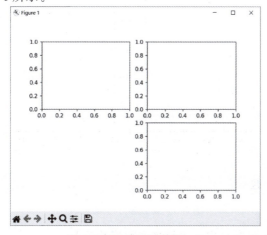

图 5-4　建立多个子图（一）

说明：本例中第三个子图建立在了第 2 行第 2 列的位置上，即第 4 个子图。坐标轴线是默认的。

5.1.5 建立多个子图(二)

实例 05：创建窗口并建立多个子图(二)。

```
import matplotlib.pyplot as plt                    #调用第三方库
fig,axes=plt.subplots(nrows=2,ncols=2)             #创建窗口及子图
axes[0,0].set(title='one')                         #设置第 1 个子图标题
axes[0,1].set(title='two')                         #设置第 2 个子图标题
axes[1,0].set(title='three')                       #设置第 3 个子图标题
axes[1,1].set(title='four')                        #设置第 4 个子图标题
plt.show()                                         #显示当前图像
```

运行结果如图 5-5 所示。

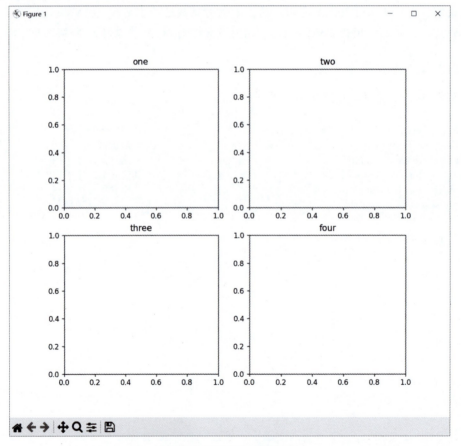

图 5-5　建立多个子图(二)

说明：本例在 figure 窗口中一次性建立所有的子图。

5.1.6 绘制一条直线

实例 06：创建窗口并绘制一条直线。

```
import matplotlib.pyplot as plt                              # 调用第三方库
plt.figure()                                                 # 创建窗口
plt.plot([0,5],[2,7],linewidth=5,linestyle='solid')          # 绘制直线
plt.show()                                                   # 显示当前图像
```

运行结果如图 5-6 所示。

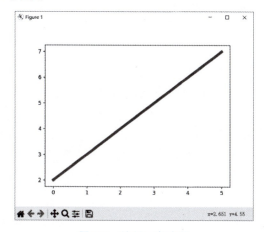

图 5-6　绘制一条直线

说明：本例中，X 轴的取值范围为[0,5]，Y 轴的取值范围为[2,7]，linewidth 表示线条的粗细，linestyle 表示线条的线型。

5.1.7 绘制多条直线

实例 07：创建窗口并绘制多条直线。

```
import matplotlib.pyplot as plt                                              # 调用第三方库
plt.figure()                                                                 # 创建窗口
plt.plot([0,5],[1,6],[0,5],[8,13],linewidth=5,linestyle='solid')             # 绘制直线
plt.show()                                                                   # 显示当前图像
```

运行结果如图 5-7 所示。

说明：本例中，"[0,5],[1,6],[0,5],[8,13]"中的各项分别代表两条直线的取值范围。直线 a 的 X 轴的取值范围为([0,5])、Y 轴的取值范围为([1,6])；直线 b 的 X 轴的取值范围为([0,5])、Y 轴的取值范围为([8,13])。

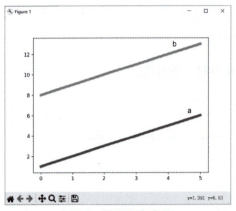

图 5-7　绘制多条直线

5.1.8　绘制曲线

实例 08：创建窗口，建立子图并分别绘制曲线。

```
import matplotlib.pyplot as plt                                      #调用第三方库
import numpy as np                                                   #调用第三方库
x=np.linspace(0,np.pi)
ysin=np.sin(x)
ycos=np.cos(x)
fig=plt.figure()                                                     #创建窗口
ax1=fig.add_subplot(221)                                             #建立第1个子图
ax2=fig.add_subplot(222)                                             #建立第2个子图
ax3=fig.add_subplot(223)                                             #建立第3个子图
ax1.plot(x,ysin)                                                     #绘制第1条曲线
ax2.plot(x,ysin,'-.',linewidth=2)                                    #绘制第2条曲线
ax3.plot(x,ycos,color='blue',marker='<',linestyle='dashed')          #绘制第3条曲线
plt.show()                                                           #显示当前图像
```

运行结果如图 5-8 所示。

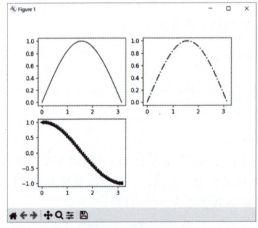

图 5-8　绘制曲线

说明：本例中，ax2.plot()中的参数'-.'表示"短虚线",参数 linewidth 表示线条宽度；ax3.plot()中的参数 color 表示线条颜色,参数 marker 表示线条标记,参数 linestyle 表示线型。

5.1.9 添加图例

实例09：为图表添加图例。

```
import matplotlib.pyplot as plt              #调用第三方库
plt.rcParams['font.sans-serif']=['SimHei']   #设置默认字体
plt.rcParams['axes.unicode_minus']=False     #正常显示负号
fig,ax=plt.subplots()                        #创建窗口
ax.plot([1,2,3,4],[10,20,25,30],label="新疆")    #绘制图形
ax.plot([1,2,3,4],[30,23,13,4],label="上海")     #绘制图形
ax.scatter([1,2,3,4],[20,10,30,15],label="北京") #绘制图形
ax.set(ylabel="温度",xlabel="时间",title="对比图") #设置标题
ax.legend(loc=3)                             #设置图例(左下角)
plt.show()                                   #显示当前图像
```

运行结果如图 5-9 所示。

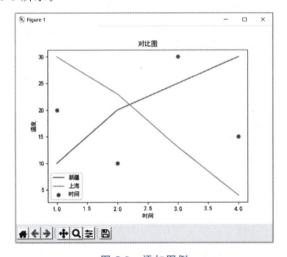

图 5-9　添加图例

说明：在绘图时,可以通过传入 label 参数为图表数据添加图例,然后使用 legend() 函数显示这些图例说明。legend() 函数可以控制图例位置,具体参数说明如表 5-5 所示。

表 5-5　图例位置及代码参数

序　号	代码参数	位　　置	说　　明
1	0	best	最佳
2	1	upper right	右上角

续表

序 号	代码参数	位 置	说 明
3	2	upper left	左上角
4	3	lower left	左下角
5	4	lower right	右下角
6	5	right	右侧
7	6	center left	居中偏左
8	7	center right	居中偏右
9	8	lower center	居中偏下
10	9	upper center	居中偏上
11	10	center	居中

5.1.10 设置布局

实例 10：为窗口中的不同子图之间设置布局。

```
import matplotlib.pyplot as plt                          #调用第三方库
fig,axes=plt.subplots(2,2,figsize=(9,9))                 #创建窗口
fig.subplots_adjust(wspace=0.5,hspace=0.3,left=0.125,
                    right=0.9,top=0.9)                   #设置布局参数
plt.show()                                               #显示当前图像
```

运行结果如图 5-10 所示。

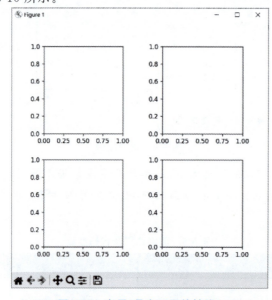

图 5-10 布局(具有不同的轴线)

说明：绘制多个子图时，为了美观可以设置子图之间的间隔、子图与窗口的外边间距以及子图的内边距等。本例通过 fig.subplots_adjust() 函数修改了子图水平之间的间距（wspace=0.5）、子图垂直之间的间距（hspace=0.3）以及子图与窗口之间的间距（left=0.125），这里的数值均是百分比。以[0,1]为区间，可以选择 left、right、bottom、top，本例 top=0.9，表示全部子图占据窗口从下至上总高的 90%；right=0.9，表示全部子图占据窗口从左至右总宽的 90%。如果 fig.tight_layout() 函数内不设置参数，则表示自动调整布局，使子图之间不重叠。

5.1.11 共享轴线

实例 11：为窗口中的不同子图之间设置相同的轴线。

```
import matplotlib.pyplot as plt                              #调用第三方库
fig,axes=plt.subplots(2,2,figsize=(9,9),
                      sharex=True,sharey=True)               #创建窗口及子图,设置轴线共享
plt.show()                                                   #显示当前图像
```

运行结果如图 5-11 所示。

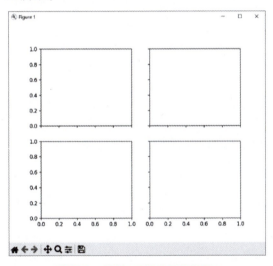

图 5-11　布局（具有相同的轴线）

5.1.12 共享 X 轴（twinx() 函数）

实例 12：设置不同图形共享 X 轴。

```
import matplotlib.pyplot as plt                              #调用第三方库
import numpy as np                                           #调用第三方库
fig=plt.figure(1)                                            #创建窗口
ax1=plt.subplot(111)                                         #创建子图
```

```
ax2 = ax1.twinx()                              # 共享 X 轴
ax1.plot(np.arange(1,5),'g--')                 # 绘制图形
ax1.set_ylabel('ax1',color = 'r')              # 设置列标题
ax2.plot(np.arange(7,10),'b-')                 # 绘制图形
ax2.set_ylabel('ax2',color = 'b')              # 设置列标题
plt.show()                                     # 显示当前图像
```

运行结果如图 5-12 所示。

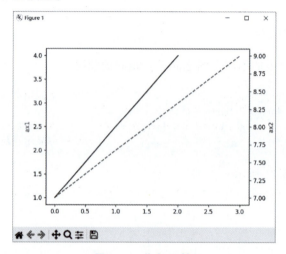

图 5-12　共享 X 轴

说明：twinx()函数表示在同一个子图中共享 X 轴，同时具有各自不同的 Y 轴。

5.1.13　共享 Y 轴（twiny()函数）

实例 13：设置不同图形共享 Y 轴。

```
import matplotlib.pyplot as plt                # 调用第三方库
import numpy as np                             # 调用第三方库
fig＝plt.figure(1)                             # 创建窗口
ax1＝plt.subplot(111)                          # 创建子图
ax2＝ax1.twiny()                               # 共享 Y 轴
ax1.plot(np.arange(1,5),'g--')                 # 绘制图形
ax1.set_xlabel('ax1',color = 'r')              # 设置行标题
ax2.plot(np.arange(3,6),'b-')                  # 绘制图形
ax2.set_xlabel('ax2',color = 'b')              # 设置行标题
plt.show()                                     # 显示当前图像
```

运行结果如图 5-13 所示。

说明：twiny()函数表示在同一个子图中共享 Y 轴，同时具有各自不同的 X 轴。

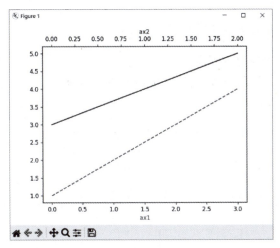

图 5-13　共享 Y 轴

5.1.14　设置图形边界及数轴位置

实例 14：对图形隐藏边界并移动数轴。

```
import matplotlib.pyplot as plt                      #调用第三方库
fig,ax=plt.subplots()                                #创建窗口及画布
ax.plot([-2,2,3,4],[-10,20,25,5])                    #绘制图形
ax.spines['top'].set_visible(False)                  #上边界不可见
ax.spines['right'].set_visible(False)                #右边界不可见
ax.spines['bottom'].set_position(('data',0))         #移动 X 轴
ax.spines['left'].set_position(('data',0))           #移动 Y 轴
plt.show()                                           #显示当前图像
```

运行结果如图 5-14 所示。

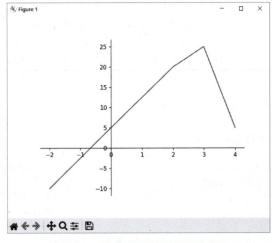

图 5-14　设置图形边界及数轴位置

5.1.15 设置图表与边界距离(subplot_adjust())

实例 15:设置图表与边界距离。

代码请扫描侧边二维码查看,运行结果如图 5-15 所示。

实例 15

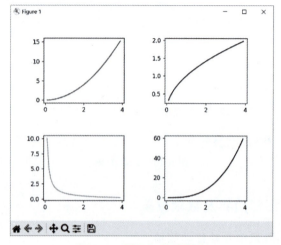

图 5-15 图表与边界距离

说明:subplot_adjust()函数的作用是调整多个子图的间隔,共有 left、right、bottom、top、wspace、hspace 六个参数,取值为 0~1。子图的排列按行优先(第 2 个子图的位置为第 1 行第 2 列)。具体参数说明如表 5-6 所示。

表 5-6 subplot_adjust()函数参数及说明

序号	参数	说明
1	left	子图左边的位置,默认为 0.125,以 figure 窗口为参考
2	right	子图右边的位置,默认为 0.9,以 figure 窗口为参考
3	bottom	子图底边的位置,默认为 0.11,以 figure 窗口为参考
4	top	子图顶边的位置,默认为 0.88,以 figure 窗口为参考
5	wspace	子图之间的空白宽度,默认为 0.2,以子图的平均宽度为参考
6	hspace	子图之间的空白高度,默认为 0.2,以子图的平均高度为参考

5.1.16 填充颜色(subplot())

实例 16:制作不同颜色的子图。

```
import matplotlib.pyplot as plt                    # 调用第三方库
for i, color in enumerate('rgbyck'):
    plt.subplot(321+i, facecolor=color)           # 填充颜色
plt.show()                                         # 显示当前图像
```

运行结果如图 5-16 所示(图中 6 个子图颜色各不相同)。

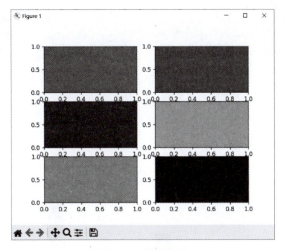

图 5-16　填充颜色

说明：subplot()函数的作用是将多个图画到一个平面上，其格式为 subplot(m,n,p)，其中 m 代表行，n 代表列，p 表示图所在的位置。enumerate()函数用于将一个可遍历的数据对象(如列表、元组或字符串)组合为一个索引序列，同时列出数据和数据下标，其参数 rgbyck 表示不同的颜色。

5.2　柱状图(bar())

柱状图是应用比较广泛的图表类型，是一种以长方形的长度为变量的统计图表，通常用于分析较小的数据集。柱状图由同一系列的垂直柱体组成，通常用来比较一段时间中两个或多个数据的相对大小。绘制图表组成元素的相关函数如表 5-7 所示。

表 5-7　图表组成元素的相关函数

序号	函　　数	说　　明
1	plot()	展现变量的趋势变化
2	scatter()	寻找变量之间的关系
3	title()	设置图表标题
4	xlabel()	设置图表行标题
5	ylabel()	设置图表列标题
6	xlim()	设置 X 轴数值显示范围
7	ylim()	设置 Y 轴数值显示范围
8	legend()	设置图例

5.2.1　绘制普通柱状图

实例 17：打开"第 5 章.xlsx"工作簿及"饮料简介"工作表，以"品名""单价"为依据绘制柱状图。

```
import pandas as pd                                          # 调用第三方库
import matplotlib.pyplot as plt                              # 调用第三方库
plt.rcParams['font.sans-serif']=['SimHei']                   # 设置默认字体
plt.rcParams['axes.unicode_minus']=False                     # 正常显示负号
df=pd.read_excel('d:/abc/第5章.xlsx',sheet_name="饮料简介")    # 打开工作表
plt.bar(df.品名,df.单价)                                      # 绘制柱状图
plt.show()                                                   # 显示当前图像
```

运行结果如图5-17所示。

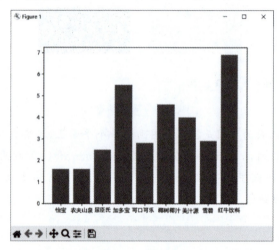

图5-17　柱状图

说明：本例通过建立图表，直观地展示了不同"品名"的"单价"，便于进行对比，并掌握所有商品的单价情况。柱状图也可以横向展示，只需将程序中的bar改为barh即可。横向展示的柱状图也称为条形图，其运行结果如图5-18所示。

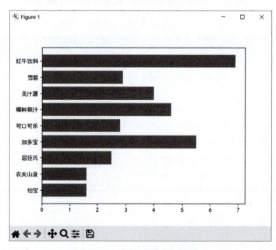

图5-18　柱状图（条形图）

5.2.2 绘制分组柱状图

对于多个项目的图表展示可以采用分组柱状图。分组柱状图可以更加方便地对同类数据进行对比,从而更直观地展现希望看到的结果。

实例 18:打开"第 5 章.xlsx"工作簿及"饮料全表"工作表,以"品名""数量""总价"为依据绘制分组柱状图。

代码请扫描侧边二维码查看,运行结果如图 5-19 所示。

实例 18

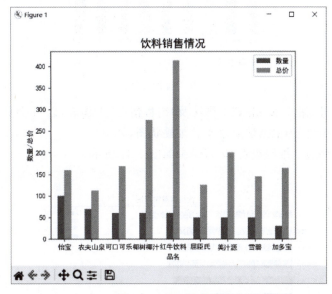

图 5-19　分组柱状图

说明:本例中 ascending=False 表示排序方式为从大到小,plt.title()用于为图表添加标题,rotation=360 为旋转角度,plt.gca 用于获取坐标轴信息。本例展示了不同"品名"的"数量"和"总价"之间的关系,同时加入了图表标题、行标题、列标题等信息,图例是自动产生的。

5.2.3 绘制叠加柱状图

柱状图的最大特点是直观性和清晰性。叠加柱状图不仅可以清晰地展示同一维度内不同类型数据之间的差异,还可以比较它们总量的差异,是一种实用的数据展示方法。

实例 19:打开"第 5 章.xlsx"工作簿及"销售情况"工作表,以"1 月销量""2 月销量""3 月销量""4 月销量"为依据建立叠加柱状图。

代码请扫描侧边二维码查看,运行结果如图 5-20 所示。

实例 19

说明:本例中展示了"品名"列中商品在不同月份的销量情况及其不同月份之间的差异,同时还比较了各个月份总和的差异。同样也可以将图表横向展示,只需要将代码中的 bar 改为 barh 并对程序中的数据作相应修改即可得到水平叠加柱状图。

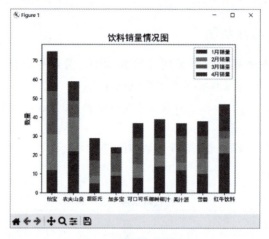

图 5-20　叠加柱状图

实例 20

实例 20：打开"第 5 章.xlsx"工作簿及"销售情况"工作表，以"1 月销量""2 月销量""3 月销量""4 月销量"为依据建立水平叠加柱状图。

代码请扫描侧边二维码查看，运行结果如图 5-21 所示。

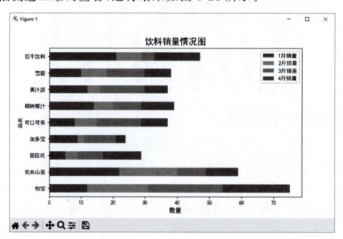

图 5-21　水平叠加柱状图

5.3　饼图(pie())

饼图是一种圆形统计图形，通过将一个圆形按数值比例分为多个扇形来展示数据。在饼图中，每个扇形的弧长、圆心角和面积与其表示的量成比例，所有扇形的总和始终等于 100%。

5.3.1　绘制普通饼图

实例 21：打开"第 5 章.xlsx"工作簿及"销售情况"工作表，以"1 月销量"为依据绘制饼图。

```
import pandas as pd                                    #调用第三方库
import matplotlib.pyplot as plt                        #调用第三方库
plt.rcParams['font.sans-serif']=['SimHei']             #设置默认字体
plt.rcParams['axes.unicode_minus']=False               #正常显示负号
df=pd.read_excel('d:/abc/第5章.xlsx',sheet_name="销售情况",index_col="品名")
                                                      #打开工作表
df['1月销量'].plot.pie()                               #绘制饼图
plt.show()                                            #显示当前图像
```

运行结果如图 5-22 所示。

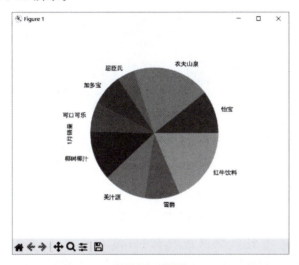

图 5-22　饼图

说明：饼图用来展示不同数据在形成的总和中所占的百分比值。整个"饼"代表总和，每个数据用扇形区域表示。本例中展示了各个不同"品名"饮料的销量在总销量中所占的份额。饼图只能展示一个数据列的情况，如果需要表达多个系列的数据时，需要用环形图来展示。

5.3.2　饼图优化

实例 22：打开"第 5 章.xlsx"工作簿及"销售情况"工作表，以"1 月销量"为依据绘制饼图并对其进行优化。

```
import pandas as pd                                    #调用第三方库
import matplotlib.pyplot as plt                        #调用第三方库
plt.rcParams['font.sans-serif']=['SimHei']             #设置默认字体
plt.rcParams['axes.unicode_minus']=False               #正常显示负号
```

```
df = pd.read_excel('d:/abc/第 5 章.xlsx',sheet_name = "销售情况",index_col = "品名")
                                                                    #打开工作表
df['1 月销量'].plot.pie(fontsize = 8,counterclock = False,startangle = -270)   #绘制饼图
plt.title("饮料销量情况图",fontsize = 20,fontweight = 'bold')       #加入标题
plt.ylabel('1 月销量',fontsize = 14,fontweight = 'bold')            #重新设置列标题
plt.show()                                                          #显示当前图像
```

运行结果如图 5-23 所示。

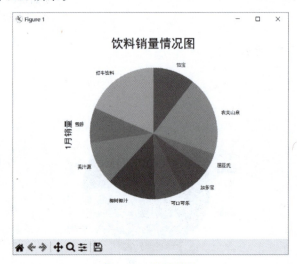

图 5-23　饼图优化

说明：本例对所绘制的饼图进行优化，添加了标题、列标题等项目。其中，counterclock＝False 表示顺时针，counterclock＝True 表示逆时针（默认），startangle＝－270 表示旋转角度。

5.3.3　绘制环形图

环形图是由两个及两个以上大小不一的饼图叠在一起，去掉中间部分所构成的图形。环形图与饼图类似，但又有区别，环形图中间有一个"空洞"，每个样本用一个环来表示，样本中的每部分数据用环中的一段表示。因此，环形图能展示多个样本各部分所占的比例，便于对不同样本的构成进行比较和分析。

实例 23：打开"第 5 章.xlsx"工作簿及"饮料简介"工作表，分别以"数量"和"单价"对各种"品名"为参数绘制环形图。

代码请扫描侧边二维码查看，运行结果如图 5-24 所示。

实例 23

说明：本例中，autopct＝'％.1f％％'表示整数百分比取 1 位小数；pctdistance＝0.92 用于设置百分数字标签离中心的距离；radius＝1.1 表示饼形图的半径大小；labeldistance＝1.1 用于设置标签相对于半径的比例；wedgeprops 用于设置图形内外边界的属性，如环的宽度、环边界的颜色和宽度，其中'width':0.2 用于设置圆环的宽

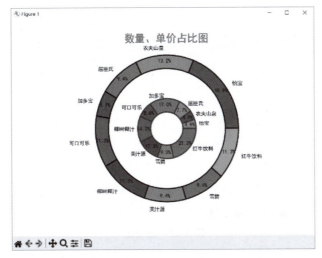

图 5-24 环形图

度,'linewidth':2 用于设置圆环间隔大小,'edgecolor':'blue'用于设置圆环边框的颜色。

5.4 折线图(plot())

折线图用来展示一段时间内数据的变化趋势。

5.4.1 绘制折线图

实例 24:打开"第 5 章.xlsx"工作簿及"销售数量"工作表,以"农夫山泉"为依据建立折线图。

```
import pandas as pd                                          #调用第三方库
import matplotlib.pyplot as plt                              #调用第三方库
plt.rcParams['font.sans-serif'] = ['SimHei']                 #设置默认字体
plt.rcParams['axes.unicode_minus'] = False                   #正常显示负号
df = pd.read_excel('d:/abc/第 5 章.xlsx', sheet_name="销售数量")  #打开工作表
df.plot(y='农夫山泉')                                         #建立折线图
plt.show()                                                   #显示当前图像
```

运行结果如图 5-25 所示。

说明:本例通过折线图,展示了"农夫山泉"在 15 个星期内的销售情况。

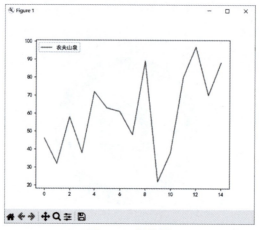

图 5-25　折线图

5.4.2　折线图优化

实例 25：打开"第 5 章.xlsx"工作簿及"销售数量"工作表，以"农夫山泉"为依据建立折线图并对其进行优化。

```
import pandas as pd                                              #调用第三方库
import matplotlib.pyplot as plt                                  #调用第三方库
plt.rcParams['font.sans-serif']=['SimHei']                       #设置默认字体
plt.rcParams['axes.unicode_minus']=False                         #正常显示负号
df=pd.read_excel('d:/abc/第 5 章.xlsx',sheet_name="销售数量")    #打开工作表
df.plot(y='农夫山泉')                                            #建立折线图
plt.title("饮料销量情况图",fontsize=16,fontweight='bold')         #加入标题
plt.xlabel("时间(周)",fontsize=12,fontweight='bold')             #设置 X 轴
plt.ylabel("销售数量",fontsize=12,fontweight='bold')             #设置 Y 轴
plt.show()                                                       #显示当前图像
```

运行结果如图 5-26 所示。

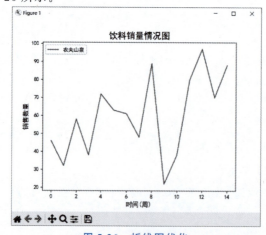

图 5-26　折线图优化

说明：本例对折线图进行了优化，添加了图表标题、行标题和列标题。

5.4.3 绘制多折线图

实例 26：打开"第 5 章.xlsx"工作簿及"销售数量"工作表，以"农夫山泉""加多宝""可口可乐""红牛饮料"为依据建立多折线图。

```
import pandas as pd                                              #调用第三方库
import matplotlib.pyplot as plt                                  #调用第三方库
plt.rcParams['font.sans-serif']=['SimHei']                       #设置默认字体
plt.rcParams['axes.unicode_minus']=False                         #正常显示负号
df=pd.read_excel('d:/abc/第 5 章.xlsx',sheet_name="销售数量")     #打开工作表
df.plot(y=['农夫山泉','加多宝','可口可乐','红牛饮料'])             #建立折线图
plt.title("饮料销量情况图",fontsize=16,fontweight='bold')         #加入标题
plt.xlabel("时间(周)",fontsize=12,fontweight='bold')              #设置 X 轴
plt.ylabel("销售数量",fontsize=12,fontweight='bold')              #设置 Y 轴
plt.show()                                                        #显示当前图像
```

运行结果如图 5-27 所示。

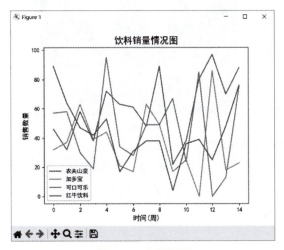

图 5-27　多折线图

说明：折线图能够显示数据的变化趋势，反映事物的变化情况。但当多种数据出现在一个图表中时，多折线图看起来略显混乱。

5.4.4 绘制叠加折线图(area())

在展示多个数据的折线图时图形略显混乱，不利于观察，解决方法是以叠加的方式进行展示。叠加折线图可以更加清晰地展示数据的关系及走向。叠加折线图也称为面积图，见 5.6 节。

实例 27：打开"第 5 章.xlsx"工作簿及"销售数量"工作表，以"农夫山泉""加多宝"

"可口可乐""红牛饮料"为依据建立叠加折线图。

```
import pandas as pd                                          # 调用第三方库
import matplotlib.pyplot as plt                              # 调用第三方库
plt.rcParams['font.sans-serif'] = ['SimHei']                 # 设置默认字体
plt.rcParams['axes.unicode_minus'] = False                   # 正常显示负号
df = pd.read_excel('d:/abc/第5章.xlsx', sheet_name = "销售数量")  # 打开工作表
df.plot.area(y = ['农夫山泉','加多宝','可口可乐','红牛饮料'])    # 建立叠加折线图
plt.title("饮料销量情况图", fontsize = 16, fontweight = 'bold')  # 加入标题
plt.xlabel("时间(周)", fontsize = 12, fontweight = 'bold')       # 设置 X 轴
plt.ylabel("销售数量", fontsize = 12, fontweight = 'bold')       # 设置 Y 轴
plt.show()                                                   # 显示当前图像
```

运行结果如图 5-28 所示。

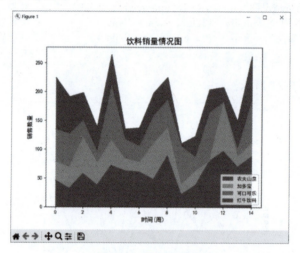

图 5-28　叠加折线图

说明：从本例可以看出，叠加折线图比单纯的折线图看起来更清晰，更好地展示了多种商品的销售情况及走势。

5.5　散点图(scatter())

散点图用来展示成对的数据及其代表的趋势之间的关系。对于每对数据，一个数据被绘制在 X 轴上，而另一个被绘制在 Y 轴上，过两点作轴垂线，相交处在图表上有一个标记。当大量的数据对被绘制后，形成一个图形，能展示数据的走势。散点图是观察两个一维数据序列之间关系的有效手段。

5.5.1　绘制散点图

实例 28：打开"第 5 章.xlsx"工作簿及"销售额度"工作表，以"月份"为 X 轴，以"销售额"为 Y 轴绘制散点图。

```
import pandas as pd                                          # 调用第三方库
import matplotlib.pyplot as plt                              # 调用第三方库
plt.rcParams['font.sans-serif']=['SimHei']                   # 设置默认字体
plt.rcParams['axes.unicode_minus']=False                     # 正常显示负号
df=pd.read_excel('d:/abc/第 5 章.xlsx',sheet_name="销售额度")  # 打开工作表
df.plot.scatter(x='月份',y='销售额')                          # 绘制散点图
plt.show()                                                   # 显示当前图像
```

运行结果如图 5-29 所示。

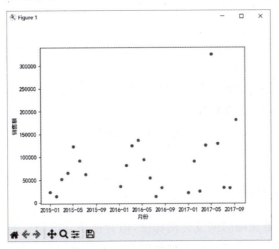

图 5-29　散点图

说明：本例展示了随"月份"的变化而变化的"销售额"。当数据量达到一定程度的时候，极有可能显示数据之间隐含的某种规律性的关系。散点图是大数据时代进行数据分析很常用的手段之一。本例中由于数据量较少，故出现的散点也比较稀疏。

5.5.2　绘制气泡图

气泡图是散点图的一种，可以展现 3 个数值变量之间的关系。气泡图与散点图相似，不同之处在于气泡图允许在图表中额外加入一个表示气泡大小的变量。

实例 29：打开"第 5 章.xlsx"工作簿及"销售额度"工作表，以"月份"为 X 轴，以"销售额"为 Y 轴建立气泡图。

```
import pandas as pd                                          # 调用第三方库
import matplotlib.pyplot as plt                              # 调用第三方库
plt.rcParams['font.sans-serif']=['SimHei']                   # 设置默认字体
plt.rcParams['axes.unicode_minus']=False                     # 正常显示负号
df=pd.read_excel('d:/abc/第 5 章.xlsx',sheet_name="销售额度")  # 打开工作表
size=df['销售额'].rank()                                     # 定义气泡大小
n=20                                                         # n 为倍数，用来调节气泡的大小
plt.scatter(df['月份'],df['销售额'],s=size*n,alpha=0.6)      # 建立气泡图
plt.show()                                                   # 显示当前图像
```

运行结果如图 5-30 所示。

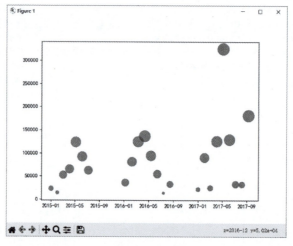

图 5-30　气泡图

5.6　面积图（area（））

面积图用于强调数量随时间变化的程度，适合描述总值趋势的变动。折线图和面积图均适用于趋势分析。当需要展示数据集的合计关系或局部与整体的关系时，面积图是一个更佳的选择。

5.6.1　绘制面积图

实例 30：打开"第 5 章.xlsx"工作簿及"销售报表"工作表，以"销售数量"为依据建立面积图。

```python
import pandas as pd                                          # 调用第三方库
import matplotlib.pyplot as plt                              # 调用第三方库
plt.rcParams['font.sans-serif'] = ['SimHei']                 # 设置默认字体
plt.rcParams['axes.unicode_minus'] = False                   # 正常显示负号
df = pd.read_excel('d:/abc/第 5 章.xlsx', sheet_name="销售报表")  # 打开工作表
df1 = pd.DataFrame(df['销售数量'])                            # 读取数据
df1.plot.area(stacked=False)                                 # 制作面积图
plt.show()                                                   # 显示当前图像
```

运行结果如图 5-31 所示。

说明：面积图分为普通面积图、堆积面积图和百分比堆积面积图 3 类。与折线图相比，面积图在视觉上更吸引人，能够更直观地展示每个类别所占的面积比例，有助于把握整体趋势。本例展示了随时间（已排序）变化的销售数量变化程度。

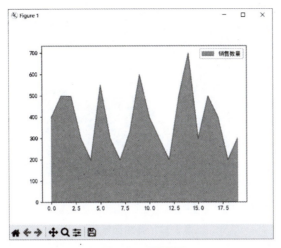

图 5-31　面积图

5.6.2　绘制叠加区域图

叠加是指将不同的数据元素相互重叠放置,以便在宏观上把握数据的整体发展状况和趋势。

实例 31:打开"第 5 章.xlsx"工作簿及"销售情况"工作表,以"1 月销量""2 月销量""3 月销量""品名"为依据建立叠加区域图。

```
import pandas as pd                                              #调用第三方库
import matplotlib.pyplot as plt                                  #调用第三方库
plt.rcParams['font.sans-serif']=['SimHei']                       #设置默认字体
plt.rcParams['axes.unicode_minus']=False                         #正常显示负号
df=pd.read_excel('d:/abc/第 5 章.xlsx',sheet_name="销售情况",index_col="品名")
                                                                 #打开工作表
df.plot.area(y=['1 月销量','2 月销量','3 月销量'])                #建立叠加区域图
plt.title('月份销售情况',fontsize=16,fontweight='bold')           #设置标题
plt.ylabel('总量',fontsize=12,fontweight='bold')                 #设置列标题
plt.show()                                                       #显示当前图像
```

运行结果如图 5-32 所示。

说明:本例中以"1 月销量""2 月销量""3 月销量"针对"品名"为依据建立叠加区域图,不仅可以从图表中了解各个月份的销售情况,也能够全面了解销售的"总量"情况,从而掌握全局的变化趋势。

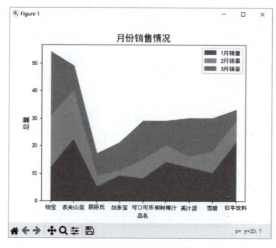

图 5-32　叠加区域图

5.7　直方图(hist())

直方图是一种用于展示数据分布的统计图表,通过一系列高度不等的纵向条形来表示数值型变量的分布情况,是探索数值型变量分布的有效方法。直方图通常使用 X 轴表示数据的类型,使用 Y 轴表示数据的分布情况,从而为数值型数据的分布提供精确的图形表示。直方图可以很方便地描述数据的平均数、中位数、众数、标准差等指标,从而估算期望实现的目标;同时还可以对数据进行分组,以直方图的形式直观地展示数据。直方图是对数值的频率进行离散化显示的柱状图,数据点被拆分到一系列离散且间隔均匀的区间中,每个柱形的高度表示该区间内数据点的数量。

5.7.1　绘制直方图

实例 32:打开"第 5 章.xlsx"工作簿及"服装销售"工作表,以"月销售额"为依据建立直方图。

```
import pandas as pd                                            #调用第三方库
import matplotlib.pyplot as plt                                #调用第三方库
plt.rcParams['font.sans-serif']=['SimHei']                     #设置默认字体
plt.rcParams['axes.unicode_minus']=False                       #正常显示负号
df=pd.read_excel('d:/abc/第 5 章.xlsx',sheet_name="服装销售")   #打开工作表
df.月销售额.plot.hist()                                         #建立直方图
plt.show()                                                     #显示当前图像
```

运行结果如图 5-33 所示。

说明:本例展示了"月销售额"数据的分布情况。数据值范围为 8.54~32.56,其中 Y 轴表示各个数值段内数据点的数量。数据显示,最多的数据点集中在 16~17,而最少的数据点出现在 10 以下和 30 以上的部分。

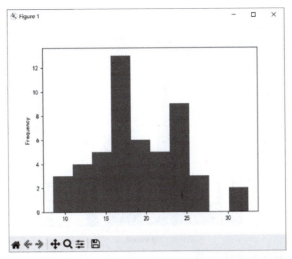

图 5-33 直方图

直方图的建立需要有大量的数据支撑,抽取的样本数量过小,将会产生较大误差,可信度低。本例只是简单介绍直方图的建立过程,不具有实际意义。正常的直方图应该中间高、两边低、左右近似对称。异常直方图的种类则比较多,如孤岛型、双峰型、折齿型、陡壁型、偏态型、平顶型等。

5.7.2 直方图优化

实例 33:打开"第 5 章.xlsx"工作簿及"服装销售"工作表,以"月销售额"为依据建立直方图并对其进行优化。

```
import pandas as pd                                        #调用第三方库
import matplotlib.pyplot as plt                            #调用第三方库
plt.rcParams['font.sans-serif']=['SimHei']                 #设置默认字体
plt.rcParams['axes.unicode_minus']=False                   #正常显示负号
df=pd.read_excel('d:/abc/第 5 章.xlsx',sheet_name="服装销售")  #打开工作表
df.月销售额.plot.hist(bins=30)                               #建立直方图
plt.xticks(range(8,33,1))                                  #设置 X 轴间隔
plt.xlabel("月销售额数据")                                    #设置 X 轴标签
plt.ylabel("数据分布情况")                                    #设置 Y 轴标签
plt.show()                                                 #显示当前图像
```

运行结果如图 5-34 所示。

说明:本例对 X 轴的数据间隔进行了调整,并添加了行标签与列标签,使得不同数据出现的频率更加清晰可见。可以看出,由于 X 轴数据间隔的细化,Y 轴的最大数据也相应调整为 7。

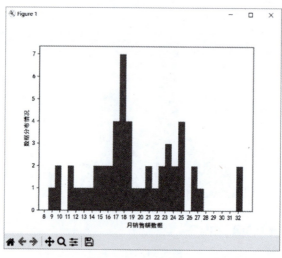

图 5-34　直方图优化

5.8　密度图(density())

密度图是直方图的特殊形式,它通过一条连续的曲线展示变量的分布,从而提供了一个更平滑的数据分布视图,有效地揭示了数据的特征。

5.8.1　绘制密度图

实例 34：打开"第 5 章.xlsx"工作簿及"服装销售"工作表,以"月销售额"为依据建立密度图。本例需要安装外部库(执行命令 pip install scipy)。

```
import pandas as pd                                          #调用第三方库
import matplotlib.pyplot as plt                              #调用第三方库
plt.rcParams['font.sans-serif']=['SimHei']                   #设置默认字体
plt.rcParams['axes.unicode_minus']=False                     #正常显示负号
df=pd.read_excel('d:/abc/第 5 章.xlsx',sheet_name="服装销售")  #打开工作表
df.月销售额.plot.density()                                    #建立密度图
plt.show()                                                   #显示当前图像
```

运行结果如图 5-35 所示。

说明：Y 轴代表数据出现的百分比。

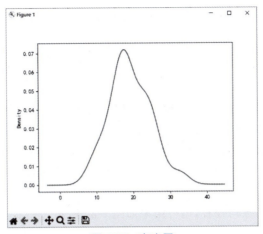

图 5-35　密度图

5.8.2　密度图优化

实例 35：打开"第 5 章.xlsx"工作簿及"服装销售"工作表，以"月销售额"为依据建立密度图并对其进行优化。

```
import pandas as pd                                          #调用第三方库
import matplotlib.pyplot as plt                              #调用第三方库
plt.rcParams['font.sans-serif']=['SimHei']                   #设置默认字体
plt.rcParams['axes.unicode_minus']=False                     #正常显示负号
df=pd.read_excel('d:/abc/第 5 章.xlsx',sheet_name="服装销售")  #打开工作表
df.月销售额.plot.density()                                    #建立密度图
plt.xticks(range(8,33,1))                                    #设置 X 轴间隔
plt.xlabel("月销售额数据")                                    #设置 X 轴标签
plt.ylabel("数据分布情况")                                    #设置 Y 轴标签
plt.show()                                                   #显示当前图像
```

运行结果如图 5-36 所示。

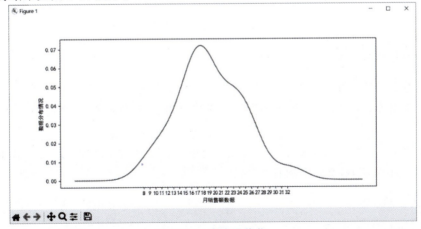

图 5-36　密度图优化

说明：本例对 X 轴数据间隔进行了调整，并添加了行标签与列标签。

5.9　雷达图

雷达图（也称为蜘蛛网图或星形图）是一种展示多个变量之间关系的图表。它从一个中心点向外延伸出多条射线，每条射线代表一个特定的变量或指标。每个变量的值通过射线长度来表示，从而可以直观地比较各项指标之间的差异。

实例 36：打开"第 5 章.xlsx"工作簿及"班级成绩"工作表，以"班级"为依据建立雷达图。

代码请扫描侧边二维码查看，运行结果如图 5-37 所示。

实例 36

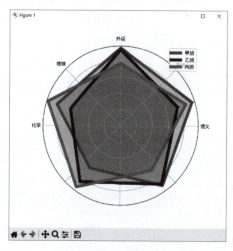

图 5-37　雷达图

说明：雷达图通过多个离散的属性来比较对象之间的差异。常用的 8 种颜色及其缩写分别为 blue(b)、green(g)、red(r)、cyan(c)、magenta(m)、yellow(y)、black(k)、white(w)。

5.10　数据透视表

数据透视表是一种交互式的表格工具，能够对数据进行动态排序和分类汇总。它支持各种计算操作，如求和、计数等，这些计算结果取决于数据在数据透视表中的排列方式。

实例 37：打开"第 5 章.xlsx"工作簿及"销售报表"工作表，以"序号"为索引建立数据透视表，以"5101.xlsx"文件名保存。

```
import pandas as pd                          # 调用第三方库
import numpy as np                           # 调用第三方库
```

```
df = pd.read_excel('d:/abc/第 5 章.xlsx',sheet_name = "销售报表",index_col = "序号")
                                                        #打开工作表
df['Year'] = pd.DatetimeIndex(df['销售日期']).year      #获取数据
df1 = df.pivot_table(index = '类别',columns = 'Year',values = '销售数量',aggfunc = np.sum)
                                                        #建立数据透视表
df1.to_excel('d:/abc/5101.xlsx')                        #保存文件
```

运行结果如图 5-38 所示。

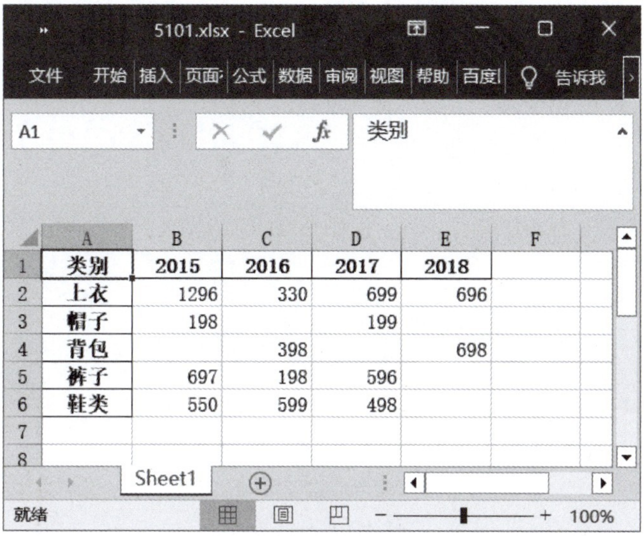

类别	2015	2016	2017	2018
上衣	1296	330	699	696
帽子	198		199	
背包		398		698
裤子	697	198	596	
鞋类	550	599	498	

图 5-38　数据透视表

说明：数据透视表制作分为四个步骤，分别为读取数据、设置索引(index)、数据筛选和函数操作。本例中，index='类别'表示行索引；values='销售数量'表示显示的列；columns='Year'表示一种分割数据的可选方式，不是必需参数；aggfunc 参数用于设置对数据进行的函数操作，此处 aggfunc=np.sum 表示对数据进行求和。当 aggfunc 参数未设置时，默认 aggfunc='mean'(计算均值)。

5.11　本章总结

本章以 Excel 承载的数据为依据，利用 Python 语言的处理能力，详细介绍了柱状图、饼图、环形图、折线图、散点图、气泡图、面积图、直方图、密度图、雷达图以及数据透视表等图表制作过程，并探讨了这些图表在大数据直观展示方面的作用。通过本章的学习，读者可以深刻体会到数据的自动化处理带来的巨大效益。看似杂乱无章的数据，经过简单的图表自动化处理后，我们不仅能发现其中隐含的规律，提高对数据世界的理解，还能预测未来事物的发展趋势，增强行为的主动性。可以说，数据可视化在理解数据世界方面起着至关重要的作用,它不仅能够应用于日常工作中的数据处理,还能在科学研究中发挥重要作用。

　　本章对图表的建立进行了比较全面的介绍,但受篇幅限制,无法展示所有图表的多样性和深度。完成本章学习后,读者将理解图表在数据分析中的重要性和效力,进而能够在实际工作中根据具体情况创造满足自己需求的图表。

CHAPTER 6

第 6 章　界面设计 tkinter 库

tkinter 是 Python 的标准 GUI(Graphical User Interface,图形用户界面)库,它提供了一套丰富的组件和控件,用于创建图形用户界面。作为 Python 的内置模块,tkinter(通过 Tk 接口)允许开发者构建窗口化的应用程序,无须额外安装或下载。

tkinter 的核心优势在于其简单性和易用性,特别适合初学者和快速原型开发。它提供了一系列的 GUI 组件,如按钮、文本框、标签、列表框、画布等,以及事件处理机制,使得开发者能够实现直观的用户交互功能。此外,tkinter 的跨平台特性意味着使用 tkinter 开发的应用程序可以在不同操作系统上运行,无须修改代码。

尽管 Python 生态系统中存在其他更高级的 GUI 库,如 PyQt、wxPython 和 Kivy 等,tkinter 仍然是一个灵活且功能完备的工具,尤其适用于需要快速开发具有基本 GUI 需求的应用程序。对于复杂的桌面应用程序,虽然 tkinter 可能不是最强大的选择,但它的易用性和 Python 的广泛社区支持使得它成为许多开发者的首选。

6.1　常用窗口组件及简要说明

tkinter 支持 20 个常用的窗口组件,其简要描述如表 6-1 所示。

表 6-1　常用窗口组件

序号	tkinter 类	元素	说明
1	Canvas	画布	提供绘图功能,可以包含图形或位图
2	label	标签	用来显示不可编辑的文本或图标
3	Entry	单行文本框	显示一行文本,用来收集键盘输入
4	Spinbox	输入控件	类似单行文本框,可以指定输入范围值
5	Text	多行文本框	多行文字区域,显示多行文本,用来收集输入的文字
6	Button	按钮	单击时执行一个动作,如鼠标掠过、按下、释放以及键盘操作
7	Radiobutton	单选框	从多个选项中选取一个

续表

序号	tkinter 类	元素	说明
8	Checkbutton	复选框	可以选择其中任意多个选项
9	Listbox	列表框	选项列表,可以从中选择具体内容
10	Scale	进度条	线性"滑块"组件,可设定起始值和结束值,显示当前位置的精确值
11	Scrollbar	滚动条	对支持的组件(列表框、文本框等)提供滚动功能
12	Message	消息框	类似于标签,可以显示多行文本
13	messageBox	消息框	用于显示应用程序的消息框
14	menu	菜单	单击菜单按键后弹出选项列表
15	Menubutton	菜单按钮	用于包含菜单的组件
16	OptionMenu	选择菜单	下拉菜单的改版,解决 Listbox 无法下拉列表框的问题
17	Frame	框架	容器控件,用来承载其他元素
18	LabelFrame	容器控件	简单的容器控件,用于复杂的窗口布局
19	Toplevel	顶层	类似框架,为其他控件提供单独的容器
20	PanedWindow	窗口布局管理	窗口布局管理挂件,可以包含一个或多个子控件

说明:在 tkinter 中,窗口部件类中没有分级,所有的窗口部件类都是兄弟关系。

6.2 常用窗口组件设置

不同的窗口组件通常具有一些共性的属性设置,常用的属性设置如表 6-2 所示。

表 6-2 常用窗口组件设置

序号	可选项	描述
1	anchor	文本或图像在背景内容区的位置。可选值为 n、s、w、e、ne、nw、sw、se、center,默认为 center
2	bg	标签背景颜色
3	bd	标签的大小。默认为两个像素
4	bitmap	指定标签上的位图。如果指定了图片,则该选项忽略
5	cursor	鼠标移动到标签时的光标形状。可选值为 arrow、circle、cross、plus
6	font	设置字体
7	fg	设置前景色
8	height	标签的高度。默认值为 0
9	image	设置标签图像
10	justify	定义对齐方式。可选值为 LEFT、RIGHT、CENTER,默认为 CENTER
11	padx	X 轴间距。以像素计,默认为 1
12	pady	Y 轴间距。以像素计,默认为 1

续表

序号	可选项	描述
13	relief	边框样式。可选值为 FLAT、SUNKEN、RAISED、GROOVE、RIDGE,默认值为 FLAT
14	text	设置文本。可能包含换行符(\n)
15	textvariable	标签显示 tkinter 变量,显示结果的数据类型为 StringVar(字符型)。如果变量被修改,则标签文本将自动更新
16	underline	设置下画线。默认值为-1。如果设置为1,则表示从第二个字符开始画下画线
17	width	设置标签宽度。默认为0,自动计算,单位为像素
18	wraplength	设置标签文本为多少行显示。默认为0

6.3 有关锚定点说明

锚定点指图片上用于定位的坐标点,每张图片上有9个这样的锚定点。锚定点用于确定图片放置时的基准点。当采用一个特定的锚定点来指定图片的放置位置时,其他的锚定点自动失效。图片锚定点位置参数图如图 6-1 所示,其说明如表 6-3 所示。

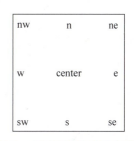

图 6-1 图片锚定点位置参数图

表 6-3 锚定点位置说明

字 母	方 位
n	北
s	南
w	西
e	东
center	中心
nw	西北
ne	东北
sw	西南
se	东南

实例 01:创建窗口并放置图片,分别以图片的西南(sw)和东北(ne)为锚定点放置两张图片。

```
import tkinter as tk                                    # 导入 tkinter
window = tk.Tk()                                         # 建立窗口 window
window.geometry('500x300')                               # 设定窗口大小,这里的乘用小 x 表示
canvas = tk.Canvas(window, height = 300, width = 500)    # 图形界面上创建 500 * 300 大小的画布
canvas.pack()                                            # 激活画布
```

```
image_file = tk.PhotoImage(file='d:\\abc\\11.PNG')        #导入图片
image=canvas.create_image(250,150,anchor='sw',image=image_file)   #图片锚定点(sw,图
                                                                  #片左下角)放在画布(250,150)坐标处
image=canvas.create_image(250,150,anchor='ne',image=image_file)   #图片锚定点(ne,图
                                                                  #片右上角)放在画布(250,150)坐标处
```

运行结果如图 6-2 所示。

图 6-2　图片锚定点位置示例

6.4　窗体

窗体是用来放置各种组件元素的容器。

6.4.1　创建窗体 1

实例 02：

(1) 设置窗体大小为 500×300。
(2) 设置窗体位置为左 500，上 300。
(3) 窗体背景显示黄色。
(4) 窗体标题栏显示"我的第一个程序"。
(5) 窗体不可拖曳调整大小。

```
import tkinter as tk                                    #导入 tkinter
window=tk.Tk()                                          #建立窗口 window
window.title('我的第一个程序')                           #窗口命名
window.geometry('500x300+500+300')                      #设定窗口大小(长宽左上)，这里的乘用小 x 表示
window.resizable(width=False,height=False)              #设置不可拖曳调整大小
window.configure(bg='yellow')                           #设置窗口背景颜色
```

运行结果如图 6-3 所示。
说明：窗体设置命令参数和窗口 attributes 参数说明分别见表 6-4 和表 6-5。

图 6-3　窗体 1

表 6-4　窗体设置命令参数

序号	语　　法	作　　用
1	window＝tk.Tk()	创建窗口
2	window['height']＝300	设置高
3	window['width']＝500	设置宽
4	window.title('窗口')	设置标题
5	window['bg']＝'#0099f'	设置背景色
6	window.geometry("500＊300＋120＋100")	设置窗口大小及位置
7	window.resizable(width＝False,height＝True)	禁止窗口调整大小
8	window.minisize(300,600)	窗口可调整的最小值
9	window.maxsize(600,1200)	窗口可调整的最大值
10	window.attributes("-toolwindow",1)	工具栏样式
11	window.attributes("-topmost",－1)	置顶窗口
12	window.state("zoomed")	窗口最大化
13	window.iconify()	窗口最小化
14	window.deiconify()	还原窗口
15	window.attributes("-alpha,1")	窗口透明化。1 为不透明,0 为全透明
16	window.destroy()	关闭窗口
17	window.iconbitmap("./abc/icon.ico")	设置窗口图标
18	screenWidth＝window.winfo_screenwidth()	获取屏幕高度
19	screenHight＝window.winfo_screenheight()	获取屏幕宽度
20	window.protocol("WM_DELETE_WINDOW",call)	关闭窗口时,执行 call 函数
21	window.mainloop()	主窗口循环更新

表 6-5　窗口 attributes 参数说明

序号	参　　数	作　　用
1	alpha	1. 控制窗口的透明度 2. 1.0 表示不透明,0.0 表示完全透明 3. 不支持的系统,绘制一个不透明(1.0)的窗口
2	disabled	禁用整个窗口

续表

序号	参数	作用
3	fullscreen	如果设置为 True,则全屏显示窗口
4	toolwindow	如果设置为 True,则窗口采用工具窗口的样式
5	topmost	如果设置为 True,则窗口永远置于顶层

6.4.2 创建窗体 2

实例 03:设置窗体大小为 500×300,并在屏幕中间居中。

```
import tkinter as tk                              # 导入 tkinter
window=tk.Tk()                                    # 建立窗口 window
ww=500                                            # 设定窗口宽度为 500
wh=300                                            # 设定窗口高度为 300
sw=window.winfo_screenwidth()                     # 测试屏幕宽度
sh=window.winfo_screenheight()                    # 测试屏幕高度
x=(sw-ww)/2
y=(sh-wh)/2
window.geometry("%dx%d+%d+%d" %(ww,wh,x,y))       # 设置窗口居中
```

运行结果如图 6-4 所示。

图 6-4 窗体 2

说明:geometry(width×height+x+y)用来说明窗口的宽和高,width 与 height 用 x 分隔。"+x"表示窗口左边与屏幕左边的距离,"-x"表示窗口右边与屏幕右边的距离。"+y"表示窗口上边与屏幕上边的距离,"-y"表示窗口下边与屏幕下边的距离。

6.4.3 创建窗体 3

实例 04:设置窗体占据整个屏幕。

```
import tkinter as tk                              # 导入 tkinter
window=tk.Tk()                                    # 建立窗口 window
w=window.winfo_screenwidth()                      # 获取屏幕宽度
h=window.winfo_screenheight()                     # 获取屏幕高度
window.geometry("%dx%d" %(w,h))                   # 设置窗口全屏
```

运行结果如图 6-5 所示。

图 6-5　窗体 3

6.4.4　创建窗体 4

实例 05：

（1）设置窗体大小为 500×300。
（2）设置窗体位置为左 400，上 200。
（3）创建 500×200 大小的绿色画布。
（4）在画布指定位置插入图片。

```
import tkinter as tk                                    #导入 tkinter
window=tk.Tk()                                          #建立窗口 window
window.geometry('500x300+400+200')        #设定窗口大小(长宽左上)，这里的乘用小 x 表示
canvas=tk.Canvas(window,bg='green',height=200,width=500)   #图形界面上创建 500*
                                                        #200 大小的绿色画布
canvas.pack()                                           #激活画布
im=tk.PhotoImage(file='d:\\abc\\11.PNG')                 #导入图片
image=canvas.create_image(250,0,anchor='n',image=im)   #图片锚定点(图片顶端的中间点
                                                        #位置)放在画布(250,0)坐标处
```

运行结果如图 6-6 所示。

图 6-6　窗体 4

说明：窗体常用方法如表 6-6 所示。

表 6-6　窗体常用方法

序号	方　　法	说　　明
1	title	设置窗体标题
2	geometry("width×height＋x＋y")	设置窗体宽、高与位置
3	maxsize(width,height)	设置窗体最大宽与最大高
4	minsize(width,height)	设置窗体最小宽与最小高
5	configure(bg="color")	设置窗体背景颜色
6	resizable(True,True)	设置是否可以更改窗体大小，第一个参数为宽，第二个参数为高。固定窗体宽与高使用 resizable(0,0)
7	state("zoomed")	最大化窗体
8	iconify()	最小化窗体
9	iconbitmap("xx.ico")	更改默认窗体图标

6.5　标签（Label）

标签用来显示不可编辑的文本或图标。

实例 06：创建标签。

（1）设置窗体大小为 500×300，位置为左 400，上 200。

（2）标签 1 的字体颜色为绿色、楷体、32 磅，内容显示"清明"，距离为上 120，左 100。

（3）标签 2 的字体颜色为红色、楷体、32 磅，内容显示"重阳"，距离为上 200，左 250。

```
import tkinter as tk                              ＃导入 tkinter
window=tk.Tk()                                    ＃建立窗口 window
window.geometry('500x300＋400＋200')              ＃设定窗口大小(长宽左上),这里的乘用小 x 表示
label1=tk.Label(window,font=("楷体",32),fg="green",text="清明")   ＃设定标签 1
label1.place(x=100, y=120, anchor='sw')           ＃标签 1 放置位置
label2=tk.Label(window,font=("宋体",32),fg="red",text="重阳")     ＃设定标签 2
label2.place(x=250, y=200, anchor='sw')           ＃标签 2 放置位置
```

运行结果如图 6-7 所示。

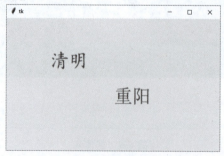

图 6-7　标签

6.6 单行文本框（Entry）

单行文本框可以输入显示单行文本，用于收集键盘输入的数据。

实例 07：创建单行文本框。

（1）添加单行文本框 en1、en2；添加标签 la；添加命令按钮 bu。

（2）在两文本框中输入任意数字，单击命令按钮计算两个数字之和，结果在标签中输出。

代码请扫描侧边二维码查看，运行结果如图 6-8 所示。

实例 07

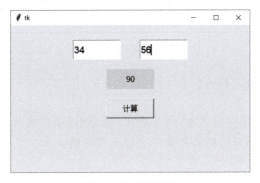

图 6-8　单行文本框

说明：单行文本框默认数据类型为字符型。tkinter 自带了一些数据类型，可以随时更新，并可以在其值发生改变时通知相关的组件。例如：

mystring=StringVar()　　　　　　　　#定义字符型变量
option=IntVar()　　　　　　　　　　#定义数值型变量

也可以通过 set 和 get 方法来设置和获得变量值。

文本框常用方法如表 6-7 所示。

表 6-7　文本框常用方法

序号	方　　法	说　　明
1	delete(first,last=None)	删除文本框里直接位置值 text.delete(10)　　#删除索引值为 10 的值 text.delete(10,20)　#删除索引值为 10～20 的值 text.delete(0,END)　#删除所有值
2	get()	获取文本框的值
3	icursor(index)	将光标移动到指定索引位置，只有当文本框获取焦点后成立
4	index(index)	返回指定的索引值
5	insert(index,s)	向文本框中插入值，参数 index 为插入位置，s 为插入值
6	select_adjust(index)	选中指定索引和光标所在位置之前的值
7	select_clear()	清空文本框

续表

序号	方　法	说　明
8	select_from(index)	设置光标的位置,通过索引值 index 设置
9	select_present()	如果有选中,则返回 True,否则返回 False
10	select_range(start,end)	选中指定索引位置的值,其中参数 start(包含) 为开始位置,end(不包含) 为结束位置,start 必须比 end 小
11	select_to(index)	选中指定索引与光标之间的值
12	xview(index)	该方法在文本框链接到水平滚动条上使用
13	xview_scroll(number,what)	用于水平滚动文本框。what 参数可以是 UNITS,表示按字符宽度滚动;也可以是 PAGES,表示按文本框组件块滚动。number 参数如果为正数则表示由左到右滚动;如果为负数则表示由右到左滚动

6.7　多行文本框(Text)

多行文本框可以显示多行文本,用来收集(或显示)用户输入的文字信息。通过格式化文本显示,可以应用不同的样式和属性来显示和编辑文本。

6.7.1　创建多行文本框

实例 08

实例 08：
(1) 添加多行文本框 te；添加标签 la；添加命令按钮 bu。
(2) 在多行本框中输入任意内容,单击命令按钮,输入内容在标签中输出。
代码请扫描侧边二维码查看,运行结果如图 6-9 所示。

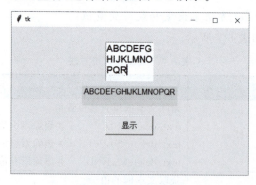

图 6-9　多行文本框

说明：多行文本框(Text)组件用于显示和处理多行文本,也可以作为简单的文本编辑器或网页浏览器使用。
tag_config 常用参数如表 6-8 所示。

表 6-8　tag_config 常用参数

序号	名　　称	说　　明
1	background	背景色
2	borderwidth	文字边框,默认值为 0
3	font	设置字体
4	foreground	设置前景色
5	underline	设置文字下画线 方式:underline=1
6	overstrike	设置删除线 方式:overstrike=1

6.7.2　定位多行文本框内容位置

实例 09:
(1) 添加 1 个多行文本框,添加 5 个命令按钮。
(2) 单击不同命令按钮,将红色的"Hello"插入文本的不同位置。
代码请扫描侧边二维码查看,运行结果如图 6-10 所示。

实例 09

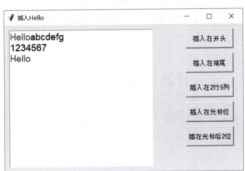

图 6-10　定位内容位置

说明: 如果要对文本框中的内容进行编辑,则必须先了解编辑位置的表示方法。

6.7.3　设置多行文本框内容格式

实例 10:
(1) 在窗体上添加多行文本框,单行文本框,两个命令按钮。
(2) 在单行文本框中输入文本,单击一个命令按钮查找该文本并设置格式,单击另一个命令按钮取消格式。
代码请扫描侧边二维码查看,运行结果如图 6-11 所示。

实例 10

说明: 多行文本框支持文本格式设置,每种格式都可以通过创建一个新的 tab 实现。利用 tag_add 方法可以将特定格式应用到对应的文本上。

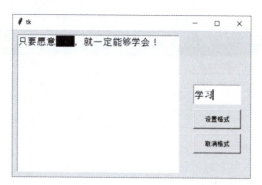

图 6-11 设置格式

6.8 命令按钮（Button）

命令按钮是窗体中的常用组件，可以在其上放置文本或图像。它用于监听用户行为，能与 Python 函数关联，当按钮被按下时，会自动触发关联的函数，实现人机交互的功能。

实例 11：创建命令按钮，计算 1 至任意数之和。

代码请扫描侧边二维码查看，运行结果如图 6-12 所示。

实例 11

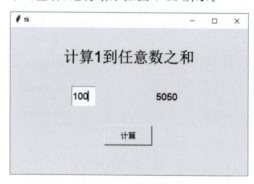

图 6-12 命令按钮

6.9 单选按钮（Radiobutton）

单选按钮组件可以包含文本或图像，每个选项都与一个 Python 的函数或方法相关联，当选项被选中时，对应的函数或方法将会被自动执行。

实例 12：创建单选按钮。

（1）在窗体内添加一个标签，显示"早安中国"。
（2）在窗体内添加一组 3 个选项按钮，显示分别为"红""绿""蓝"。
（3）单击 3 个选项按钮，使"早安吉林"字体颜色变为对应的颜色。

代码请扫描侧边二维码查看，运行结果如图 6-13 所示。

实例 12

图 6-13　单选按钮

6.10　复选框（Checkbutton）

复选框用于选取所需的选项。每个复选框前面都有一个小正方形，当选项被选中时，正方形内会出现一个对号；再次点击则可以取消选中，对号随之消失。

实例 13：创建复选框。

（1）在窗体上添加标签，显示"好好学习，天天向上"。

（2）在窗体上添加两个复选框，分别显示"粗体""斜体"。

（3）单击对应的复选框，改变标签的字形状态。

代码请扫描侧边二维码查看，运行结果如图 6-14 所示。

实例 13

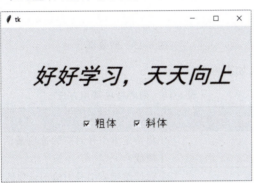

图 6-14　复选框

复选框中常用方法如表 6-9 所示。

表 6-9　复选框中常用方法

序号	方法	说明
1	deselect()	清除复选框选中选项
2	flash()	在激活状态颜色和正常颜色之间闪烁几次，但保持初始状态
3	invoke()	模拟用户单击单选按钮以更改其状态的操作

序号	方法	说明
4	select()	设置按钮为选中
5	toggle()	在选中与未选中的选项之间互相切换

6.11 列表框（Listbox）

列表框用于显示一个选项列表。列表框只能包含文本项目，且所有的选项通常都使用相同的字体和颜色。

实例 14：创建列表框。

（1）添加一个列表框 lb、一个标签 la、一个命令按钮 bu。

（2）在列表框中选定项目，单击命令按钮，结果在标签中输出。

代码请扫描侧边二维码查看，运行结果如图 6-15 所示。

实例 14

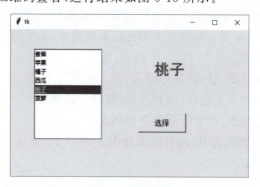

图 6-15 列表框

列表框中常用方法如表 6-10 所示。

表 6-10 列表框中常用方法

序号	方法	说明
1	activate(index)	将给定索引号对应的选项激活（在其文本下方画一条下画线）
2	bbox(index)	返回给定索引号对应的选项的边框 （1）返回值是一个以像素为单位的 4 元组表示边框：(xoffset,yoffset,width,height) （2）xoffset 和 yoffset 表示距离左上角的偏移位置 （3）返回的 width 是文本的实际宽度（以像素为单位） （4）如果指向的选项是不可见的，返回值是 None
3	curselection()	返回一个元组，包含被选中的选项的序号（从 0 开始）。如果没有选中任何选项，则返回一个空元组

续表

序号	方　　法	说　　明
4	delete(first,last=None)	删除参数 first 到 last(包含 first 和 last)的所有选项。如果忽略 last 参数,则表示删除 first 参数指定的选项
5	get(first,last=None)	返回一个元组,包含参数 first 到 last(包含 first 和 last)的所有选项的文本。如果忽略 last 参数,则表示返回 first 参数指定的选项的文本
6	index(index)	返回与 index 参数相应的选项的序号 例如：lb.index("end")
7	insert(index,*elements)	添加一个或多个项目到列表框中。使用 lb.insert("end")添加新选项到末尾
8	itemcget(index,option)	获得 index 参数指定的项目对应的选项(由 option 参数指定)
9	itemconfig(index,**options)	设置 index 参数指定的项目对应的选项(由可变参数 **options 指定)
10	nearest(y)	返回与给定参数 y 在垂直坐标上最接近的项目的序号
11	scan_mark(x,y)	实现列表框内容的滚动。需要将鼠标按钮事件及当前鼠标位置绑定到 scan_mark(x,y)方法,然后再将<motion>事件及当前鼠标位置绑定到 scan_dragto(x,y)方法,实现列表框在当前位置和 scan_mack(x,y)指定的位置(x,y)之间滚动
12	see(index)	调整列表框的位置,使 index 参数指定的选项是可见的
13	size()	返回列表框中选项的数量
14	selection_clear(first,last=None)	取消参数 first 到 last(包含 first 和 last)选项的选中状态。如果忽略 last 参数,则只取消 first 参数指定选项的选中状态
15	selection_includes(index)	返回 index 参数指定的选项的选中状态。返回 1 表示选中,返回 0 表示未选中
16	selection_set(first,last=None)	设置参数 first 到 last(包含 first 和 last)选项为选中状态。如果忽略 last 参数,则只设置 first 参数指定选项为选中状态

6.12　滚动条(Scrollbar)

滚动条用于创建水平或垂直方向的滚动条。滚动条虽然可以单独使用,但大多数情况还是与其他控件(如 Listbox、Text、Canva 等)结合使用。

实例 15：创建滚动条。在实例 14 中,加入滚动条。

代码请扫描侧边二维码查看,运行结果如图 6-16 所示。

滚动条中常用方法如表 6-11 所示。

实例 15

图 6-16　滚动条

表 6-11　滚动条中常用方法

序号	方　　法	说　　明
1	activate(element)	显示 element 参数指定元素的背景颜色和样式。element 参数可以设置为 arrow1(箭头 1)、arrow2(箭头 2)或 slider(滑块)
2	delta(deltax,deltay)	用于捕捉鼠标移动的范围,其中 deltax 表示水平移动量,deltay 表示垂直移动量,两者均以像素为单位。该函数返回一个浮点数值(范围为-1.0~1.0),通常用于鼠标事件绑定,以确定用户拖曳鼠标时滑块的移动方式
3	fraction(x,y)	给定一个像素坐标(x,y),返回最接近给定坐标的滚动条位置(范围为 0.0~1.0)
4	get()	返回当前滑块的位置(a,b)。其中,a 值表示当前滑块的顶端或左端的位置,b 值表示当前滑块的底端或右端的位置(范围为 0.0~1.0)

6.13　进度条(Scale)

进度条用于在处理数据内容时提供视觉反馈,特别是在处理时间不确定的情况下,显示任务的进行状态及进展程度。进度条对象定义在 tkinter 库的 ttk 模块中,使用时需要导入该模块。例如:import tkinter.ttk。

实例 16:创建进度条。

代码请扫描侧边二维码查看,运行结果如图 6-17 所示。

实例 16

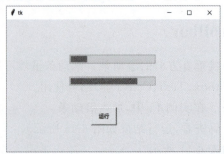

图 6-17　进度条

6.14 框架(Frame)

框架用于管理和布局复杂界面。

实例 17：建立框架。

代码请扫描侧边二维码查看,运行结果如图 6-18 所示。

实例 17

图 6-18　框架

说明：框架可以整体移动。

6.15 消息框(messageBox)

根据应用程序的要求,当需要显示相关消息时,可以使用消息框。

6.15.1 建立错误消息框

实例 18：
(1) 添加命令按键。
(2) 单击命令按键,弹出错误消息框。

```
import tkinter as tk                                  #导入 tkinter
import tkinter.messagebox

def hit():                                            #错误消息框信息
    tk.messagebox.showerror('错误','出错了')

window=tk.Tk()
window.geometry('500x300+400+200')                    #窗体大小
window.resizable(False,False)                         #固定窗体

bu=tk.Button(window,text='点击',font=('黑体',12),command=hit)
bu.place(x=110,y=60,width=100,height=40)

window.mainloop()
```

运行结果如图 6-19 所示。

图 6-19　错误消息框

6.15.2　建立警告消息框

实例 19：

（1）添加命令按键。

（2）单击命令按键，弹出警告消息框。

```
import tkinter as tk                                    ＃导入 tkinter
import tkinter.messagebox

def hit():                                              ＃警告消息框
    tk.messagebox.showwarning('警告','明日有大雨')

window=tk.Tk()
window.geometry('500x300＋400＋200')                     ＃窗体大小
window.resizable(False, False)                          ＃固定窗体

bu=tk.Button(window, text='点击', font=('黑体',12), command=hit)
bu.place(x=110, y=60, width=100, height=40)

window.mainloop()                                       ＃运行窗体
```

运行结果如图 6-20 所示。

图 6-20　警告消息框

6.15.3 建立提示消息框

实例 20：

（1）添加命令按键。

（2）单击命令按键，弹出提示消息框。

```
import tkinter as tk                                          # 导入 tkinter
import tkinter.messagebox
def hit():                                                    # 提示消息框
    tkinter.messagebox.showinfo('提示','道路湿滑')
window=tk.Tk()
window.geometry('500x300＋400＋200')                           # 窗体大小
window.resizable(False,False)                                 # 固定窗体
bu=tk.Button(window,text='点击',font=('黑体',12),command=hit)
bu.place(x=110,y=60,width=100,height=40)
window.mainloop()                                             # 运行窗体
```

运行结果如图 6-21 所示。

图 6-21　提示消息框

6.15.4 建立选择对话框

实例 21：

（1）添加命令按键。

（2）单击命令按键，弹出选择对话框。

代码请扫描侧边二维码查看，运行结果如图 6-22 所示。

实例 21

说明：

（1）messagebox.askokcancel，返回 True 或 False。

（2）messagebox.askquestion，返回 yes 或 no。注意这两项为字符串，用"yes"和"no"表示。

（3）messagebox.askretrycancel，返回 True 或 False。

（4）messagebox.askyesnocancel，有三个按键，分别返回 True、False 和 None。

图 6-22　对话框

6.16　菜单条(Menu)

菜单通常分为下拉菜单和弹出菜单。Menu类可代表菜单条，也可代表菜单。还可代表右键菜单。创建菜单的步骤如下。

（1）创建主菜单：

menu=tkinter.Menu(root)

（2）创建主菜单的子菜单项：

menu1=tkinter.Menu(menu)

（3）设置子菜单的选项：

menu1.add('command',label='文字',command=func)

或者

menu1.add_command(label='文字',command=func)

（4）设置一个菜单显示文字并关联到menu和menu1两个菜单对象：

menu.add_cascade(label='文字',menu=menu1)

（5）重复步骤（2）～（4）添加更多子菜单项。

（6）通过设置根窗口的menu属性来显示主菜单：

root.config(menu=menu)

6.16.1　创建菜单

实例22：

（1）在窗体上添加标签lb，显示"您好！"。

（2）在窗体上添加顶级菜单"字体""字号"。

（3）在"字体"下添加二级菜单"宋体""楷体""隶书"。

(4) 在"字号"下添加二级菜单"36""48""24"。

(5) 点击对应菜单实现字体、字号的改变。

代码请扫描侧边二维码查看，运行结果如图 6-23 所示。

图 6-23　菜单

6.16.2　实现字体与字号联动

实例 23：对实例 22 中的字体与字号实现联动。

代码请扫描侧边二维码查看，运行结果如图 6-23 所示。

6.17　菜单按钮(Menubutton)

在 tkinter 的早期版本中，Menubutton 组件主要用于实现顶级菜单(现在可以用 Menu 组件实现)。当需要在界面的其他位置放置菜单按钮时，Menubutton 组件仍是一个非常适用的选择。

实例 24：建立菜单按钮

(1) 添加命令按钮。

(2) 单击命令按钮，弹出下拉菜单。

代码请扫描侧边二维码查看，运行结果如图 6-24 所示。

图 6-24　菜单按钮

6.18 选择菜单（OptionMenu）

tkinter 中的 OptionMenu 组件用于创建选择菜单。OptionMenu（选择菜单）是下拉菜单的改进版，旨在弥补 Listbox 组件无法实现下拉列表框功能的不足。

实例 25：建立选择菜单

（1）添加选择菜单和命令按钮。

（2）选定选择菜单中的内容，单击命令按钮，弹出相应消息框。

代码请扫描侧边二维码查看，运行结果如图 6-25 所示。

实例 25

图 6-25 选择菜单

6.19 形状控制（Canvas）

Canvas（画布）组件为 tkinter 提供了图形绘制的基础。Canvas 是一个通用的组件，用于显示和编辑图形，可以绘制线段、圆形、多边形等各种形状。同时，Canvas 也是一个高度灵活的组件，可以绘制图形和图表，创建图形编辑器，并实现各种自定义的小部件。

6.19.1 画布上建立组件

实例 26：建立画布，添加直线、虚线和矩形。

代码请扫描侧边二维码查看，运行结果如图 6-26 所示。

说明：

（1）Canvas 上的对象可以使用 coords()、itemconfig() 和 move() 方法移动。

（2）使用 delete() 方法删除。

（3）使用 create_text() 方法显示文本。

（4）使用 create_oval() 方法绘制椭圆形（或圆形）。

（5）使用 create_polygon() 方法绘制多边形。

（6）tkinter 没有提供画"点"的方法。可以通过绘制一个超小的椭圆形来表示一

实例 26

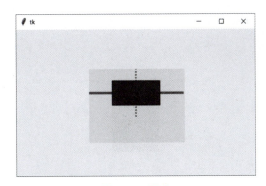

图 6-26　画布

个"点"。

(7) 定义图片文件时,只能装入 gif 格式的文件。

6.19.2　画布上移动组件

实例 27:建立画布,设置图形移动。

代码请扫描侧边二维码查看,运行结果如图 6-27 所示。

实例 27

图 6-27　移动组件

6.20　窗口布局管理(PanedWindow)

PanedWindow 是一个窗口布局管理的组件,可以包含一个或者多个子控件。通过鼠标移动组件上面的分割线可以改变每个子控件的大小。

6.20.1　创建子控件(两个)

实例 28:使用窗口布局管理创建两个子控件。

代码请扫描侧边二维码查看,运行结果如图 6-28 所示。

实例 28

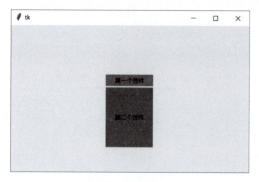

图 6-28　窗口布局 1

6.20.2　创建子控件（三个）

实例 29

实例 29：使用窗口布局管理创建三个子控件。

代码请扫描侧边二维码查看，运行结果如图 6-29 所示。

图 6-29　窗口布局 2

6.21　顶层（Toplevel）

当程序需要在新窗口中显示一些额外信息并需要弹出窗口时，可以使用 Toplevel 组件。

实例 30

实例 30：建立顶层窗口。

代码请扫描侧边二维码查看，运行结果如图 6-30 所示。

说明：在定义函数时，若需要在函数内部操作函数外部的变量，则需要在函数内部使用 global 关键字来声明这些变量。这里涉及 Python 中的局部变量和全局变量的概念。global 关键字用于声明全局变量，如果不声明则默认为局部变量。在 Python 中，局部变量的优先级大于全局变量。

图 6-30 顶层窗口

6.22 窗口布局综述

tkinter 有三个布局管理器,分别是 pack、grid 和 place,其中:
(1) pack 是按添加顺序排列组件。
(2) grid 是按行/列形式排列组件。
(3) place 允许指定组件的大小和位置。

对比 grid 管理器,pack 更适用于少量组件的排列,它在使用上更加简单。如果需要创建相对复杂的布局结构,建议使用多个框架(Frame)结构,或者使用 grid 管理器实现。

在同一个父组件中不要混合使用 pack 和 grid,两者会产生冲突。

6.22.1 生成组件填充窗口

实例 31:生成一个 Listbox 组件并填充到窗口中。

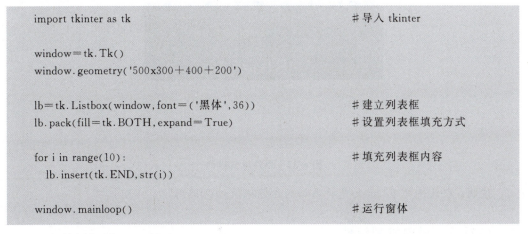

运行结果如图 6-31 所示。

图 6-31　窗口中的列表框

6.22.2　纵向排列组件

实例 32：将各个组件依次纵向排列。

```
import tkinter as tk                                    #导入 tkinter

window=tk.Tk()
window.geometry('500x300+400+200')

tk.Label(window,text="Red",bg="red",fg="white",font=('黑体',36)).pack(fill=tk.X)
tk.Label(window,text="Green",bg="green",fg="black",font=('黑体',36)).pack(fill=tk.X)
tk.Label(window,text="Blue",bg="blue",fg="white",font=('黑体',36)).pack(fill=tk.X)

window.mainloop()                                        #运行窗体
```

运行结果如图 6-32 所示。

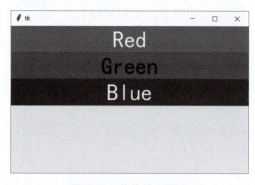

图 6-32　组件纵向排列

说明：默认情况下，pack 是将添加的组件依次纵向排列。

6.22.3　横向排列组件

实例 33：将各个组件依次横向排列。

```
import tkinter as tk                                    #导入 tkinter

window=tk.Tk()
window.geometry('500x300+400+200')

tk.Label(window,text="Red",bg="red",fg="white",font=('黑体',36)).pack(side=tk.LEFT)
tk.Label(window,text="Green",bg="green",fg="black",font=('黑体',36)).pack(side=tk.LEFT)
tk.Label(window,text="Blue",bg="blue",fg="white",font=('黑体',36)).pack(side=tk.LEFT)

window.mainloop()                                       #运行窗体
```

运行结果如图 6-33 所示。

图 6-33　组件横向排列

说明：横向排列需要使用 side 选项。

6.22.4　按行列排列组件(grid)

实例 34：使用 grid 按照行列的方式排列组件。

代码请扫描侧边二维码查看，运行结果如图 6-34 所示。

图 6-34　按行列排列组件

说明：使用 grid 布局管理器排列组件时，需要指定组件的放置位置，即行(row)和列(column)位置。column 的默认值为 0。默认情况下，组件会在其对应的网格中居中显示,可以使用 sticky 选项来修改这种默认的对齐方式。sticky 选项可以设置为 E(东,即右对齐)、W(西,即左对齐)、S(南,即下对齐)、N(北,即上对齐)以及这些方向的组合。

例如,要使 Label 左对齐,可以设置 sticky=tk.W:

tk.Label(window,text="密码").grid(row=1,column=0,sticky=tk.W)

紧接着,可以放置一个 Entry 组件:

tk.Entry(window,show="*").grid(row=1,column=1)

6.22.5 跨行跨列排列组件

实例 35:跨行和跨列进行布局。

代码请扫描侧边二维码查看,运行结果如图 6-35 所示。

实例 35

图 6-35 跨行跨列排列组件

说明:padx 表示控件之间在 X 轴上的距离,pady 表示控件之间在 Y 轴上的距离。grid()布局管理器参数如表 6-12 所示。

表 6-12 grid()布局管理器参数

序号	参　　数	说　　明
1	column	组件布放的列数值,从 0 开始,默认值为 0
2	row	组件布放的行数值,从 0 开始,默认值为未布放行的下一个数值
3	columnspan	一个插件占一个单元。通过设置此参数合并一行中的多个邻近单元并放置组件。例如:w.grid(row=0,column=2,columnspan=3) #合并 0 行、2、3、4 列
4	rowspan	一个组件占一个单元。通过设置此参数合并一列中的多个邻近单元并放置组件。例如:w.grid(row=3,column=2,rowspan=4,columnspan=3) #合并 3~6 行和 2~6 列
5	ipadx	组件内部 X 方向各控件之间的距离
6	ipady	组件内部 Y 方向各控件之间的距离
7	padx	组件外部 X 方向各控件之间的距离
8	pady	组件外部 Y 方向各控件之间的距离

序号	参数	说明
9	in_	将某组件(组件 A)放到指定的组件(组件 B)中。 注意：组件 B 必须是组件 A 的父组件
10	sticky	在组件正常尺寸下，分配单元中多余的空间。 (1) 如果没有设置 sticky 属性，则默认组件在单元中居中。 (2) 设置 sticky 属性，将组件布置在某个位置： • sticky＝tk.N(上方)、sticky＝tk.E(右方)、sticky＝tk.S(下方)、sticky＝tk.W(左方) • sticky＝tk.SW(左上方) • sticky＝tk.NW(左上方) • sticky＝tk.N+tk.S(水平居中) • sticky＝tk.E+tk.W(垂直居中) • sticky＝tk.N+tk.E+tk.W(填充单元) • sticky＝tk.N+tk.S+tk.W(靠左放置)

6.22.6 组件精准布局（place）

在一些特殊情况下，使用 place 布局管理器可以发挥很好的作用。

实例 36：使用 place，将子组件显示在父组件的正中间。

```
import tkinter as tk                              #导入 tkinter

window=tk.Tk()
window.geometry('500x300+400+200')

tk.Button(window,text="正中间",font=('黑体',24)).place(relx=0.5,rely=0.5,anchor=tk.CENTER)

window.mainloop                                   #运行窗体
```

运行结果如图 6-36 所示。

图 6-36　place 布局组件

说明：relx 和 rely 选项的设定是相对于父组件的位置，范围是 0.0～1.0。0.5 表示位于正中间。

6.22.7　组件相互覆盖

实例 37：使用 Button 覆盖 Label 组件。

```
import tkinter as tk                                         #导入 tkinter
window=tk.Tk()
window.geometry('500x300＋400＋200')
ph=tk.PhotoImage(file="d:/abc/11.png")                       #调入图片
tk.Label(window,image=ph).pack()                             #设置标签
tk.Button(window,text="我在这里").place(relx=0.5,rely=0.2,anchor=tk.CENTER)
                                                             #放置标签
window.mainloop()                                            #运行窗体
```

运行结果如图 6-37 所示。

图 6-37　布局组件相互覆盖

6.22.8　组件相对位置和相对尺寸

实例 38：使用相对位置和相对尺寸放置组件。

```
import tkinter as tk                                         #导入 tkinter
window=tk.Tk()
window.geometry('400x400＋400＋200')
tk.Label(window,bg="red").place(relx=0.5,rely=0.5,relheight=0.75,relwidth=0.75,
    anchor=tk.CENTER)
tk.Label(window,bg="yellow").place(relx=0.5,rely=0.5,relheight=0.5,relwidth=0.5,
    anchor=tk.CENTER)
tk.Label(window,bg="green").place(relx=0.5,rely=0.5,relheight=0.25,relwidth=0.25,
    anchor=tk.CENTER)
window.mainloop()                                            #运行窗体
```

运行结果如图 6-38 所示。

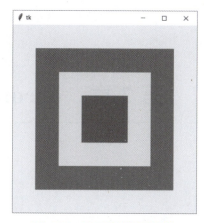

图 6-38　布局组件相互覆盖

说明：relwidth 和 relheight 选项的设定也是相对于父组件的尺寸。改变窗口时,三个标签的尺寸同步变化。

6.23　本章总结

  tkinter 库是 Python 自带的第三方库,无须额外安装,性能优异且具有良好的技术支持。它学习门槛低,能迅速上手。tkinter 提供了丰富的组件,每个组件都配备了各自的方法和参数,具有很高的通用性,便于即查即用。学习 tkinter 的最好方法是以练代学、边查边做。

  本章详细讲解了窗体、标签、文本框、命令按钮、单选按钮、复选框、列表框、滚动条、进度条、框架、消息框、菜单条的创建,以及形状控制、顶层设计和窗口布局等内容。通过学习,读者将能建立界面设计的理念和掌握相关方法。

  本章编写的目的是建立程序与用户之间友好的界面。用户不需要了解计算机编程知识。为了让用户能够正常友好地使用程序,需要在用户和程序之间建立一座桥梁。thinker 库简单易用,能够很好地胜任这一任务。

CHAPTER 7

第 7 章 openpyxl 库

openpyxl 是 Python 第三方库，可以读取和编写.xlsx、.xlsm、.xltx 和.xltm 文件。对于早期的 Excel 文档格式(.xls)，需要用到其他第三方库(如 xlrd、xlwt 等)。openpyxl 不仅能够读取和修改 Excel 文档，还支持单元格格式设置、图片输入、表格编辑、公式输入、筛选、批注、文件保护和打印设置等多种功能。

openpyxl 可以处理数据量较大的 Excel 文件，其跨平台处理大量数据的能力是其他模块难以比拟的。因此，openpyxl 成为处理 Excel 复杂问题的首选第三方库。

openpyxl 中包含 3 个核心对象：Workbook(工作簿)、Worksheet(工作表)和 Cell(单元格)。它们之间的关系如下：一个工作簿由多个工作表组成；每个工作表又包含多个单元格；单元格可以通过行(row)和列(column)的坐标定位。

本章以工作簿对象、工作表对象、单元格对象及其样式为脉络，阐述相关概念及操作，并从整体上介绍使用 openpyxl 库操作 Excel 的各种方法与步骤，从而帮助读者建立起对 openpyxl 库的整体框架的理解。

本章所涉及的第三方库调用包括：

```
from openpyxl import Workbook              #用于创建工作簿
from openpyxl import load_workbook         #用于调用工作簿
from openpyxl.styles import Font           #用于设置字体格式
from openpyxl.styles import Border,Side    #用于设置边框样式
from openpyxl.styles import Alignment      #用于设置对齐方式
from openpyxl.styles import PatternFill    #用于设置背景颜色
```

7.1 工作簿对象

工作簿对象包括创建工作簿和读取工作簿。

7.1.1 创建工作簿

实例 01：创建 Excel 工作簿，以"711.xlsx"文件保存。

```
from openpyxl import Workbook                    #调入第三方库
wb=Workbook()                                    #创建工作簿
wb.save(r"d:\abc\711.xlsx")                      #保存文件
```

运行结果如图 7-1 所示。

图 7-1　创建工作簿

说明：Workbook()用于创建一个空白的 Excel 工作簿。工作簿创建之后会自动生成一个工作表，名为"Sheet"，此工作表也叫活动工作表，可以通过 active 来获取。

7.1.2　读取工作簿

实例 02：打开"第 7 章.xlsx"工作簿，输出所有工作表名称。

```
from openpyxl import load_workbook               #调入第三方库
wb=load_workbook(r'd:\abc\第 7 章.xlsx')         #打开工作簿
print(wb.sheetnames)                             #输出所有工作表名称
```

运行结果如图 7-2 所示。

>>> ['饮料简介','饮料全表','第1章','第2章']

图 7-2　读取工作簿

说明：from openpyxl import load_workbook 为调用方法创建对象（工作簿），也可以直接使用"from openpyxl import *"调用第三方库。

7.1.3　工作簿相关操作

工作簿的相关操作包括新增工作表、删除工作表、复制工作表、获取活动工作表、读取工作表和获取工作表的名称。

1. 新增工作表

实例03：创建工作簿，增加新工作表，以"7131.xlsx"文件保存。

```
from openpyxl import Workbook              ♯调入第三方库
wb=Workbook()                              ♯创建工作簿
wb.create_sheet("第7章")                   ♯新增工作表
wb.save(r"d:\abc\7131.xlsx")               ♯保存文件
```

运行结果如图7-3所示。

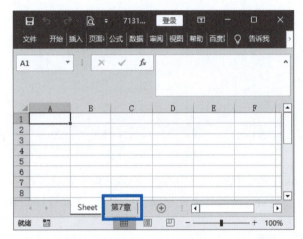

图7-3 新增工作表

说明：增加工作表的位置默认在工作表序列的最后。若增加在第1个位置，可以写成 wb.create_sheet(sheet_name,index=0)。0代表第一个位置。

2. 删除工作表

实例04：打开"第7章"工作簿，删除"饮料全表"工作表，以"7132.xlsx"文件保存。

```
from openpyxl import load_workbook         ♯调入第三方库
wb=load_workbook(r'd:\abc\第7章.xlsx')     ♯打开工作簿
wb.remove(wb['饮料全表'])                  ♯删除指定工作表
wb.save(r"d:\abc\7132.xlsx")               ♯保存文件
```

运行结果如图7-4所示。

3. 复制工作表

实例05：打开"第7章"工作簿，复制"第1章"工作表，重新命名后以"7133.xlsx"文件保存。

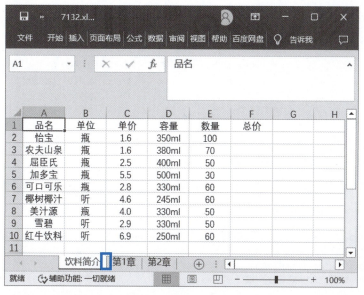

图 7-4 删除工作表

```
from openpyxl import load_workbook        #调入第三方库
wb=load_workbook(r'd:\abc\第 7 章.xlsx')   #打开工作簿
new=wb.copy_worksheet(wb['第 1 章'])       #复制工作表
new.title="第 8 章"                         #重命名工作表
wb.save(r"d:\abc\7133.xlsx")              #保存文件
```

运行结果如图 7-5 所示。

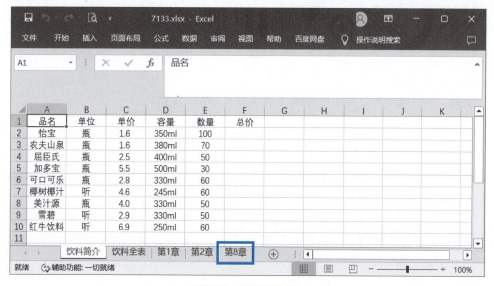

图 7-5 复制工作表

4. 获取活动工作表

实例06：打开"第7章"工作簿，获取活动工作表。

```
from openpyxl import load_workbook      # 调入第三方库
wb=load_workbook(r'd:\abc\第 7 章.xlsx')  # 打开工作簿
tt=wb.active                            # 获取活动工作表
print(tt)                               # 输出工作表名称
```

运行结果如图7-6所示。

说明：正在工作的工作表称为活动工作表。工作簿刚刚打开时，默认打开工作表序号为0的工作表。

```
<Worksheet "饮料简介">
>>>
```

图7-6　获取活动工作表

5. 指定名称读取工作表

实例07：打开"第7章"工作簿，指定工作表名称读取工作表。

```
from openpyxl import load_workbook      # 调入第三方库
wb=load_workbook(r'd:\abc\第 7 章.xlsx')  # 打开工作簿
ws=wb['饮料全表']                        # 打开工作表
print(ws.title)                         # 输出工作表名称
```

运行结果如图7-7所示。

说明：本例打开了名称为"饮料全表"的工作表。

```
饮料全表
>>>
```

图7-7　指定名称读取工作表

6. 指定顺序读取工作表

实例08：打开"第7章"工作簿，指定工作表顺序读取工作表。

```
from openpyxl import load_workbook      # 调入第三方库
wb=load_workbook(r'd:\abc\第 7 章.xlsx')  # 打开工作簿
ws=wb.worksheets[1]                     # 打开工作表(第 2 个)
print(ws.title)                         # 输出工作表名称
```

运行结果如图7-8所示。

说明：本例打开了工作表序号为1的工作表（排列在第2位的"饮料全表"工作表）。

```
饮料全表
>>>
```

图7-8　指定顺序读取工作表

7. 获取所有工作表名称

实例09：打开"第7章"工作簿，获取所有工作表名称。

```
from openpyxl import load_workbook      # 调入第三方库
wb=load_workbook(r'd:\abc\第 7 章.xlsx')  # 打开工作簿
print(wb.sheetnames)                    # 输出所有工作表名称
```

运行结果如图7-9所示。

```
['饮料简介','饮料全表','第1章','第2章']
>>>
```

图7-9　所有工作表名称

7.2 工作表对象

工作表对象包括读取、追加、修改、插入、删除工作表数据,以及工作表数据的转换和工作表的相关操作。

7.2.1 读取工作表数据

1. 读取工作表单元格数据

实例 10:打开"第 7 章"工作簿及"饮料简介"工作表,读取工作表单元格数据。

```
from openpyxl import load_workbook        #调入第三方库
wb=load_workbook(r'd:\abc\第 7 章.xlsx')   #打开工作簿
ws=wb['饮料简介']                          #打开工作表
tt=ws['A1'].value                         #读取单元格数据
print(tt)                                 #输出单元格数据
```

运行结果如图 7-10 所示。

```
>>> 品名
```

图 7-10 读取单元格数据

2. 读取工作表单元格数据(行列读取)

实例 11:打开"第 7 章"工作簿及"饮料简介"工作表,以行列方式读取工作表单元格数据。

```
from openpyxl import load_workbook          #调入第三方库
wb=load_workbook(r'd:\abc\第 7 章.xlsx')     #打开工作簿
ws=wb['饮料简介']                            #打开工作表
tt=ws.cell(row=2,column=1).value            #读取单元格数据(行列)
print(tt)                                   #输出单元格数据
```

运行结果如图 7-11 所示。

```
>>> 怡宝
```

图 7-11 读取单元格数据

3. 读取工作表行数据

实例 12:打开"第 7 章"工作簿及"饮料简介"工作表,读取工作表行数据。

```
from openpyxl import load_workbook        #调入第三方库
wb=load_workbook(r'd:\abc\第 7 章.xlsx')   #打开工作簿
ws=wb['饮料简介']                          #打开工作表
tt=ws[3]                                  #读取第 3 行数据
for cell in tt:
    print(cell.value,end=" ")             #输出数据
```

运行结果如图 7-12 所示。

```
>>> 农夫山泉 瓶 1.6 380ml 70 None
```

图 7-12 读取行数据

4. 读取工作表列数据

实例 13：打开"第 7 章"工作簿及"饮料简介"工作表，读取工作表列数据。

```
from openpyxl import load_workbook          #调入第三方库
wb=load_workbook(r'd:\abc\第 7 章.xlsx')    #打开工作簿
ws=wb['饮料简介']                            #打开工作表
for cell in ws['D']:                        #提取 D 列数据
    print(cell.value,end=",")               #输出数据
```

运行结果如图 7-13 所示。

```
容量,350ml,380ml,400ml,500ml,330ml,245ml,330ml,330ml,250ml,
>>>
```

图 7-13　读取列数据

5. 读取工作表部分单元格数据

实例 14：打开"第 7 章"工作簿及"饮料简介"工作表，读取工作表部分单元格数据。

```
from openpyxl import load_workbook                        #调入第三方库
wb=load_workbook(r'd:\abc\第 7 章.xlsx')                  #打开工作簿
ws=wb['饮料简介']                                          #打开工作表
for i in range(3,6):                                      #定义行范围
    for j in range(2,5):                                  #定义列范围
        print(ws.cell(row=i,column=j).value,end=" ")      #输出单元格数据
    print("")
```

运行结果如图 7-14 所示。

```
瓶 1.6 380ml
瓶 2.5 400ml
瓶 5.5 500ml
>>>
```

图 7-14　读取部分单元格数据

6. 读取工作表所有单元格数据

实例 15：打开"第 7 章"工作簿及"饮料简介"工作表，输出工作表所有数据。

```
from openpyxl import load_workbook          #调入第三方库
wb=load_workbook(r'd:\abc\第 7 章.xlsx')    #打开工作簿
ws=wb['饮料简介']                            #打开工作表
for row in ws.rows:                         #遍历所有行
    for data in row:                        #遍历当前行的所有列数据
        print(data.value,end=" ")           #输出数据
    print("")
```

运行结果如图 7-15 所示。

```
品名 单位 单价 容量 数量 总价
怡宝  瓶  1.6 350ml 100 None
农夫山泉 瓶 1.6 380ml 70 None
屈臣氏 瓶 2.5 400ml 50 None
加多宝 瓶 5.5 500ml 30 None
可口可乐 瓶 2.8 330ml 60 None
椰树椰汁 听 4.6 245ml 60 None
美汁源 瓶 4 330ml 50 None
雪碧  听 2.9 330ml 50 None
红牛饮料 听 6.9 250ml 60 None
>>>
```

图 7-15　读取所有单元格数据

7.2.2　追加工作表数据

追加工作表数据包括追加工作表的行数据及追加工作表的列数据。

1. 工作表追加行数据

实例 16：打开"第 7 章"工作簿及"饮料简介"工作表，追加行数据到工作表中，以"7221.xlsx"文件保存。

```
from openpyxl import load_workbook            # 调入第三方库
wb=load_workbook(r'd:\abc\第 7 章.xlsx')       # 打开工作簿
ws=wb['饮料简介']                              # 打开工作表
data=[['百事可乐','瓶',5.0,'500ml',90]]        # 新数据
for i in data:
    ws.append(i)                              # 追加行数据
wb.save(r"d:\abc\7221.xlsx")                  # 保存文件
```

运行结果如图 7-16 所示。

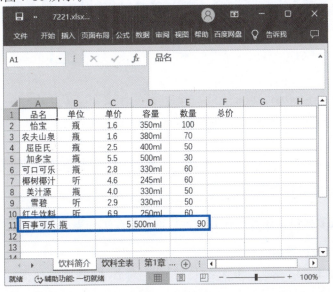

图 7-16　追加行数据

说明：追加行数据是在所有数据行的末端加入数据行。

2. 工作表追加列数据

实例 17：打开"第 7 章"工作簿及"饮料简介"工作表，追加列数据到工作表中，以"7222.xlsx"文件保存。

```
from openpyxl import load_workbook          # 调入第三方库
wb=load_workbook(r'd:\abc\第 7 章.xlsx')    # 打开工作簿
ws=wb['饮料简介']                            # 打开工作表
data=['产地','上海','北京','长沙','沈阳','上海',
      '长沙','沈阳','上海','长沙']            # 新数据
kk=ws.max_column                            # 测试工作表总列数
for i in range(len(data)):
    ws.cell(i+1,kk+1).value=data[i]         # 写入数据
wb.save(r"d:\abc\7222.xlsx")                # 保存文件
```

运行结果如图 7-17 所示。

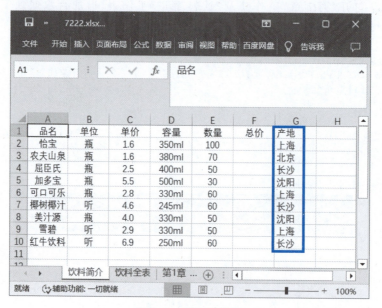

图 7-17　追加列数据

说明：追加列数据是在所有数据列的左侧加入数据列。

7.2.3 修改工作表数据

修改工作表数据包括修改工作表的行数据和修改工作表的列数据。

1. 修改工作表行数据

实例 18：打开"第 7 章"工作簿及"饮料简介"工作表，修改行数据，以"7231.xlsx"文件保存。

```
from openpyxl import load_workbook          #调入第三方库
wb=load_workbook(r'd:\abc\第 7 章.xlsx')    #打开工作簿
ws=wb['饮料简介']                            #打开工作表
data=["百事可乐","听",5.0,"500ml",30]        #新数据
for i,value in enumerate(data):
    ws.cell(row=3,column=i+1,value=data[i]) #修改行数据(第 3 行)
wb.save(r"d:\abc\7231.xlsx")                #保存文件
```

运行结果如图 7-18 所示。

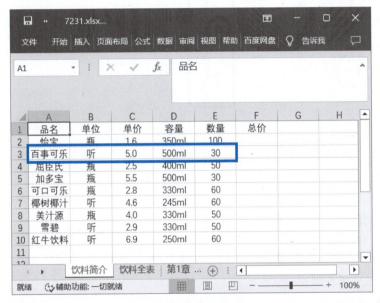

图 7-18　修改行数据

2. 修改工作表列数据

实例 19：打开"第 7 章"工作簿及"饮料简介"工作表，修改列数据，以"7232.xlsx"文件保存。

```
from openpyxl import load_workbook          #调入第三方库
wb=load_workbook(r'd:\abc\第 7 章.xlsx')    #打开工作簿
ws=wb['饮料简介']                            #打开工作表
data=["产地","长春","大连","广州","上海",
      "长春","上海","广州","大连","上海"]   #新数据
for i,value in enumerate(data):
    ws.cell(row=i+1,column=4,value=data[i]) #修改列数据(第 4 列)
wb.save(r"d:\abc\7232.xlsx")                #保存文件
```

运行结果如图 7-19 所示。

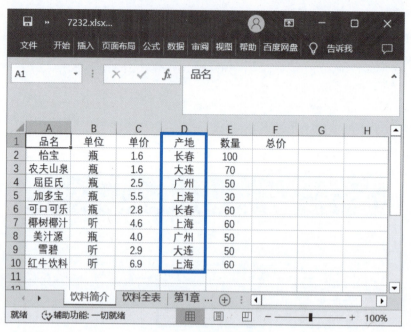

图 7-19 修改列数据

7.2.4 插入工作表数据

插入工作表数据包括插入工作表的行数据和插入工作表的列数据。

1. 插入工作表行数据（上方）

实例 20：打开"第 7 章"工作簿及"饮料简介"工作表，插入空行数据（上方），以"7241.xlsx"文件保存。

```
from openpyxl import load_workbook        #调入第三方库
wb=load_workbook(r'd:\abc\第 7 章.xlsx')   #打开工作簿
ws=wb['饮料简介']                          #打开工作表
ws.insert_rows(3)                         #在第 3 行上方插入空行(默认插入 1 行)
wb.save(r"d:\abc\7241.xlsx")              #保存文件
```

运行结果如图 7-20 所示。

说明：插入行数据默认插入当前行数据的前面。例如：使用 insert_rows(3,amount=2)，表示插入两行空行，其中 amount 的数值可变。

2. 插入工作表列数据（左侧）

实例 21：打开"第 7 章"工作簿及"饮料简介"工作表，插入空列数据（左侧），以"7242.xlsx"文件保存。

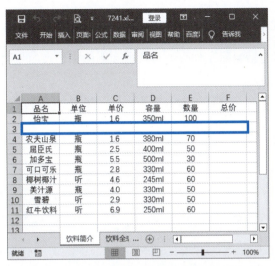

图 7-20　插入行数据（上方）

```
from openpyxl import load_workbook              #调入第三方库
wb=load_workbook(r'd:\abc\第 7 章.xlsx')         #打开工作簿
ws=wb['饮料简介']                                 #打开工作表
ws.insert_cols(3)                               #在第 3 列左侧加个空列（默认插入 1 列）
wb.save(r"d:\abc\7242.xlsx")                    #保存文件
```

运行结果如图 7-21 所示。

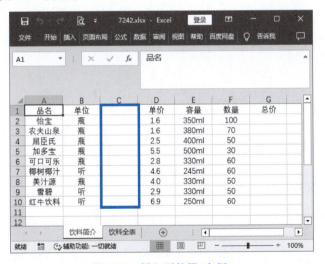

图 7-21　插入列数据（左侧）

说明：插入列数据默认插入当前列数据的左侧。例如：使用 insert_cols(3,amount=2)，表示插入两列空列，其中 amount 的数值可变。

7.2.5 删除工作表数据

删除工作表数据包括删除工作表的行数据和删除工作表的列数据。

1. 删除工作表行数据

实例 22：打开"第 7 章"工作簿及"饮料简介"工作表，删除行数据，以"7251.xlsx"文件保存。

```
from openpyxl import load_workbook              #调入第三方库
wb=load_workbook(r'd:\abc\第 7 章.xlsx')         #打开工作簿
ws=wb['饮料简介']                                 #打开工作表
ws.delete_rows(3)                                #删除第 3 行数据
wb.save(r"d:\abc\7251.xlsx")                    #保存文件
```

运行结果如图 7-22 所示。

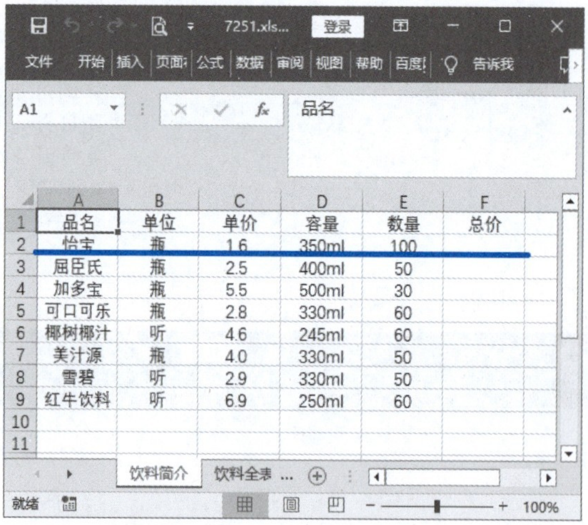

图 7-22　删除行数据

说明：使用 ws.delete_rows(3,amount=2)，表示删除两行，其中 amount 的数值可变。

2. 删除工作表列数据

实例 23：打开"第 7 章"工作簿及"饮料简介"工作表，删除列数据，以"7252.xlsx"文件保存。

```
from openpyxl import load_workbook              #调入第三方库
wb=load_workbook(r'd:\abc\第 7 章.xlsx')         #打开工作簿
ws=wb['饮料简介']                                 #打开工作表
ws.delete_cols(4)                                #删除第 4 列数据
wb.save(r"d:\abc\7252.xlsx")                    #保存文件
```

运行结果如图 7-23 所示。

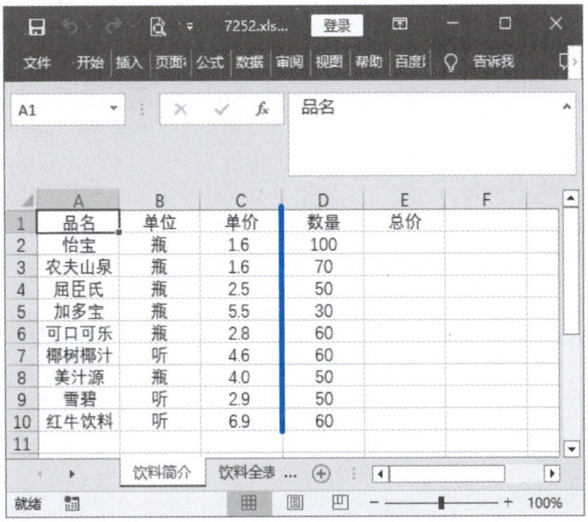

图 7-23　删除列数据

说明：使用 ws.delete_cols(3,amount=2)，表示删除两列，其中 amount 的数值可变。

7.2.6　工作表数据转换

工作表数据转换包括读取工作表中的数据和写入数据到工作表中。工作表之外的数据常常以字典的形式承载。

1. 读取工作表数据到字典

实例 24：打开"第 7 章"工作簿及"饮料简介"工作表，输出数据至字典。

```
from openpyxl import load_workbook                         # 调入第三方库
wb=load_workbook(r'd:\abc\第 7 章.xlsx')                    # 打开工作簿
ws=wb["饮料简介"]                                           # 打开工作表
mr=ws.max_row                                              # 测试最大行
mc=ws.max_column                                           # 测试最大列
data={}                                                    # 定义空字典
for i in range(1,mr+1):
    data[ws.cell(row=i,column=1).value]=[]                 # 读取键
    for j in range(2,mc+1):
        data[ws.cell(row=i,column=1).value].append(ws.cell(row=i,column=j).value)
                                                           # 读取值
print(data)                                                # 输出字典数据
```

运行结果如图 7-24 所示。

说明：注意 openpyxl 在读取表格时，行和列的起始值都是 1，不是 0。

2. 写入字典数据到工作表

实例 25：创建工作簿及工作表，写入字典数据，以"7262.xlsx"文件保存。

```
{'品名': ['单位', '单价', '容量', '数量', '总价'], '
怡宝': ['瓶', 1.6, '350ml', 100, None], '农夫山泉':
['瓶', 1.6, '380ml', 70, None], '屈臣氏': ['瓶', 2.5
, '400ml', 50, None], '加多宝': ['瓶', 5.5, '500ml',
30, None], '可口可乐': ['瓶', 2.8, '330ml', 60, None
], '椰树椰汁': ['听', 4.6, '245ml', 60, None], '美汁
源': ['瓶', 4, '330ml', 50, None], '雪碧': ['听', 2.
9, '330ml', 50, None], '红牛饮料': ['听', 6.9, '250m
l', 60, None]}
>>>
```

图 7-24 读取数据到字典

```
from openpyxl import Workbook              # 调入第三方库
wb=Workbook()                              # 创建工作簿
ws=wb['Sheet']                             # 打开工作表
data={'科目':['语文','数学','外语','物理','化学'],
      '甲班':[94,95,84,64,90],
      '乙班':[75,93,66,85,88],
      '丙班':[86,76,96,93,67]}              # 数据
i=1
for key,value in data.items():
    ws.cell(row=i,column=1).value=key      # 将键写入第1列
    for j in range(len(value)):
        ws.cell(row=i,column=j+2).value=value[j]  # 输入值数据
    i=i+1
wb.save(r"d:\abc\7262.xlsx")               # 保存文件
```

运行结果如图 7-25 所示。

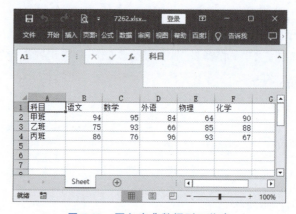

图 7-25 写入字典数据到工作表

7.2.7 工作表相关操作

工作表的相关操作包括重新设置工作表的名称、测试工作表的行数及列数。

1. 重新设置工作表名称

实例 26：打开"第 7 章"工作簿及"饮料简介"工作表，重新设置工作表名称，以

"7271.xlsx"文件名字保存。

```
from openpyxl import load_workbook        #调入第三方库
wb=load_workbook(r'd:\abc\第 7 章.xlsx')   #打开工作簿
ws=wb["饮料简介"]                          #打开工作表
ws.title="新名称"                          #重置工作表名称
wb.save(r"d:\abc\7271.xlsx")              #保存文件
```

运行结果如图 7-26 所示。

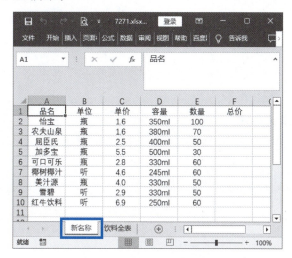

图 7-26　重置工作表名称

2. 测试工作表最小行数

实例 27：打开"第 7 章"工作簿及"饮料简介"工作表，输出工作表最小行数。

```
from openpyxl import load_workbook        #调入第三方库
wb=load_workbook(r'd:\abc\第 7 章.xlsx')   #打开工作簿
ws=wb["饮料简介"]                          #打开工作表
print(ws.min_row)                         #输出工作表最小行数
```

运行结果如图 7-27 所示。

说明：当测试工作表的最小行数时，即使测试的工作表为空表（没有数据），显示的结果也是 1。

图 7-27　工作表最小行数

3. 测试工作表最大行数

实例 28：打开"第 7 章"工作簿及"饮料简介"工作表，输出工作表最大行数。

```
from openpyxl import load_workbook        #调入第三方库
wb=load_workbook(r'd:\abc\第 7 章.xlsx')   #打开工作簿
ws=wb["饮料简介"]                          #打开工作表
print(ws.max_row)                         #输出工作表最大行数
```

运行结果如图 7-28 所示。

```
>>> 10
```

图 7-28 工作表最大行数

4. 测试工作表最小列数

实例 29：打开"第 7 章"工作簿及"饮料简介"工作表，输出工作表最小列数。

```
from openpyxl import load_workbook          # 调入第三方库
wb=load_workbook(r'd:\abc\第 7 章.xlsx')     # 打开工作簿
ws=wb["饮料简介"]                           # 打开工作表
print(ws.min_column)                        # 输出工作表最小列数
```

运行结果如图 7-29 所示。

说明：当测试工作表的最小列数时，即使测试的工作表为空表（没有数据），显示的结果也是 1。

```
>>> 1
```

图 7-29 工作表最小列数

5. 测试工作表最大列数

实例 30：打开"第 7 章"工作簿及"饮料简介"工作表，输出工作表最大列数。

```
from openpyxl import load_workbook          # 调入第三方库
wb=load_workbook(r'd:\abc\第 7 章.xlsx')     # 打开工作簿
ws=wb["饮料简介"]                           # 打开工作表
print(ws.max_column)                        # 输出工作表最大列数
```

运行结果如图 7-30 所示。

图 7-30 工作表最大列数

7.3 单元格对象

单元格对象包括单元格数据的读取与写入、单元格公式的填充与读取、单元格的合并与解除合并。

7.3.1 单元格数据读取

单元格数据读取包括读取单个单元格数据（同 7.2.1 节实例 10）、读取部分单元格数据（同 7.2.1 节实例 14）和读取全部单元格数据（同 7.2.1 节实例 15）。

7.3.2 单元格数据写入

单元格数据写入包括单个单元格数据的写入和多个单元格数据的写入。

1. 写入单个单元格数据

实例 31：创建工作簿及工作表，输入单元格数据，以"7321.xlsx"文件保存。

```
from openpyxl import Workbook              #调入第三方库
wb=Workbook()                              #创建工作簿
ws=wb['Sheet']                             #打开工作表
ws.cell(column=2,row=3).value="中国"       #写入数据
wb.save(r"d:\abc\7321.xlsx")               #保存文件
```

运行结果如图 7-31 所示。

图 7-31 填写单元格数据

2. 写入多个单元格数据

同 7.2.6 节实例 25。

7.3.3 单元格公式写入

单元格公式写入包括单元格公式的填充和读取。

1. 填充单元格公式

实例 32：打开"第 7 章"工作簿及"饮料简介"工作表，填充公式，以"7331.xlsx"文件保存。

```
from openpyxl import load_workbook                      #调入第三方库
wb=load_workbook(r'd:\abc\第 7 章.xlsx')                #打开工作簿
ws=wb["饮料简介"]                                       #打开工作表
ws.cell(row=12,column=5,value="=SUM(E2:E10)")          #填充公式
wb.save(r"d:\abc\7331.xlsx")                           #保存文件
```

运行结果如图 7-32 所示。

2. 读取单元格公式

实例 33：打开实例 32 的"7331"工作簿及"饮料简介"工作表，读取公式。

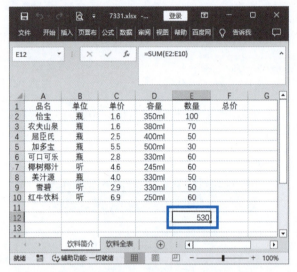

图 7-32 填充公式

```
from openpyxl import load_workbook          ＃调入第三方库
wb=load_workbook(r'd:\abc\7331.xlsx')       ＃打开工作簿
ws=wb["饮料简介"]                            ＃打开工作表
tt=ws.cell(row=12,column=5).value           ＃读取公式
print(tt)                                   ＃输出公式
```

运行结果如图 7-33 所示。

```
>>> =SUM(E2:E10)
```

图 7-33 读取公式

7.3.4 单元格合并

单元格合并包括合并单元格和解除合并单元格。

1. 合并单元格

实例 34：创建工作簿及工作表，合并单元格，以"7341.xlsx"文件保存。

```
from openpyxl import Workbook               ＃调入第三方库
wb=Workbook()                               ＃创建工作簿
ws=wb['Sheet']                              ＃打开工作表
ws.merge_cells('C2:E2')                     ＃合并行
ws.merge_cells('C5:E7')                     ＃合并矩形区域
wb.save(r"d:\abc\7341.xlsx")                ＃保存文件
```

运行结果如图 7-34 所示。

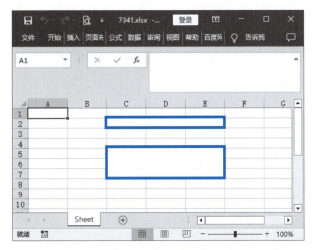

图 7-34　合并单元格

2. 解除合并单元格

实例 35：创建工作簿及工作表，解除合并单元格，以"7342.xlsx"文件保存。

```
from openpyxl import load_workbook        # 调入第三方库
wb=load_workbook(r'd:\abc\7341.xlsx')     # 打开工作簿
ws=wb['Sheet']                            # 打开工作表
ws.unmerge_cells('C2:E2')                 # 解除合并行
ws.unmerge_cells('C5:E7')                 # 解除合并矩形区域
wb.save(r"d:\abc\7342.xlsx")              # 保存文件
```

运行结果如图 7-35 所示。

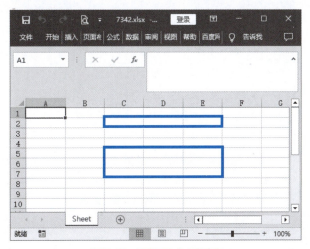

图 7-35　解除合并单元格

7.4 单元格格式

单元格格式包括设置单元格的字体、边框、对齐方式、背景颜色、行高和列宽。

7.4.1 设置单元格字体(Font)

单元格字体包括单元格字体大小、字体颜色、字体加粗、字体下画线和字体删除线。

1. 设置单元格字体名称、大小及颜色

实例 36：打开"第 7 章"工作簿及"饮料简介"工作表,设置单元格字体名称、字体大小和前景色,以"7411.xlsx"文件保存。

```
from openpyxl import load_workbook                          # 调入第三方库
from openpyxl.styles import Font                            # 调入第三方库
wb=load_workbook(r'd:\abc\第 7 章.xlsx')                     # 打开工作簿
ws=wb["饮料简介"]                                            # 打开工作表
cell=ws["A1"]
cell.font=Font(name="楷体",size=28,color="00FF0000")         # 设置字体名称、字体大小和前
                                                            # 景色
wb.save(r"d:\abc\7411.xlsx")                                # 保存文件
```

运行结果如图 7-36 所示。

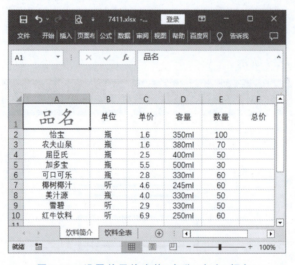

图 7-36　设置单元格字体(名称、大小、颜色)

2. 设置单元格字体加粗及倾斜

实例 37：打开"第 7 章"工作簿及"饮料简介"工作表,设置单元格字体加粗和倾斜,以"7412.xlsx"文件保存。

```
from openpyxl import load_workbook                          # 调入第三方库
from openpyxl.styles import Font                            # 调入第三方库
wb=load_workbook(r'd:\abc\第 7 章.xlsx')                     # 打开工作簿
ws=wb["饮料简介"]                                            # 打开工作表
cell=ws["A1"]
cell.font=Font(size=32,bold=True,italic=True)               # 设置字体大小、加粗和倾斜
wb.save(r"d:\abc\7412.xlsx")                                # 保存文件
```

运行结果如图 7-37 所示。

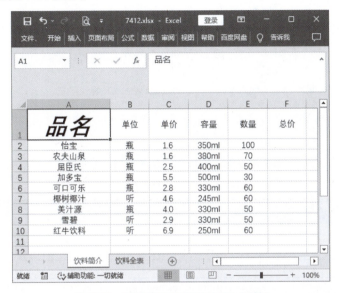

图 7-37　设置单元格字体(加粗、倾斜)

3. 设置单元格字体删除线及下画线

实例 38：打开"第 7 章"工作簿及"饮料简介"工作表，设置单元格字体删除线和下画线，以"7413.xlsx"文件保存。

```
from openpyxl import load_workbook                          # 调入第三方库
from openpyxl.styles import Font                            # 调入第三方库
wb=load_workbook(r'd:\abc\第 7 章.xlsx')                     # 打开工作簿
ws=wb["饮料简介"]                                            # 打开工作表
cell=ws["A1"]
cell.font=Font(size=32,strike=True,underline='single')      # 设置字体大小、删除线和下画线
wb.save(r"d:\abc\7413.xlsx")                                # 保存文件
```

运行结果如图 7-38 所示。

说明：strike 表示删除线，取值为 True/False，代表是否有删除线。underline 表示下画线，取值为 single、singleAccounting、double、doubleAccounting，如表 7-1 所示。

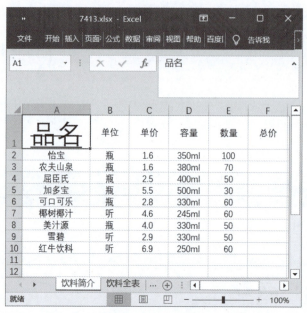

图 7-38 设置单元格字体(删除线及下画线)

表 7-1 下画线样式

序　号	名　　称	说　　明
1	single	短单线
2	singleAccounting	长单线
3	double	短双线
4	doubleAccounting	长双线

7.4.2 设置单元格边框(Border)

单元格边框包括单元格上边框、下边框、左边框、右边框、对角线以及边框粗细、边框样式、边框颜色等。

实例 39：打开"第 7 章"工作簿及"饮料简介"工作表，设置单元格边框，以"7421.xlsx"文件保存。

```
from openpyxl import load_workbook                                  #调入第三方库
from openpyxl.styles import Border,Side                             #调入第三方库
wb=load_workbook(r'd:\abc\第 7 章.xlsx')                            #打开工作簿
ws=wb["饮料简介"]                                                    #打开工作表
cell=ws["B6"]                                                        #设置单元格
tt=Border(left=Side(border_style='thin',color='00FF0000'),
          right=Side(border_style='mediumDashed',color='00FF0000'),
          top=Side(border_style='double',color='00FF0000'),
          bottom=Side(border_style='dashed',color='00FF0000'))      #设置边框样式
cell.border=tt                                                       #设置边框
wb.save(r"d:\abc\7421.xlsx")                                         #保存文件
```

运行结果如图 7-39 所示。

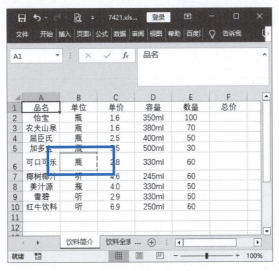

图 7-39　设置单元格边框

说明：单元格边框名称如表 7-2 所示。单元格边框样式名称如表 7-3 所示。单元格边框颜色通过 color 参数设置。边框颜色的数值使用十六进制值表示，如 color='FF000000' 表示黑色。

表 7-2　单元格边框名称

序号	名　　称	说　　明
1	top	上边框
2	bottom	下边框
3	left	左边框
4	right	右边框
5	diagonal	对角线

表 7-3　单元格边框样式名称

序号	名　　称	说　　明
1	dashDot	单点画线
2	dashDotDot	双点画线
3	dashed	点虚线
4	dotted	点虚线
5	double	双实线
6	hair	细实线
7	medium	粗实线
8	mediumDashDot	单点画线
9	mediumDashDotDot	双点画线
10	mediumDashed	虚线

序号	名称	说明
11	slantDashDot	点虚线
12	thick	粗线
13	thin	细线

7.4.3 设置单元格对齐方式（Alignment）

单元格对齐方式包括左对齐、右对齐、居中对齐、分散对齐、两端对齐、填满对齐、一般对齐。

实例40：打开"第 7 章"工作簿及"饮料简介"工作表，设置单元格对齐，以"7431.xlsx"文件保存。

```
from openpyxl import load_workbook              #调入第三方库
from openpyxl.styles import Alignment           #调入第三方库
wb=load_workbook(r'd:\abc\第 7 章.xlsx')          #打开工作簿
ws=wb["饮料简介"]                                 #打开工作表
cell=ws["B6"]                                    #设置单元格
tt=Alignment(horizontal='left',                 #水平左对齐
             vertical='center')                 #垂直居中
cell.alignment=tt                                #设置对齐
wb.save(r"d:\abc\7431.xlsx")                    #保存文件
```

运行结果如图 7-40 所示。

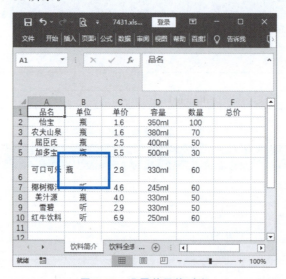

图 7-40　设置单元格对齐

说明：代码参数说明如下。

（1）horizontal 参数控制水平方向的对齐方式，具体参数值如表 7-4 所示。

（2）vertical 参数控制垂直方向的对齐方式，具体参数值如表 7-5 所示。

（3）text_rotation 参数用于设置文本的旋转角度。

（4）wrap_text 参数表示文本是否自动换行。当参数值为 True 时，表示自动换行；当参数值为 False 时，表示不自动换行；参数值默认为 False。

（5）shrink_to_fit 参数用于确定文本是否自动缩小以适应单元格大小。启用此选项后，单元格中的文本会根据单元格的尺寸自动调整字体大小。

（6）indent 参数用于设置文本的缩进量。直接传入要缩进的字符数即可。

表 7-4 水平对齐参数

序号	参 数 值	水平对齐方式
1	justify	两端对齐
2	fill	填满对齐
3	left	左对齐
4	general	一般对齐
5	right	右对齐
6	center	居中对齐
7	distributed	分散对齐

表 7-5 垂直对齐参数

序号	参 数 值	垂直对齐方式
1	bottom	靠下
2	justify	两端对齐
3	center	居中
4	distributed	分散对齐
5	top	靠上

7.4.4 设置单元格背景颜色（PatternFill）

实例 41：打开"第 7 章"工作簿及"饮料简介"工作表，设置单元格背景颜色（底纹），以"7441.xlsx"文件保存。

```
from openpyxl import load_workbook                          #调入第三方库
from openpyxl.styles import PatternFill                     #调入第三方库
wb=load_workbook(r'd:\abc\第 7 章.xlsx')                    #打开工作簿
ws=wb["饮料简介"]                                            #打开工作表

cell=ws["B6"]                                               #设置单元格
cell.fill=PatternFill('solid',fgColor="FF00FF")             #设置底纹

wb.save(r"d:\abc\7441.xlsx")                                #保存文件
```

运行结果如图 7-41 所示。

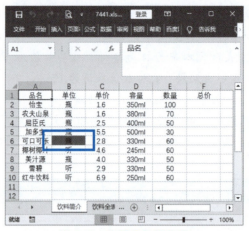

图 7-41 设置单元格底纹

7.4.5 设置单元格行高

实例 42：打开"第 7 章"工作簿及"饮料简介"工作表，设置单元格行高，以"7451.xlsx"文件保存。

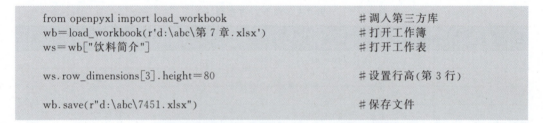

运行结果如图 7-42 所示。

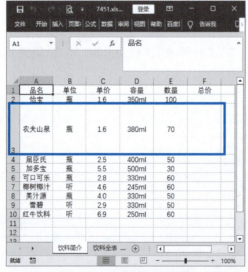

图 7-42 设置单元格行高

说明：ws.row_dimensions[3].height 同时可以获取工作表行高。

7.4.6 设置单元格列宽

实例 43：打开"第 7 章"工作簿及"饮料简介"工作表，设置单元格列宽，以"7461.xlsx"文件保存。

```
from openpyxl import load_workbook              #调入第三方库
wb=load_workbook(r'd:\abc\第 7 章.xlsx')        #打开工作簿
ws=wb["饮料简介"]                               #打开工作表

ws.column_dimensions['C'].width=20              #设置列宽(第 C 列)

wb.save(r"d:\abc\7461.xlsx")                    #保存文件
```

运行结果如图 7-43 所示。

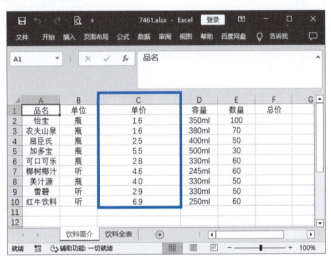

图 7-43　设置单元格列宽

说明：ws.column_dimensions['C'].width 同时可以获取工作表列宽。

7.5　本章总结

openpyxl 是一个用于读写 Excel 2010 及更新版本文档的 Python 库，如果要处理更早期版本的 Excel 文档（如 Excel 2003），需要用到额外的库（如 xlrd 库和 xlwt 库）。尽管 openpyxl 对 Excel 2003 及更早版本文件的兼容性不好 但其提供了更强大的功能，可以轻松进行 Excel 数据的读取、写入和样式设置。它能够实现大量重复的 Excel 操作，提高办公效率，并实现 Excel 办公自动化。

本章在介绍 xlrd 库、xlwt 库（处理.xls 文件），以及 xlwings 库（处理.xlsx 文件）的基础上，进一步探讨了 openpyxl 库的使用。由于 openpyxl 库在结合 pandas 库操作 Excel 文件时扮演着不可或缺的角色，因此其重要性不容忽视。

openpyxl 第三方库功能的作用区域如表 7-6 所示。

表 7-6　openpyxl 第三方库功能的作用区域

第三方库	.xls	.xlsx	读取	写入	修改	保存	格式设置	.csv
openpyxl	×	√	√	√	√	√	√	×

CHAPTER 8

第 8 章 Python 数据预处理

在使用 Excel 工作表前，通常要求数据是完整的，即整行整列无空值、无多余空格且数据准确无误。然而，在实际工作中，由于各种各样的原因，源数据表绝大部分数据都达不到这个要求，因此需要对数据表进行预处理，以满足后续工作的基础要求。预处理本质上是对数据进行初加工，确保数据的质量和准确性，为进一步分析和处理打下坚实基础。

pandas 是一个开源的 Python 数据处理库，它提供了高效的数据结构和数据分析工具。在 pandas 中，可以使用 DataFrame 对象来操作表格类型的数据。DataFrame 对象是一个二维表格数据结构，允许每列保存不同类型的数据。

Python 辅以 pandas 库和 NumPy 库的支持，成为数据处理与分析的强大工具，尤其在数据预处理方面表现出色。

8.1 pandas 数据结构

pandas 数据结构包括两种：Series 对象和 DataFrame 对象。

Series 对象是带标签的一维数组，可存储整数、浮点数、字符串和 Python 对象等类型的数据，其数据结构如图 8-1 所示。

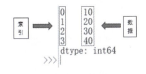

图 8-1 Series 数据结构

DataFrame 对象是一个表格型的数据结构，含有一组有序的列，其中每列可以是不同的数据类型（如数值、字符串或布尔型值）。DataFrame 对象既有行索引也有列索引，可看作是由多个 Series 对象组成的字典（共用同一个索引），其数据结构如图 8-2 所示。

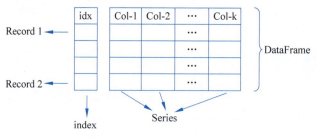

图 8-2 DataFrame 数据结构

8.1.1 创建 Series 对象

1. 通过列表创建 Series 对象

实例 01：创建 Series 对象（通过列表创建）。

```
import pandas as pd              #调用第三方库
a=[10,20,30,40]                  #定义一个列表
s=pd.Series(a)                   #创建 Series 对象
print(s)                         #输出 Series 对象
```

运行结果如图 8-3 所示。

说明：运行结果中第一列为索引，是 Series 在创建时默认生成的，第二列为具体数值。

```
0    10
1    20
2    30
3    40
dtype: int64
```

图 8-3 创建 Series 对象（列表）

2. 通过数组创建 Series 对象

实例 02：创建 Series 对象（通过数组创建）。

```
import pandas as pd              #调用第三方库
import numpy as np               #调用第三方库
a=np.arange(10,50,10)            #定义数组
s=pd.Series(a)                   #创建 Series 对象
print(s)                         #输出 Series 对象
```

运行结果如图 8-4 所示。

```
0    10
1    20
2    30
3    40
dtype: int32
```

图 8-4 创建 Series 对象（数组）

3. 通过字典创建 Series 对象

实例 03：创建 Series 对象（通过字典创建）。

```
import pandas as pd                              #调用第三方库
a={"name":"张三","age":20,"grade":[60,80,90]}    #创建字典
s=pd.Series(a)                                   #创建 Series 对象
print(s)                                         #输出 Series 对象
```

运行结果如图 8-5 所示。

```
name              张三
age                20
grade      [60, 80, 90]
dtype: object
>>>
```

图 8-5　创建 Series 对象（字典）

8.1.2　创建 DataFrame 对象

1. 通过字典创建 DataFrame 对象

实例 04：创建 DataFrame 对象（通过字典创建）。

```
import pandas as pd                              #调用第三方库
df=pd.DataFrame({"姓名":["张三","李四","王五"],
                "年龄":[23,22,21],
                "岗位":["客服","运营","公关"]})   #创建 DataFrame 对象
print(df)                                        #输出 DataFrame 对象
```

运行结果如图 8-6 所示。

2. 通过数组创建 DataFrame 对象

实例 05：创建 DataFrame 对象（通过数组创建）。

```
    姓名  年龄  岗位
0   张三   23   客服
1   李四   22   运营
2   王五   21   公关
>>>
```

图 8-6　创建 DataFrame 对象（字典）

```
import pandas as pd                              #调用第三方库
import numpy as np                               #调用第三方库
df=pd.DataFrame(np.array([['广州','厦门','乌鲁木齐'],
                          ['深圳','福州','喀什'],
                          ['汕头','泉州','石河子']]),
                columns=['广东','福建','新疆'])   #创建 DataFrame 对象
print(df)                                        #输出 DataFrame 对象
```

运行结果如图 8-7 所示。

```
    广东   福建    新疆
0   广州   厦门   乌鲁木齐
1   深圳   福州    喀什
2   汕头   泉州   石河子
>>>
```

图 8-7　创建 DataFrame 对象（数组）

8.2 数据基本操作

8.2.1 通过行号和列号提取数据(iloc)

DataFrame 对象中的行和列均有名字。在提取数据时,可以使用 iloc 函数通过行号和列号提取数据,而 loc 函数则使用索引提取数据。

1. 通过行号和列号提取单个数据

实例 06:对 DataFrame 对象通过行号和列号提取单个数据。

```
import pandas as pd                                    #调用第三方库
df=pd.DataFrame([[0,2,3,4],[0,4,1,7],[10,20,30,40]],
                columns=['A','B','C','D'])             #创建 DataFrame 对象
print(df)                                              #输出原始数据
print("===========")
df1=df.iloc[2,1]                                       #提取第3行第2列数据(从0开始计数)
print(df1)                                             #输出数据
```

运行结果如图 8-8 所示。

2. 通过行号和列号提取多个数据

实例 07

实例 07:对 DataFrame 对象通过行号和列号提取多个数据。
代码请扫描侧边二维码查看,运行结果如图 8-9 所示。

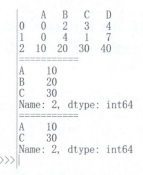

```
     A   B   C   D
0    0   2   3   4
1    0   4   1   7
2   10  20  30  40
==========
20
>>>
```

图 8-8 提取单个数据(iloc)　　图 8-9 提取多个数据(iloc)

实例 08

3. 通过行号提取整行数据

实例 08:对 DataFrame 对象通过行号提取行数据。
代码请扫描侧边二维码查看,运行结果如图 8-10 所示。

4. 通过列号提取整列数据

实例 09:对 DataFrame 对象通过列号提取整列数据。
代码请扫描侧边二维码查看,运行结果如图 8-11 所示。

```
   A  B   C   D
0  0  2   3   4
1  0  4   1   7
2  10 20  30  40
[0, 4, 1, 7]
   A  B   C   D
0  0  2   3   4
2  10 20  30  40
>>>
```

图 8-10　提取整行数据（iloc）

```
   A  B   C   D
0  0  2   3   4
1  0  4   1   7
2  10 20  30  40
============
0   2
1   4
2   20
Name: B, dtype: int64
============
   A  C
0  0  3
1  0  1
2  10 30
>>>
```

图 8-11　提取整列数据（iloc）

8.2.2　通过索引提取数据（loc）

索引是 pandas 的重要工具，通过索引可以从 DataFrame 对象中选择特定的行和列。使用索引可以加快数据访问的速度。loc 函数正是通过索引提取数据的。

1. 通过索引提取单个数据

实例 10：对 DataFrame 对象通过索引提取单个数据。

```
import pandas as pd                                      #调用第三方库
df=pd.DataFrame([[0,2,3,4],[0,4,1,7],[10,20,30,40]],
                columns=['A','B','C','D'])               #创建 DataFrame 对象
print(df)                                                #输出原始数据
print("============")
df1=df.loc[1,'B']                                        #提取第 2 行、B 列数据
print(df1)                                               #输出数据
```

运行结果如图 8-12 所示。

```
   A  B   C   D
0  0  2   3   4
1  0  4   1   7
2  10 20  30  40
============
4
>>>
```

图 8-12　提取单个数据（loc）

2. 通过索引提取多个数据

实例 11：对 DataFrame 对象通过索引提取多个数据。

```
import pandas as pd                                      #调用第三方库
df=pd.DataFrame([[0,2,3,4],[0,4,1,7],[10,20,30,40]],
                columns=['A','B','C','D'])               #创建 DataFrame 对象
print(df)                                                #输出原始数据
print("============")
df1=df.loc[2:2,['A','C']]                                #提取第 2 行 A 列和 C 列数据
print(df1)                                               #输出数据
```

运行结果如图 8-13 所示。

说明：当同时指定行和列时，如果指定值不连续，需要放在一个列表中。

3. 通过索引提取整行数据

实例 12：对 DataFrame 对象通过索引提取整行数据。

代码请扫描侧边二维码查看，运行结果如图 8-14 所示。

4. 通过索引提取整列数据

实例 13：对 DataFrame 对象通过索引提取整列数据。

代码请扫描侧边二维码查看，运行结果如图 8-15 所示。

实例 12

实例 13

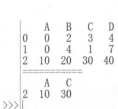

图 8-13　提取多个数据（loc）

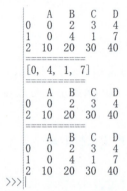

图 8-14　提取整行数据（loc）

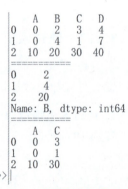

图 8-15　提取整列数据（loc）

说明：本例没有对 DataFrame 对象中的列数据重新建立索引，可以根据需要为列数据建立新的索引再提取数据。

5. 通过索引提取多行多列数据

实例 14：对 DataFrame 对象通过索引提取多行多列数据。

```
import pandas as pd                                  # 调用第三方库
df=pd.DataFrame([[0,2,3,4],[0,4,1,7],[10,20,30,40]],
                columns=['A','B','C','D'])           # 创建 DataFrame 对象
print(df)                                            # 输出原始数据
print("============")
df1=df.loc[[0,2],['A','C']]                          # 提取 1 行和 3 行的 A 列及 C 列数据
print(df1)                                           # 输出数据
```

运行结果如图 8-16 所示。

```
     A   B   C   D
0    0   2   3   4
1    0   4   1   7
2   10  20  30  40
============
     A   C
0    0   3
2   10  30
>>>
```

图 8-16　提取多行多列数据（loc）

8.2.3 插入数据

实例 15：对 DataFrame 对象在指定位置插入列数据（insert()）。

```
import pandas as pd                                          #调用第三方库
df=pd.DataFrame([{'A':1,'B':2,'C':3,'D':4},
                 {'A':100,'B':200,'C':300,'D':400},
                 {'A':1000,'B':2000,'C':3000,'D':4000}])     #创建 DataFrame 对象
print(df)                                                    #输出原始数据
print("===========")
new=[7,400,600]                                              #新数据
df.insert(loc=2,column='F',value=new)                        #插入数据
print(df)                                                    #输出新 DataFrame 对象
```

运行结果如图 8-17 所示。

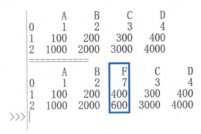

图 8-17　插入数据

8.2.4 遍历数据

1. 按行遍历数据（iterrows()）

实例 16：对 DataFrame 对象中的数据按行进行遍历。

```
import pandas as pd                                          #调用第三方库
df=pd.DataFrame([[0,2,3,4],[0,4,1,7],[10,20,30,40]],
                columns=['A','B','C','D'])                   #创建 DataFrame 对象
print(df)                                                    #输出原始数据
print("===========")
for kk,row in df.iterrows():                                 #按行遍历
    print("行号:",kk)                                         #输出行号
    print(list(row))                                         #输出数据
    print("===========")
```

运行结果如图 8-18 所示。

2. 按列遍历数据（items()）

实例 17：对 DataFrame 对象中的数据按列进行遍历。

```
     A   B   C   D
0    0   2   3   4
1    0   4   1   7
2   10  20  30  40
==========
行号: 0
[0, 2, 3, 4]
==========
行号: 1
[0, 4, 1, 7]
==========
行号: 2
[10, 20, 30, 40]
==========
>>>
```

图 8-18　行遍历

```
import pandas as pd                                          # 调用第三方库
df=pd.DataFrame([[0,2,3,4],[0,4,1,7],[10,20,30,40]],
                columns=['A','B','C','D'])                   # 创建 DataFrame 对象
print(df)                                                    # 输出原始数据
print("==========")
for kk,col in df.items():                                    # 按列遍历
    print("列号:",kk)                                         # 输出列号
    print(list(col))                                         # 输出数据
    print("==========")
```

运行结果如图 8-19 所示。

图 8-19　列遍历

8.2.5　设置索引

索引是 pandas 中用于标识和访问数据的重要方式,可以看作数据集中的"标签"。通过索引,我们可以访问数据集中的具体数据。

1. 设置索引（set_index()）

实例 18：对 DataFrame 对象设置索引。

```
import pandas as pd                                          #调用第三方库
df=pd.DataFrame([[0,2,3,4],[0,4,1,7],[10,20,30,40]],
                columns=['A','B','C','D'])                   #创建 DataFrame 对象
print(df)                                                    #输出原始数据
print("===========")
df1=df.set_index('B')                                        #将 B 列设置为索引
print(df1)                                                   #输出数据
print("===========")
df2=df.set_index(["A","C"])                                  #创建多层索引
print(df2)                                                   #输出数据
```

运行结果如图 8-20 所示。

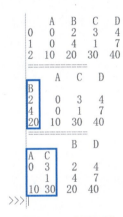

图 8-20　设置索引

2. 重新设置索引（reindex()）

reindex()函数用于对数据进行重新索引。重新索引可以对索引和数据进行重新匹配，使数据按照新索引重新排序。

实例 19：对 DataFrame 对象重新设置索引（reindex()）。

```
import pandas as pd                                          #调用第三方库
df=pd.DataFrame([[0,2,3,4],[0,4,1,7],[10,20,30,40]],
                columns=['A','B','C','D'])                   #创建 DataFrame 对象
print(df)                                                    #输出原始数据
print("===========")
df1=df.reindex([1,2,0])                                      #重置索引
print(df1)                                                   #输出数据
```

运行结果如图 8-21 所示。

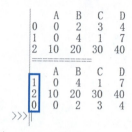

图 8-21　重新设置索引(reindex())

3. 重新设置索引(reset_index())

reset_index()函数用于创建一个新的 DataFrame,并且可以将原索引值作为新的一列包含在内。

实例 20：对 DataFrame 对象重新设置索引(reset_index())。

```
import pandas as pd                                              # 调用第三方库
df=pd.DataFrame([[0,2,3,4],[0,4,1,7],[10,20,30,40]],
                columns=['A','B','C','D'],index=[9,5,8])         # 创建 DataFrame 对象
print(df)                                                        # 输出原始数据
print("===========")
df1=df.reset_index()                                             # 将原索引作为新的一列
print(df1)                                                       # 输出数据
print("===========")
df2=df.reset_index(drop=True)                                    # 删除原索引
print(df2)                                                       # 输出数据
```

运行结果如图 8-22 所示。

图 8-22　重新设置索引(reset_index())

8.2.6　检测数据

实例 21：对 DataFrame 对象检测符合条件的数据(isin())。
代码请扫描侧边二维码查看,运行结果如图 8-23 所示。

实例 21

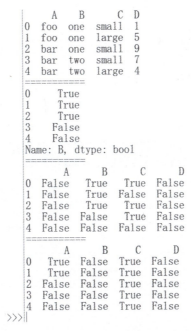

图 8-23　检测数据

8.2.7　Series 对象与 DataFrame 对象相互转换

1. Series 对象转换为 DataFrame 对象

实例 22：将 Series 对象分别按行、列的方式组合成 DataFrame 对象。
代码请扫描侧边二维码查看，运行结果如图 8-24 所示。

2. DataFrame 对象转换为 Series 对象

实例 23：将 DataFrame 对象分别按行、列的方式拆分成 Series 对象。
代码请扫描侧边二维码查看，运行结果如图 8-25 所示。

实例 22

实例 23

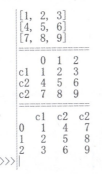 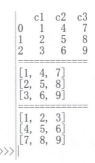

图 8-24　Series 对象转换为 DataFrame 对象　　图 8-25　DataFrame 对象转换为 Series 对象

8.3 数据增改

数据的增改包括新增数据、合并、插入、修改和删除数据。DataFrame 增改数据相关函数如表 8-1 所示。

表 8-1 DataFrame 增改数据相关函数

序号	函数	说明
1	loc()	通过行标签名称索引行数据
2	iloc()	通过行号索引行数据
3	concat()	合并数据
4	insert()	插入列数据
5	drop()	删除数据

8.3.1 新增数据

1. 增加数据（loc）

实例 24：通过 loc 属性，对 DataFrame 对象增加数据。

```
import pandas as pd                                          #调用第三方库
df=pd.DataFrame([[0,2,3,4],[0,4,1,7],[10,20,30,40]],
                columns=['A','B','C','D'])                   #创建 DataFrame 对象
print(df)                                                    #输出原始数据
print("==============")
df.loc['new']={'A':5,'B':50,'C':50,'D':90}                   #增加行
print(df)                                                    #输出数据
print("==============")
df['E']=10                                                   #增加列
print(df)                                                    #输出数据
```

运行结果如图 8-26 所示。

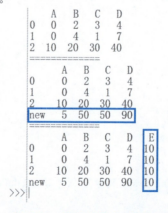

图 8-26 增加数据（loc 属性）

2. 增加数据（concat()）

实例 25：通过 concat() 函数对 DataFrame 对象新增数据。

```
import pandas as pd                                          # 调用第三方库
df=pd.DataFrame([[0,2,3,4],[0,4,1,7],[10,20,30,40]],
                columns=['A','B','C','D'])                   # 创建 DataFrame 对象
print(df)                                                    # 输出原始数据
print("==============")
df1=pd.DataFrame([[25,15,12,36],[47,24,17,48]],columns=['A','B','C','D'])
                                                             # 设置新数据
print(df1)                                                   # 输出数据
print("==============")
df2=pd.concat([df,df1],ignore_index=True)                    # 合并两组数据并重置索引
print(df2)                                                   # 输出数据
```

运行结果如图 8-27 所示。

3. 插入数据（insert()）

实例 26：通过 insert() 函数对 DataFrame 对象插入数据。

代码请扫描侧边二维码查看，运行结果如图 8-28 所示。

实例 26

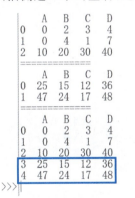

图 8-27 增加数据（concat()函数）

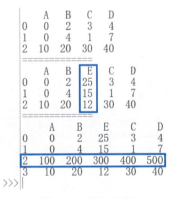

图 8-28 插入数据

说明：DataFrame 对象可以直接插入列数据，而插入行数据则需要经过分片、重新合并处理。

8.3.2 修改数据

pandas 中的数据修改有三种方式：loc 与 iloc 方式、mask() 与 where() 方式，以及 replace() 方式。每种数据修改方式都支持单值修改、单行或单列修改，以及按条件修改。本节将重点介绍 loc 与 iloc 方式。

1. 修改数据值

实例 27：对 DataFrame 对象修改数据值。

```
import pandas as pd                                          #调用第三方库
pd.set_option('display.unicode.ambiguous_as_wide',True)      #设置数据对齐
pd.set_option('display.unicode.east_asian_width',True)       #设置数据对齐
df=pd.DataFrame({"姓名":["张三","李四","王五","赵六"],
                 "数学":[67,81,81,62],
                 "语文":[71,91,67,61]})                      #创建DataFrame对象
print(df)                                                    #输出原始数据
print("==============")
df.iloc[2,1]=100                                             #修改单个值
print(df)                                                    #输出数据
```

运行结果如图 8-29 所示。

图 8-29 单值修改数据

2. 修改行数据

实例 28：对 DataFrame 对象修改行数据（方式一）。

```
import pandas as pd                                          #调用第三方库
pd.set_option('display.unicode.ambiguous_as_wide',True)      #设置数据对齐
pd.set_option('display.unicode.east_asian_width',True)       #设置数据对齐
df=pd.DataFrame({"姓名":["张三","李四","王五","赵六"],
                 "数学":[67,81,81,62],
                 "语文":[71,91,67,61]})                      #创建DataFrame对象
print(df)                                                    #输出原始数据
print("==============")
df.iloc[2]=["田七",100,100]                                  #根据索引行修改数据
print(df)                                                    #输出数据
```

运行结果如图 8-30 所示。

实例 29：对 DataFrame 对象修改行数据（方式二）。

代码请扫描侧边二维码查看，运行结果如图 8-31 所示。

3. 修改列数据

实例 30：对 DataFrame 对象修改列数据。

代码请扫描侧边二维码查看，运行结果如图 8-32 所示。

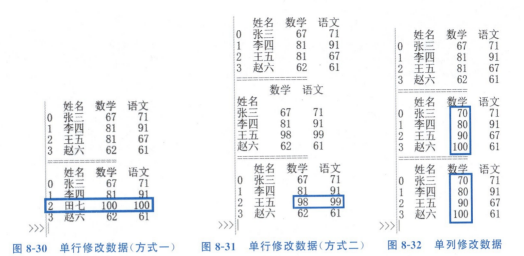

图 8-30　单行修改数据（方式一）　　图 8-31　单行修改数据（方式二）　　图 8-32　单列修改数据

4. 按条件修改数据

实例 31：对 DataFrame 对象按条件修改数据值。

```
import pandas as pd                                          #调用第三方库
pd.set_option('display.unicode.ambiguous_as_wide',True)      #设置数据对齐
pd.set_option('display.unicode.east_asian_width',True)       #设置数据对齐
df=pd.DataFrame({"姓名":["张三","李四","王五","赵六"],
                 "数学":[67,81,81,62],
                 "语文":[71,91,67,61]})                      #创建 DataFrame 对象
print(df)                                                    #输出原始数据
print("===============")
df.loc[df["语文"]>70,"语文"]=100                              #按条件修改数据
print(df)                                                    #输出数据
```

运行结果如图 8-33 所示。

图 8-33　按条件修改数据

8.3.3　删除数据

1. 删除行数据

实例 32：对 DataFrame 对象删除单行数据。

```
import pandas as pd                                              #调用第三方库
pd.set_option('display.unicode.ambiguous_as_wide',True)          #设置数据对齐
pd.set_option('display.unicode.east_asian_width',True)           #设置数据对齐
df=pd.DataFrame({"姓名":["张三","李四","王五","赵六"],
                 "数学":[67,81,81,62],
                 "语文":[71,91,67,61]})                           #创建DataFrame对象
print(df)                                                        #输出原始数据
print("=============")
df=df.drop(2)                                                    #删除单行数据(按索引)
print(df)                                                        #输出数据
```

运行结果如图8-34所示。

图 8-34　删除单行数据

实例33：对DataFrame对象删除多行数据。

```
import pandas as pd                                              #调用第三方库
pd.set_option('display.unicode.ambiguous_as_wide',True)          #设置数据对齐
pd.set_option('display.unicode.east_asian_width',True)           #设置数据对齐
df=pd.DataFrame({"姓名":["张三","李四","王五","赵六"],
                 "数学":[67,81,81,62],
                 "语文":[71,91,67,61]})                           #创建DataFrame对象
print(df)                                                        #输出原始数据
print("=============")
df=df.drop([1,3])                                                #删除多行数据(按索引)
print(df)                                                        #输出数据
```

运行结果如图8-35所示。

图 8-35　删除多行数据

2. 删除列数据

实例 34：对 DataFrame 对象删除单列数据。

代码请扫描侧边二维码查看，运行结果如图 8-36 所示。

实例 35：对 DataFrame 对象删除多列数据。

代码请扫描侧边二维码查看，运行结果如图 8-37 所示。

实例 34

实例 35

图 8-36　删除单列数据　　图 8-37　删除多列数据

3. 按条件删除数据

实例 36：对 DataFrame 对象按条件删除数据行（包含数值）。

代码请扫描侧边二维码查看，运行结果如图 8-38 所示。

实例 37：对 DataFrame 对象按条件删除数据行（包含字符）。

代码请扫描侧边二维码查看，运行结果如图 8-39 所示。

实例 36

实例 37

图 8-38　按条件删除数据行（包含数值）　　图 8-39　按条件删除数据行（包含字符）

4. 删除包含缺失值的行和列

实例 38：对 DataFrame 对象删除包含缺失值的行和列。

代码请扫描侧边二维码查看，运行结果如图 8-40 所示。

实例 38

实例 39

实例39：对 DataFrame 对象删除包含缺失值的行和列(thresh=n)。

代码请扫描侧边二维码查看，运行结果如图 8-41 所示。

```
>>>
```

图 8-40　删除包含缺失值的行和列　　图 8-41　删除包含缺失值的行和列(thresh=n)

说明：thresh=n 的含义是一行数据是否显示。只有当一行数据中非 NA(非空)值的数量大于或等于 n 时，这一行数据才会被显示。换句话说，如果一行数据在去除 NA 值之后剩余的有效数值数量达到或超过 n，则该行会被显示出来。

实例 40

实例40：根据指定的行，对 DataFrame 对象删除包含缺失值的列(subset)。

代码请扫描侧边二维码查看，运行结果如图 8-42 所示。

```
>>>
```

图 8-42　根据指定的行删除包含缺失值的列

说明：subset 指的是行索引，让指定的行中不包含缺失值的列。

5. 删除重复数据

实例41：对 DataFrame 对象删除重复行，保留第一个重复行。

```
import pandas as pd                              # 调用第三方库
df=pd.DataFrame([['foo','one','small',1],['foo','one','large',5],
                ['bar','one','small',9],['bar','two','small',7],
```

```
                    ['bar','two','large',4]],
                    columns=list('ABCD'))      #创建 DataFrame 对象
print(df)                                      #输出原始数据
print("==============")
df1=df.drop_duplicates('A')                    #删除 A 列中的重复行,保留第一个重复行
print(df1)                                     #输出数据
```

运行结果如图 8-43 所示。

```
     A    B      C  D
0  foo  one  small  1
1  foo  one  large  5
2  bar  one  small  9
3  bar  two  small  7
4  bar  two  large  4
==============
     A    B      C  D
0  foo  one  small  1
2  bar  one  small  9
>>>
```

图 8-43　删除重复行(保留第一个)

实例 42：对 DataFrame 对象删除重复行,保留最后一个重复行。

```
import pandas as pd                            #调用第三方库
df=pd.DataFrame([['foo','one','small',1],['foo','one','large',5],
                 ['bar','one','small',9],['bar','two','small',7],
                 ['bar','two','large',4]],
                 columns=list('ABCD'))         #创建 DataFrame 对象
print(df)                                      #输出原始数据
print("==============")
df1=df.drop_duplicates('A',keep='last')        #删除 A 列重复行,保留最后一个重复行
print(df1)                                     #输出数据
```

运行结果如图 8-44 所示。

```
     A    B      C  D
0  foo  one  small  1
1  foo  one  large  5
2  bar  one  small  9
3  bar  two  small  7
4  bar  two  large  4
==============
     A    B      C  D
1  foo  one  large  5
4  bar  two  large  4
>>>
```

图 8-44　删除重复行(保留最后一个)

说明：keep 有三个可选参数,分别是 first、last 和 False。默认为 first,表示只保留第一次出现的重复项,删除其余重复项;last 表示只保留最后一次出现的重复项;False 表示删除所有重复项。

实例 43：对 DataFrame 对象删除重复行并重新排序索引。

代码请扫描侧边二维码查看,运行结果如图 8-45 所示。

实例 43

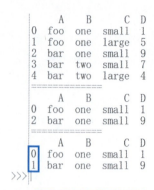

图 8-45　删除重复行并重新排序索引

8.4　数据清洗

数据清洗是发现并纠正数据中的错误，包括检查数据一致性、删除重复信息、纠正存在的错误和处理无效数据及缺失值等操作。

8.4.1　DataFrame 清洗

DataFrame 数据清洗包括删除行或列、查找重复数据、检测缺失值及缺失值的填充和替换数据等操作。DataFrame 数据清洗函数如表 8-2 所示。

表 8-2　DataFrame 数据清洗函数

序号	函数	描述
1	drop()	删除行或列
2	duplicated()	查找重复数据
3	drop_duplicates()	删除重复数据
4	isna()	检测缺失值
5	dropna()	删除不完整的行
6	fillna()	缺失值的填充
7	replace()	替换数据

1．删除行或列（drop()）

实例 44：按索引删除 DataFrame 对象指定行和指定列。代码请扫描侧边二维码查看，运行结果如图 8-46 所示。

2．查找并标记重复数据（duplicated()）

实例 45：标记 DataFrame 对象中的重复数据（除第一个）。

实例 44

图 8-46　删除列和行

```
import pandas as pd                                          #调用第三方库
df=pd.DataFrame({'A':['one','one','two','two','two','three','four'],
                 'B':['x','y','x','y','x','x','x']})         #创建 DataFrame 对象
print(df)                                                    #输出原始数据
print("==============")
df1=df.duplicated('A')                                       #标记 A 列的重复数据
print(df1)                                                   #输出数据
```

运行结果如图 8-47 所示。

```
       A  B
0    one  x
1    one  y
2    two  x
3    two  y
4    two  x
5  three  x
6   four  x
==============
0    False
1     True
2    False
3     True
4     True
5    False
6    False
dtype: bool
>>>
```

图 8-47　标记重复数据（除第一个）

说明：重复数据以 True 表示，否则以 False 表示。

实例 46：标记 DataFrame 对象中的重复数据（除最后一个）。

```
import pandas as pd                                          #调用第三方库
df=pd.DataFrame({'A':['one','one','two','two','two','three','four'],
                 'B':['x','y','x','y','x','x','x']})         #创建 DataFrame 对象
print(df)                                                    #输出原始数据
print("==============")
df1=df.duplicated('A',keep='last')                           #标记重复项
print(df1)                                                   #输出数据
```

运行结果如图 8-48 所示。

```
       A  B
0    one  x
1    one  y
2    two  x
3    two  y
4    two  x
5  three  x
6   four  x
==============
0     True
1    False
2     True
3     True
4    False
5    False
6    False
dtype: bool
>>>
```

图 8-48　标记重复数据（除最后一个）

实例 47：标记 DataFrame 对象中的所有重复项。

```
import pandas as pd                                    # 调用第三方库
df=pd.DataFrame({'A':['one','one','two','two','two','three','four'],
                 'B':['x','y','x','y','x','x','x']})   # 创建 DataFrame 对象
print(df)                                              # 输出原始数据
print("================")
tt=df.duplicated('A',keep=False)                       # 标记 A 列所有重复项
print(tt)                                              # 输出数据
```

运行结果如图 8-49 所示。

3. 删除重复数据（drop_duplicates()）

实例 48

实例 48：删除 DataFrame 对象中的重复数据。

代码请扫描侧边二维码查看，运行结果如图 8-50 所示。

4. 检测缺失值（isna()）

实例 49

实例 49：检测 DataFrame 对象中的缺失值。

代码请扫描侧边二维码查看，运行结果如图 8-51 所示。

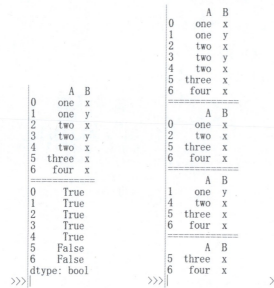

图 8-49　标记所有重复数据　　图 8-50　删除重复数据　　图 8-51　检测缺失值

5. 删除不完整的行或列（dropna()）

实例 50

实例 50：删除 DataFrame 对象中不完整的行或列。

代码请扫描侧边二维码查看，运行结果如图 8-52 所示。

说明：缺失值是指数据中的 NA 值（如 None 或 numpy.nan），其他内容不认定为缺失值，如空字符串之类的字符""或 numpy.inf 不视为 NA 值的字符，除非特殊设置。

6. 缺失值的填充（fillna()）

实例51：对 DataFrame 对象填充缺失值（一）。

代码请扫描侧边二维码查看，运行结果如图 8-53 所示。

实例51

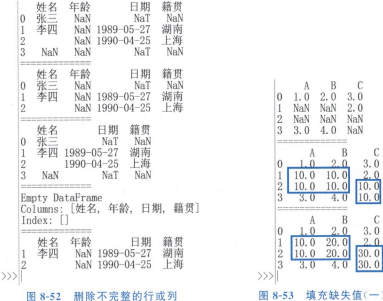

图 8-52　删除不完整的行或列　　　图 8-53　填充缺失值（一）

实例52：对 DataFrame 对象填充缺失值（二）。

代码请扫描侧边二维码查看，运行结果如图 8-54 所示。

说明：本例以"列"为标准进行缺失值数据填充，默认 axis＝0。缺失值前面或后面如果没有数据则不填充。

实例52

实例53：对 DataFrame 对象填充缺失值（三）。

代码请扫描侧边二维码查看，运行结果如图 8-55 所示。

实例53

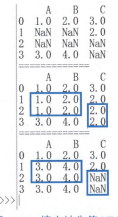
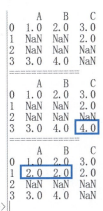

图 8-54　填充缺失值（二）　　　图 8-55　填充缺失值（三）

说明：本例以"行"为标准进行缺失值数据填充，axis＝1。缺失值前面或后面如果没有数据则不填充。

实例 54：对 DataFrame 对象填充缺失值（四）。

```
import pandas as pd                                          # 调用第三方库
import numpy as np                                           # 调用第三方库
df=pd.DataFrame([[1,2,3],[np.nan,np.nan,2],
                [np.nan,np.nan,np.nan],[3,4,np.nan]],
                columns=['A','B','C'])                       # 创建 DataFrame 对象
print(df)                                                    # 输出原始数据
print("==============")
df1=df.fillna(method="bfill",limit=1)                        # 指定填充的数量
print(df1)                                                   # 输出数据
```

运行结果如图 8-56 所示。

说明：limit＝1 用来指定填充缺失值的数量。

7. 替换数据（replace()）

实例 55

实例 55：对 DataFrame 对象替换数据。

代码请扫描侧边二维码查看，运行结果如图 8-57 所示。

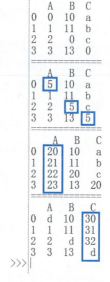

```
     A    B    C
0  1.0  2.0  3.0
1  NaN  NaN  2.0
2  NaN  NaN  NaN
3  3.0  4.0  NaN
==============
     A    B    C
0  1.0  2.0  3.0
1  NaN  NaN  2.0
2  3.0  4.0  NaN
3  3.0  4.0  NaN
>>>
```

图 8-56　填充缺失值（四）　　　　图 8-57　替换数据

8.4.2　Series 清洗

Series 数据清洗包括测试字符串是否存在、检测缺失值、连接字符串和删除空格等操作。Series 数据清洗函数如表 8-3 所示。

表 8-3　Series 数据清洗函数

序号	函　　数	描　　述
1	str.contains()	测试字符串是否存在
2	isna()	检测缺失值
3	str.json()	连接字符串
4	strip()/lstrip()/rstrip()	删除空格

1. 测试字符串是否存在(str.contains())

实例 56：测试 Series 对象字符串中是否包含所查找的内容。

```
import pandas as pd                          #调用第三方库
import numpy as np                           #调用第三方库
s=pd.Series(['Mouse','dog','house','23',np.nan])    #创建 Series 对象
print(s)                                     #输出原始数据
print("==============")
s1=s.str.contains('og',regex=False)          #测试字符串中是否包含'og'
print(s1)                                    #输出数据
```

运行结果如图 8-58 所示。

说明：参数 regex 表示是否用正则表达式进行字符串匹配。当 regex=False 时，表示不使用正则表达式进行字符串匹配；默认情况下，regex=True，即使用正则表达式进行字符串匹配。

实例 57：对 Series 对象使用文字模式返回布尔值索引。

代码请扫描侧边二维码查看，运行结果如图 8-59 所示。

图 8-58　测试查找内容（一）

实例 57

说明：na='缺失值'，用来标注缺失值。

```
Index(['Mouse', 'dog', 'house', '23', nan], dtype='object')
==============
Index([False, False, False, True, nan], dtype='object')
==============
Index([False, True, False, False, '缺失值'], dtype='object')
>>>
```

图 8-59　测试查找内容（二）

实例 58：对 Series 对象设定是否区分字母大小写。

代码请扫描侧边二维码查看，运行结果如图 8-60 所示。

说明：参数 case 用来设定是否区分字母大小写。当 case=False 时，表示不区分字母大小写；默认情况下，case=True，即区分字母大小写。

实例 58

```
0    Mouse
1      dog
2    house
3       23
4      NaN
dtype: object
==============
0    False
1    True
2    False
3    False
4      NaN
dtype: object
==============
0    False
1    False
2    False
3    False
4      NaN
dtype: object
>>>
```

图 8-60　设定大小写敏感性

实例 59：对 Series 对象设定 nan 空值的查找及标注样式。

```
import pandas as pd                                    #调用第三方库
import numpy as np                                     #调用第三方库
s＝pd.Series(['Mouse','dog','house','23',np.nan])      #创建 Series 对象
print(s)                                               #输出原始数据
print("==============")
s1＝s.str.contains('og',regex＝True)                    #忽略 nan 空值
print(s1)                                              #输出数据
print("==============")
s2＝s.str.contains('og',na＝"空值",regex＝True)          #查找 nan 空值并标注
print(s2)                                              #输出数据
```

运行结果如图 8-61 所示。

```
0    Mouse
1      dog
2    house
3       23
4      NaN
dtype: object
==============
0    False
1    True
2    False
3    False
4      NaN
dtype: object
==============
0    False
1    True
2    False
3    False
4      空值
dtype: object
>>>
```

图 8-61　nan 空值查找的设定

2. 检测缺失值（isna()）

实例 60：对 Series 对象检测缺失值。

```
import pandas as pd                    #调用第三方库
import numpy as np                     #调用第三方库
s=pd.Series([5,np.nan,6,np.nan])       #创建 Series 对象
print(s)                               #输出原始数据
print("=============")
s1=s.isna()                            #检测缺失值
print(s1)                              #输出数据
```

运行结果如图 8-62 所示。

```
0    5.0
1    NaN
2    6.0
3    NaN
dtype: float64
=============
0    False
1    True
2    False
3    True
dtype: bool
>>>
```

图 8-62　检测缺失值

3. 连接字符串（str.json()）

实例 61：对 Series 对象中的字符串进行连接。

```
import pandas as pd                         #调用第三方库
s=pd.Series([['name','sex','age']])         #创建 Series 对象
print(s)                                    #输出原始数据
print("=============")
s1=s.str.join('-')                          #以"-"符号连接
print(s1)                                   #输出数据
```

运行结果如图 8-63 所示。

```
0    [name, sex, age]
dtype: object
=============
0    name-sex-age
dtype: object
>>>
```

图 8-63　字符串连接

4. 删除空格（strip()/lstrip()/rstrip()）

strip()、lstrip()和 rstrip()函数可用于删除字符串前后的特定字符(默认情况下为空白字符,包括空格、换行符、制表符等)。其中,strip()函数用于删除字符串两端(开头和结尾)的特定字符;lstrip()函数用于删除字符串左侧(开头)的特定字符;rstrip()函数用于删除字符串右侧(结尾)的特定字符。

实例 62：对 Series 对象删除空格。

代码请扫描侧边二维码查看,运行结果如图 8-64 所示。

实例 62

```
Index(['张三','李四  ','  王五  ','赵六','魏七   刘八'], dtype='object')
============
Index(['张三','李四','王五','赵六','魏七  刘八'], dtype='object')
============
Index(['张三','李四  ','王五  ','赵六','魏七  刘八'], dtype='object')
============
>>> Index(['  张三','李四','  王五  ','赵六','魏七  刘八'], dtype='object')
```

图 8-64 删除空格

实例 63：对字符串删除指定字符。

```
s="123abcrunoob321"              #设定字符串
print(s)                          #输出原始数据
print("=============")
s1=s.strip('12')                  #删除指定字符
print(s1)                         #输出数据
```

运行结果如图 8-65 所示。

```
123abcrunoob321
============
>>> 3abcrunoob3
```

图 8-65 删除指定字符

8.5 数据格式化

在处理数据时，字符串和时间格式的数据非常重要。pandas 库提供了许多函数和方法，用于实现字符串和时间格式数据的转换和格式化。

8.5.1 Series 数据格式化

Series 格式化主要包括拼接字符串及字母的大小写转换，相应的格式化操作函数如表 8-4 所示。

表 8-4 Series 格式化操作函数

序号	函数	描述
1	str.json()	拼接字符串
2	str.lower()/str.upper()/str.capitalize()/str.swapcase()	字母大小写转换

1. 拼接字符串（str.json()）

实例 64：将 Series 中的字符串进行拼接。

```
import pandas as pd                    #调用第三方库
s=pd.Series([['早','安','中','国']])    #创建 Series 对象
print(s)                                #输出原始数据
```

```
print("============")
s1=s.str.join('-')                              #拼接字符串
print(s1)                                       #输出数据
```

运行结果如图 8-66 所示。

```
0    [早, 安, 中, 国]
dtype: object
============
0    早-安-中-国
dtype: object
>>>
```

图 8-66　拼接字符串

2. 字母大小写转换

实例 65：将 Series 中的字母全部转换为大(小)写。

代码请扫描侧边二维码查看，运行结果如图 8-67 所示。

实例 65

```
Index(['A', 'B', 'C', 'Aaba', 'Baca', 'CABA', 'dog', 'cat'], dtype='object')
============
Index(['a', 'b', 'c', 'aaba', 'baca', 'caba', 'dog', 'cat'], dtype='object')
============
Index(['A', 'B', 'C', 'AABA', 'BACA', 'CABA', 'DOG', 'CAT'], dtype='object')
>>>
```

图 8-67　字母大小写转换(一)

实例 66：将 Series 中的首字母大写；将 Series 中的字母大小写反转。

```
import pandas as pd                              #调用第三方库
s=pd.Index(['A','B','C','Aaba','Baca','CABA',
            'dog','cat'])                        #创建 Series 对象
print(s)                                         #输出原始数据
print("============")
s1=s.str.capitalize()                            #首字母大写
print(s1)                                        #输出数据
print("============")
s2=s.str.swapcase()                              #字母大小写反转
print(s2)                                        #输出数据
```

运行结果如图 8-68 所示。

```
Index(['A', 'B', 'C', 'Aaba', 'Baca', 'CABA', 'dog', 'cat'], dtype='object')
============
Index(['A', 'B', 'C', 'Aaba', 'Baca', 'Caba', 'Dog', 'Cat'], dtype='object')
============
Index(['a', 'b', 'c', 'aABA', 'bACA', 'caba', 'DOG', 'CAT'], dtype='object')
>>>
```

图 8-68　字母大小写转换(二)

8.5.2　日期与时间格式化

日期与时间格式化包括获取其中的年份、月份和星期等部分数据，相应的函数如表 8-5 所示。

表 8-5　日期与时间函数

序号	函　　数	描　　述
1	Series.dt 属性	获取日期、星期、季节等

续表

序号	函数	描述
2	date_range()	生成时间序列
3	Series.dt.date	返回日期部分
4	Series.dt.time	返回时间部分
5	Series.dt.timetz	返回时间部分(包含时区信息)
6	Series.dt.year	返回年份
7	Series.dt.month	返回月份
8	Series.dt.day	返回日期
9	Series.dt.hour	返回小时
10	Series.dt.minute	返回分钟
11	Series.dt.second	返回秒
12	Series.dt.microsecond	返回微秒
13	Series.dt.nanosecond	返回纳秒
14	Series.dt.dayofweek	返回星期几，其中星期一用0表示，星期日用6表示
15	Series.dt.dayofyear	返回一年中的第几天
16	Series.dt.quarter	返回日期的四分之一，即第几个季节

1. 获取日期的部分数据(dt 属性)

实例 67：提取日期的年份数据。

```
import pandas as pd                                              # 调用第三方库
s=pd.Series(pd.date_range("2010-01-01",periods=4,freq="Y"))      # 创建时间序列
print(s)                                                          # 输出原始数据
print("=============")
s1=s.dt.year                                                      # 返回年份
print(s1)                                                         # 输出数据
```

运行结果如图 8-69 所示。

```
0   2010-12-31
1   2011-12-31
2   2012-12-31
3   2013-12-31
dtype: datetime64[ns]
=============
0   2010
1   2011
2   2012
3   2013
dtype: int32
>>>
```

图 8-69　提取年份数据

2. 生成时间序列(date_range()函数)

实例 68：生成时间序列(一)。

代码请扫描侧边二维码查看，运行结果如图 8-70 所示。

```
DatetimeIndex(['2017-01-01', '2017-01-02', '2017-01-03', '2017-01-04',
               '2017-01-05', '2017-01-06', '2017-01-07', '2017-01-08'],
              dtype='datetime64[ns]', freq='D')
==============
DatetimeIndex(['2017-01-05', '2017-01-06', '2017-01-07', '2017-01-08',
               '2017-01-09', '2017-01-10'],
              dtype='datetime64[ns]', freq='D')
==============
DatetimeIndex(['2017-01-01', '2017-01-03', '2017-01-05', '2017-01-07',
               '2017-01-09', '2017-01-11', '2017-01-13', '2017-01-15'],
              dtype='datetime64[ns]', freq='2D')
==============
DatetimeIndex(['2017-01-01', '2017-01-04', '2017-01-07', '2017-01-10'],
              dtype='datetime64[ns]', name='实例', freq='3D')
>>>
```

图 8-70 生成时间序列(一)

实例 69：生成时间序列(二)。

```
import pandas as pd                                              # 调用第三方库
s1=pd.date_range(start='20170101',end='20170110',inclusive='left')   # 左闭右开
print(list(s1))                                                  # 输出数据
print("==============")
s2=pd.date_range(start='20170101',end='20170110',inclusive='right')  # 左开右闭
print(s2)                                                        # 输出数据
```

运行结果如图 8-71 所示。

```
[Timestamp('2017-01-01 00:00:00'), Timestamp('2017-01-02 00:00:00'), Timestamp('2017-01-03 00:00:00'), Timestamp('2017-01-04 00:00:00'), Timestamp('2017-01-05 00:00:00'), Timestamp('2017-01-06 00:00:00'), Timestamp('2017-01-07 00:00:00'), Timestamp('2017-01-08 00:00:00'), Timestamp('2017-01-09 00:00:00')]
==============
DatetimeIndex(['2017-01-02', '2017-01-03', '2017-01-04', '2017-01-05',
               '2017-01-06', '2017-01-07', '2017-01-08', '2017-01-09',
               '2017-01-10'],
              dtype='datetime64[ns]', freq='D')
>>>
```

图 8-71 生成时间序列(二)

说明：在 Python 3.7.4 版本中,参数的写法为 closed='left'。而在 Python 3.11.3 版本中,相应的参数写法变为 inclusive='left'。当采用左闭右开的区间时,inclusive='left'参数为默认设置,可省略不写。

8.6 数据类型转换

pandas 数据类型定义了某一列所有数据的共同特征。数据类型决定了数据的存储方式和内存占用大小。在进行数据分析之前,需要为数据设置适合的数据类型,这样可以高效地处理数据,因为不同的数据类型适用于不同的处理方法。在 pandas 中,虽然推荐每个列(Series)的数据项具有统一的数据类型以提高处理效率,但列也可以是对象类型(object),允许包含不同类型的数据项。

pandas 常用的数据类型包括：数值类型，包括整数和浮点数，用于计算；字符串类型，用于存储各类文本内容；日期时间类型，用于存储日期和时间；category 类型，用于存储有限数量的重复字符串，优化内存使用；等等。pandas 数据类型汇总如表 8-6 所示。pandas 数据类型与 Python 和 NumPy 数据类型之间存在一定的对应关系，如表 8-7 所示。

表 8-6　pandas 数据类型汇总

序号	类　　型	说　　明
1	float	浮点数
2	int	整数
3	bool	布尔值
4	datetime64[ns]	日期时间
5	timedelta64[ns]	时间差
6	timedelta[ns]	两个时间之间的距离，时间差
7	category	有限长度文本值
8	object	对象
9	string	字符串

表 8-7　pandas 和 Python、NumPy 数据类型的对应关系

序号	pandas 类型	Python 类型	NumPy 类型	用途
1	object	str	string、Unicode	文本
2	int64	int	int_、int8、int16、int32、int64、uint8、uint16、uint32、uint64	整数
3	float64	float	float_、float16、float32、float64	浮点数
4	bool	bool	bool_	布尔值
5	datetime64	NA	NA	日期时间
6	timedelta[ns]	NA	NA	时间差
7	category	NA	NA	有限长度文本值

8.6.1　显示数据类型

在使用 pandas 进行数据分析时，了解其数据类型是非常重要的。相关 pandas 数据类型的查看函数如表 8-8 所示。

表 8-8　相关 pandas 数据类型的查看函数

序号	函　　数	描　　述
1	df.dtypes	各字段的数据类型
2	df.team.dtype	某个字段的类型
3	s.dtype	s 的类型
4	df.dtypes.value_counts()	各类型有多少个字段

实例70：对 DataFrame 对象显示其数据类型。

```
import pandas as pd                                          #调用第三方库
pd.set_option('display.unicode.ambiguous_as_wide',True)      #设置数据对齐
pd.set_option('display.unicode.east_asian_width',True)       #设置数据对齐
df=pd.DataFrame({'国家':["中国","美国","日本","德国","英国"],
                 '序列':[9,6,2,8,7],
                 '评分':[10,5.8,1.2,6.8,6.6]})               #创建 DataFrame 对象
print(df)                                                    #显示原始数据
print("===============")
print(df.dtypes)                                             #显示数据类型
```

运行结果如图 8-72 所示。

图 8-72　显示数据类型

说明：在 Python 中，字符串是 str 类型；而在 pandas 的 DataFrame 中，字符串是 object 类型。DataFrame 中数值类型默认是 64 位的，可以存储更大范围的数值。

8.6.2　设置数据类型

astype()方法可以把 DataFrame 中的任何列设置成其他数据类型。

实例71：对 DataFrame 对象指定数据类型（方式一）。

代码请扫描侧边二维码查看，运行结果如图 8-73 所示。

实例 71

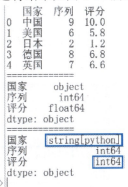

图 8-73　指定数据类型（一）

实例72

实例73

说明：本例中将"国家"列设置成Python中的str类型，将"评分"列设置成int64类型。

实例72：对DataFrame对象指定数据类型（方式二）。

代码请扫描侧边二维码查看，运行结果如图8-74所示。

说明：本例对不同列的数据类型分别进行设置。

实例73：对DataFrame对象全部字段数据类型同时进行设置。

代码请扫描侧边二维码查看，运行结果如图8-75所示。

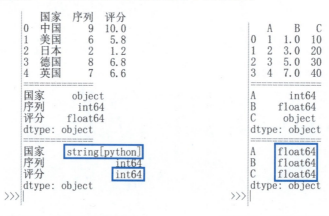

图8-74　指定数据类型（二）　　　图8-75　数据类型设置

8.6.3　自动设置数据类型

convert_dtypes()方法用于智能地为DataFrame对象设置合适的数据类型。

实例74：对DataFrame对象智能设定数据类型。

```python
import pandas as pd                                    #调用第三方库
df=pd.DataFrame({'国家':["中国","美国","日本","德国","英国"],
                 '序列':[9,6,2,8,7],
                 '评分':[10,5.8,1.2,6.8,6.6]})          #创建DataFrame对象
print(df.dtypes)                                       #显示原始数据类型
print("==============")
df1=df.convert_dtypes()                                #智能数据类型转换
print(df1.dtypes)                                      #显示更新后数据类型
```

运行结果如图8-76所示。

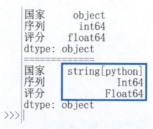

图8-76　智能设定数据类型

8.6.4　数据类型转换方式

数据类型转换可以使用 astype() 函数强制设置，也可以使用 pandas 函数 to_numeric() 或 to_datetime() 进行转换。DataFrame 数据转换函数如表 8-9 所示。

表 8-9　DataFrame 数据转换函数

序号	函　　数	描　　述
1	T 属性	行列数据对调
2	astype()	设置数据类型
3	dtypes	显示数据类型
4	to_numeric()	转换为数值型
5	to_datetime()	转换为日期时间型
6	CategoricalDtype	pandas 特有类型，有限字符枚举
7	datetimeTZDtype	pandas 特有类型，带有时区的日期时间

1. 设置数据类型（astype()）

实例 75：对 DataFrame 对象设置数据类型（一）。

代码请扫描侧边二维码查看，运行结果如图 8-77 所示。

实例 75

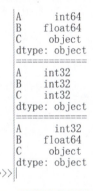

图 8-77　设置数据类型（一）

实例 76：对 DataFrame 对象设置数据类型（二）。

```
import pandas as pd                                    #调用第三方库
df=pd.DataFrame({'A':[1,2,3,4],
                 'B':[1.0,3.0,5.0,7.0],
                 'C':["10","20","30","40"]})           #创建 DataFrame 对象
print(df.dtypes)                                       #显示原始数据类型
print("==============")
df1=df.astype('category')                              #设置为分类数据类型
print(df1.dtypes)                                      #显示转换后数据类型
```

运行结果如图 8-78 所示。

说明：本例中出现的category是pandas特有的数据类型，它是一种用于处理分类变量的数据类型，能够显著提高数据处理和计算的效率，同时减少内存占用。

2. 数据转换为数值类型（to_numeric()）

使用to_numeric()函数转换数据类型时，注意此函数不能直接操作DataFrame对象，只能操作Series对象。

实例77：将Series对象数据类型转换为数值类型。

图8-78 设置数据类型（二）

```
import pandas as pd                              #调用第三方库
s=pd.Series(['1.0','2',-3])                      #创建Series对象
print(s.dtype)                                   #显示原始数据类型
print("==============")
s1=pd.to_numeric(s)                              #转换数据类型
print(s1.dtype)                                  #显示更新数据类型
print("==============")
s2=pd.to_numeric(s,downcast='signed')            #转换数据类型
print(s2.dtype)                                  #显示更新数据类型
```

运行结果如图8-79所示。

实例78：将DataFrame对象数据类型转换为数值类型。

代码请扫描侧边二维码查看，运行结果如图8-80所示。

实例78

图8-79 转换为数值类型（Series对象）　　图8-80 转换为数值类型（DataFrame对象）

3. 数据转换为日期时间类型（to_datetime()）

实例79：将DataFrame对象数据类型转换为日期时间类型。

```
import pandas as pd                                      #调用第三方库
df=pd.Series(['3/11/2000','3/12/2000','3/13/2000'])      #创建DataFrame对象
```

```
print(df)                              # 显示原始数据及数据类型
print("==============")
df1=pd.to_datetime(df)                 # 将字符串转换为日期时间型
print(df1)                             # 显示更新数据及数据类型
```

运行结果如图 8-81 所示。

```
0    3/11/2000
1    3/12/2000
2    3/13/2000
dtype: object
==============
0   2000-03-11
1   2000-03-12
2   2000-03-13
dtype: datetime64[ns]
>>>
```

图 8-81　转换为日期时间类型

4. 行列数据对调（T 属性）

使用 T 属性可以实现 DataFrame 对象的行列数据对调。

实例 80：将 DataFrame 对象行列数据对调。

```
import pandas as pd                                        # 调用第三方库
df=pd.DataFrame({'c1':[1,2,3],'c2':[4.0,5.0,6.0],
                 'c3':["7","8","9"]})                      # 创建 DataFrame 对象
print(df)                                                  # 显示原始数据
print("==============")
df1=df.T                                                   # 行列数据对调
print(df1)                                                 # 显示对调后数据
```

运行结果如图 8-82 所示。

5. 有限字符枚举（CategoricalDtype()）

categorical 是 pandas 中用于处理分类变量的一种数据类型。它可以用于排序，但不支持数值运算。categorical 类型的顺序在定义时就已经确定，而不是基于数字或字母的默认排序规则。

当数据集中的某个字段具有有限的可能取值且存在大量重复的字符串时，使用 categorical 类型可以有效地节省内存。此外，如果字段的排序规则特殊，不遵循常规的词法顺序，可以通过将字段转换为 categorical 类型来实现所需的排序规则。categorical 类型在进行数据分组和汇总统计时也非常有用。

```
    c1   c2  c3
0    1  4.0   7
1    2  5.0   8
2    3  6.0   9
==============
       0    1    2
c1     1    2    3
c2   4.0  5.0  6.0
c3     7    8    9
>>>
```

图 8-82　行列数据对调

实例 81：定义有限的字符枚举类型。

代码请扫描侧边二维码查看，运行结果如图 8-83 所示。

说明：本例分别对数值及字母定义了有限的字符枚举类型。

实例 81

```
0    a
1    b
2    a
3    NaN
dtype: category
Categories (2, object): ['b' < 'a']
==============
[1, 2, 3, 4, 1, 2]
Categories (4, int64): [1, 2, 3, 4]
==============
['a', 'b', 'c', 'd', 'a', 'b']
Categories (4, object): ['a', 'b', 'c', 'd']
==============
['a', 'b', 'c', 'a', 'b', 'c']
Categories (3, object): ['c' < 'b' < 'a']
==============
c
>>>
```

图 8-83　字符枚举

实例 82：使用自定义排序转换为有序分类类型。

```
import pandas as pd                                          #调用第三方库
s=pd.Series([1,2,3,4,5],dtype='int32')                       #设置序列及数据类型
print(s)                                                     #显示原始数据及数据类型
print("==============")
dt=pd.api.types.CategoricalDtype(categories=[2,1,3],ordered=True)
                                                             #设置序列及数据类型
s1=s.astype(dt)                                              #转换数据类型
print(s1)                                                    #显示转换数据及数据类型
```

运行结果如图 8-84 所示。

```
0    1
1    2
2    3
3    4
4    5
dtype: int32
==============
0    1
1    2
2    3
3    NaN
4    NaN
dtype: category
Categories (3, int64): [2 < 1 < 3]
>>>
```

图 8-84　转换数据类型

说明：本例对数据类型进行了转换，由 int32 数据类型转换成 categorical 数据类型。

6. 带有时区的日期时间（DatetimeTZDtype()）

实例 83：设置带有时区的日期时间。

代码请扫描侧边二维码查看，运行结果如图 8-85 所示。

实例 83

实例 84：使用 Timestamp()函数指定日期时间。

代码请扫描侧边二维码查看，运行结果如图 8-86 所示。

```
0    2020-05-01 22:23:22.343200+08:00
dtype: datetime64[ns, Asia/Shanghai]
================
0    2020-05-01 22:23:22.343200+08:00
dtype: datetime64[ns, Asia/Shanghai]
================
0    2020-05-01 22:23:22.343200
dtype: datetime64[ns]
================
>>>
```

图 8-85　带有时区的日期时间

```
2017-01-01 12:00:00
2017-12-15 19:02:35-08:00
================
2017-12-16 03:02:35
================
2017-12-16 03:02:35.500000
================
2017-01-01 12:00:00
================
2017-01-01 12:28:30.000030
================
>>>
```

图 8-86　设置日期时间

实例 84

8.6.5　数据类型筛选

实例 85：按数据类型筛选数据。

代码请扫描侧边二维码查看，运行结果如图 8-87 所示。

图 8-87　按数据类型筛选数据

实例 85

8.7　数据排序

数据排序是数据分析中的一种常用手段。pandas 支持三种排序方式：按索引排序、按列值排序，以及将两者结合进行排序。在 pandas 中，sort_index()和 sort_values()是两个主要的排序函数,分别用于按照索引和数值的大小进行排序。

8.7.1 按索引排序

1. 设置索引

实例86

实例86:对 DataFrame 对象设置索引。

代码请扫描侧边二维码查看,运行结果如图 8-88 所示。

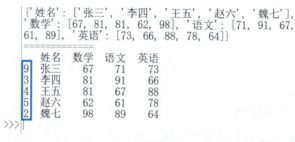

图 8-88 设置索引

2. 按行索引排序

实例87

实例87:对 DataFrame 对象按行索引排序。

代码请扫描侧边二维码查看,运行结果如图 8-89 所示。

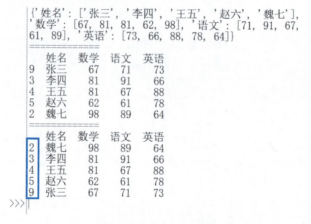

图 8-89 按行索引排序

说明:按行索引为默认索引。

3. 按列索引排序

实例88

实例88:对 DataFrame 对象按列索引排序。

代码请扫描侧边二维码查看,运行结果如图 8-90 所示。

4. 按行索引升序排序

可以通过设置参数 ascending 指定升序或降序排列。默认情况下,ascending=True,

表示升序排列；当设置 ascending＝False 时，则表示降序排列。

实例 89：对 DataFrame 对象按行索引升序排序。

代码请扫描侧边二维码查看，运行结果如图 8-91 所示。

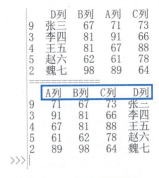

图 8-90　按列索引排序

图 8-91　按行索引（升序）

5. 按列索引降序排列

实例 90：对 DataFrame 对象按列索引排序（降序）。

代码请扫描侧边二维码查看，运行结果如图 8-92 所示。

6. 按行、列索引同时排序

实例 91：对 DataFrame 对象按行、列索引同时排序。

代码请扫描侧边二维码查看，运行结果如图 8-93 所示。

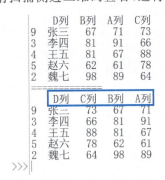

图 8-92　按列索引（降序）　　　图 8-93　按行、列索引同时排序

8.7.2　按数值排序

1. 按单个列的数值排序（升序）

实例 92：对 DataFrame 对象按单个列的数值排序（升序）。

代码请扫描侧边二维码查看，运行结果如图 8-94 所示。

2. 按多个列数值排序

实例93：对 DataFrame 对象按多个列数值排序。

代码请扫描侧边二维码查看，运行结果如图 8-95 所示。

实例93

```
    姓名  数学  语文  英语
9   张三   67   71   73
3   李四   81   91   66
4   王五   81   67   88
5   赵六   62   61   78
2   魏七   98   89   64

    姓名  数学  语文  英语
5   赵六   62   61   78
4   王五   81   67   88
9   张三   67   71   73
2   魏七   98   89   64
3   李四   81   91   66
>>>
```

图 8-94　单个列的数值排序（升序）

```
    姓名  数学  语文  英语
9   张三   67   71   73
3   李四   81   91   66
4   王五   81   67   88
5   赵六   62   61   78
2   魏七   98   89   64

    姓名  数学  语文  英语
5   赵六   62   61   78
9   张三   67   71   73
4   王五   81   67   88
3   李四   81   91   66
2   魏七   98   89   64
>>>
```

图 8-95　按多个列数值排序

3. 按缺失值（NaN）排序

实例94：对 DataFrame 对象按缺失值（NaN）排序，缺失值放在前面。

代码请扫描侧边二维码查看，运行结果如图 8-96 所示。

实例94

4. 指定 key 参数排序

通过设置 key 参数，可以将列按照特定条件进行排序。

实例95：对 DataFrame 对象按指定 key 参数排序。

代码请扫描侧边二维码查看，运行结果如图 8-97 所示。

实例95

```
     C1   C2  C3  C4
0    A    2   0   a
1  NaN    1   9   B
2    B    9   4   C
3  NaN    8   2   D
4    D    7   4   e
5    C    4   3   F

     C1   C2  C3  C4
1  NaN    1   1   B
3  NaN    8   4   D
0    A    2   9   a
2    B    9   3   C
5    C    4   7   F
4    D    7   2   e
>>>
```

图 8-96　缺失值排序

```
    C1  C2  C3  C4
0   A   2   0   a
1   A   1   9   B
2   B   9   4   C
3 NaN   8   4   D
4   D   7   2   e
5   C   4   3   F

    C1  C2  C3  C4
1   A   1   9   B
2   B   9   4   C
3 NaN   8   4   D
5   C   4   3   F
0   A   2   0   a
4   D   7   2   e

    C1  C2  C3  C4
0   A   2   0   a
1   A   1   9   B
2   B   9   4   C
3 NaN   8   4   D
4   D   7   2   e
5   C   4   3   F
>>>
```

图 8-97　指定 key 参数排序

5. 重置索引

在排序过程中,引入 ignore_index 参数,可以对索引重新设置。

实例 96:对 DataFrame 对象重置索引。

代码请扫描侧边二维码查看,运行结果如图 8-98 所示。

实例 96

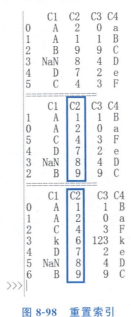

图 8-98 重置索引

8.7.3 其他排序

在 pandas 的排序函数中,kind 参数的默认值是 quicksort(快速排序),其他可选的排序算法有 mergesort(归并排序)、heapsort(堆排序)和 stable(稳定排序)。需要注意的是,kind 参数仅在对单个列进行排序时有效。

1. 快速排序算法(quicksort 算法)

实例 97:对 DataFrame 对象使用快速排序算法排序。

代码请扫描侧边二维码查看,运行结果如图 8-99 所示。

2. 归并排序算法(mergesort 算法)

归并排序算法是建立在归并操作上的一种排序算法。

实例 98:对 DataFrame 对象使用归并排序算法排序。

代码请扫描侧边二维码查看,运行结果如图 8-100 所示。

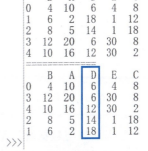

图 8-99 快速排序算法

实例 97

实例 98

3. 忽略索引

实例 99:对 DataFrame 对象忽略索引,恢复默认索引。

```
         B   A   D   E   C
    0    4   10  6   4   8
    1    6   2   18  1   12
    2    8   5   14  1   18
    3    12  20  6   30  8
    4    10  16  12  30  2
    ================
         B   A   D   E   C
    0    4   10  6   4   8
    3    12  20  6   30  8
    4    10  16  12  30  2
    2    8   5   14  1   18
    1    6   2   18  1   12
>>>
```

图 8-100　归并排序算法

```
import pandas as pd                                  # 调用第三方库
df={'B':[4,6,8,12,10],'A':[10,2,5,20,16],
    'D':[6,18,14,6,12],'E':[4,1,1,30,30],
    'C':[8,12,18,8,2]}                               # 创建 DataFrame 对象
sy=[9,3,4,5,2]                                       # 设置索引
df1= pd.DataFrame(data=df,index=sy)                  # 加入索引
print(df1)                                           # 输出索引后数据
print("==============")
df2=df1.sort_values('A',ignore_index=True)           # 忽略索引,恢复默认索引(重置索引)
print(df2)                                           # 输出数据
```

运行结果如图 8-101 所示。

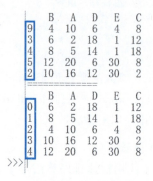

图 8-101　忽略索引

8.8　数据计算与统计

数据计算与数据统计是数据分析中两种最常用的方法。它们既有区别也有联系：数学计算侧重于数学理论和实践应用，而数据统计侧重于数据分析和决策推断。两者都是数据预处理中的重要方法和手段。

8.8.1 数据计算

数据计算是运用数学知识和计算机技术解决实际问题,其相关函数如表 8-10 所示。

表 8-10 数据计算相关函数

序号	函数	描述
1	sum()	求和
2	mean()	求平均值
3	max()	求最大值
4	min()	求最小值
5	cumsum()	累计总和
6	cummax()	累计最大值
7	cummin()	累计最小值
8	cumprod()	累计乘积
9	idxmax()	求最大索引数
10	idxmin()	求最小索引数
11	head()	获取前 N 个值
12	count()	计算非 NaN 值的个数

1. 求和(sum())

实例 100:对 DataFrame 数据求和。

```
import pandas as pd                              #调用第三方库
import numpy as np                               #调用第三方库
df=pd.DataFrame(np.arange(20).reshape(5,4),
                columns=['A','B','C','D'])       #创建 DataFrame 对象
print(df)                                        #输出原始数据
print("=============")
print(list(df.sum()))                            #输出数据(求和按行)
print("=============")
print(df.sum('columns'))                         #输出数据(求和按列)
```

运行结果如图 8-102 所示。

```
     A   B   C   D
0    0   1   2   3
1    4   5   6   7
2    8   9  10  11
3   12  13  14  15
4   16  17  18  19
=============
[40, 45, 50, 55]
=============
0     6
1    22
2    38
3    54
4    70
dtype: int64
>>>
```

图 8-102 求和

2. 求平均值(mean())

实例 101：对 DataFrame 数据求平均值。

```
import pandas as pd                              #调用第三方库
import numpy as np                               #调用第三方库
df=pd.DataFrame(np.arange(20).reshape(5,4),
                columns=['A','B','C','D'])       #创建 DataFrame 对象
print(df)                                        #输出原始数据
print("=============")
print(list(df.mean()))                           #输出数据(计算平均值按行)
print("=============")
print(df.mean('columns'))                        #输出数据(计算平均值按列)
```

运行结果如图 8-103 所示。

```
    A   B   C   D
0   0   1   2   3
1   4   5   6   7
2   8   9  10  11
3  12  13  14  15
4  16  17  18  19
=============
[8.0, 9.0, 10.0, 11.0]
=============
0     1.5
1     5.5
2     9.5
3    13.5
4    17.5
dtype: float64
>>>
```

图 8-103　求平均值

3. 求最大值(max())

实例 102：对 DataFrame 数据求最大值。

```
import pandas as pd                              #调用第三方库
import numpy as np                               #调用第三方库
df=pd.DataFrame(np.arange(20).reshape(5,4),
                columns=['A','B','C','D'])       #创建 DataFrame 对象
print(df)                                        #输出原始数据
print("=============")
print(list(df.max()))                            #输出最大值(按行)
print("=============")
print(df.max('columns'))                         #输出最大值(按列)
```

运行结果如图 8-104 所示。

4. 求最小值(min())

实例 103：对 DataFrame 数据求最小值。

```
      A   B   C   D
0   0   1   2   3
1   4   5   6   7
2   8   9  10  11
3  12  13  14  15
4  16  17  18  19
==============
[16, 17, 18, 19]
==============
0     3
1     7
2    11
3    15
4    19
dtype: int32
>>>
```

图 8-104　求最大值

```
import pandas as pd                                      # 调用第三方库
import numpy as np                                       # 调用第三方库
df=pd.DataFrame(np.arange(20).reshape(5,4),
                columns=['A','B','C','D'])               # 创建 DataFrame 对象
print(df)                                                # 输出原始数据
print("==============")
print(list(df.min()))                                    # 输出最小值(按行)
print("==============")
print(df.min('columns'))                                 # 输出最小值(按列)
```

运行结果如图 8-105 所示。

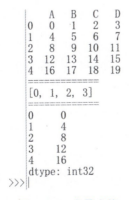

图 8-105　求最小值

5. 累计总和(cumsum())

cumsum()方法是从顶部逐行遍历 DataFrame 中的值,将每一行的值与前一行对应的值相加,最终生成一个 DataFrame,其中最后一行包含每列的所有值之和。

实例 104:对 DataFrame 数据求累计总和。

```
import pandas as pd                                      # 调用第三方库
import numpy as np                                       # 调用第三方库
```

```
df=pd.DataFrame(np.arange(20).reshape(5,4),
                columns=['A','B','C','D'])          #创建DataFrame对象
print(df)                                            #输出原始数据
print("=============")
print(df.cumsum())                                   #输出累计总和(按行)
print("=============")
print(df.cumsum('columns'))                          #输出累计总和(按列)
```

运行结果如图 8-106 所示。

图 8-106 累计总和

6. 累计最大值(cummax())

cummax()方法是从顶部逐行遍历 DataFrame 中的值,用遍历过的最大值进行替换,其中最后一行仅包含每列中的最大值。

实例 105:对 DataFrame 数据求累计最大值。

```
import pandas as pd                                 #调用第三方库
import numpy as np                                  #调用第三方库
df=pd.DataFrame(np.arange(20,0,-1).reshape(5,4),
                columns=['A','B','C','D'])          #创建DataFrame对象
print(df)                                            #输出原始数据
print("=============")
print(df.cummax())                                   #输出累计最大值(按行)
print("=============")
print(df.cummax('columns'))                          #输出累计最大值(按列)
```

运行结果如图 8-107 所示。

7. 累计最小值(cummin())

cummin()方法从顶部逐行遍历 DataFrame 中的值,用遍历过的最小值进行替换,其中最后一行仅包含每列中的最小值。

```
     A   B   C   D
0   20  19  18  17
1   16  15  14  13
2   12  11  10   9
3    8   7   6   5
4    4   3   2   1
==============
     A   B   C   D
0   20  19  18  17
1   20  19  18  17
2   20  19  18  17
3   20  19  18  17
4   20  19  18  17
==============
     A   B   C   D
0   20  20  20  20
1   16  16  16  16
2   12  12  12  12
3    8   8   8   8
4    4   4   4   4
>>>
```

图 8-107　累计最大值

实例 106：对 DataFrame 数据求累计最小值。

```
import pandas as pd                                    #调用第三方库
import numpy as np                                     #调用第三方库
df=pd.DataFrame(np.arange(20).reshape(5,4),
                columns=['A','B','C','D'])             #创建 DataFrame 对象
print(df)                                              #输出原始数据
print("==============")
print(df.cummin())                                     #输出累计最小值(按行)
print("==============")
print(df.cummin('columns'))                            #输出累计最小值(按列)
```

运行结果如图 8-108 所示。

```
     A   B   C   D
0    0   1   2   3
1    4   5   6   7
2    8   9  10  11
3   12  13  14  15
4   16  17  18  19
==============
     A   B   C   D
0    0   1   2   3
1    0   1   2   3
2    0   1   2   3
3    0   1   2   3
4    0   1   2   3
==============
     A   B   C   D
0    0   0   0   0
1    4   4   4   4
2    8   8   8   8
3   12  12  12  12
4   16  16  16  16
>>>
```

图 8-108　累计最小值

8. 累计乘积(cumprod())

cumprod()方法是从顶部逐行遍历数据中的值,将值与前一行中的值相乘,最后得到一个 DataFrame,其中最后一行包含每列所有值的乘积。

实例 107:对 DataFrame 数据求累计乘积。

```
import pandas as pd                                  #调用第三方库
import numpy as np                                   #调用第三方库
df=pd.DataFrame(np.arange(20).reshape(5,4),
            columns=['A','B','C','D'])               #创建 DataFrame 对象
print(df)                                            #输出原始数据
print("==============")
print(df.cumprod())                                  #输出累计乘积(按行)
print("==============")
print(df.cumprod('columns'))                         #输出累计乘积(按列)
```

运行结果如图 8-109 所示。

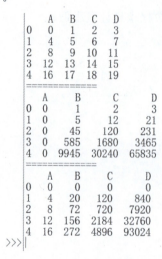

图 8-109　累计乘积

9. 求最大索引数(idxmax())

idxmax()方法返回一个序列,其索引为每行的最大值。

实例 108:对 DataFrame 数据求最大索引数。

```
import pandas as pd                                  #调用第三方库
import numpy as np                                   #调用第三方库
df=pd.DataFrame(np.arange(20).reshape(5,4),
            columns=['A','B','C','D'])               #创建 DataFrame 对象
print(df)                                            #输出原始数据
print("==============")
print(list(df.idxmax()))                             #输出最大索引数(按行)
```

```
print("=============")
print(df.idxmax('columns'))                              #输出最大索引数(按列)
```

运行结果如图 8-110 所示。

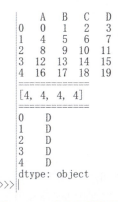

图 8-110　求最大索引数

10. 求最小索引数(idxmin())

idxmin()方法返回一个序列,其索引为每行的最小值。

实例 109:对 DataFrame 数据求最小索引数。

```
import pandas as pd                                      #调用第三方库
import numpy as np                                       #调用第三方库
df=pd.DataFrame(np.arange(20).reshape(5,4),
                columns=['A','B','C','D'])               #创建 DataFrame 对象
print(df)                                                #输出原始数据
print("=============")
print(list(df.idxmin()))                                 #获取最小索引数(按行)
print("=============")
print(df.idxmin('columns'))                              #获取最小索引数(按列)
```

运行结果如图 8-111 所示。

图 8-111　求最小索引数

11. 获取前N行数据（head()）

实例110：对 DataFrame 获取前 N 行数据。

```
import pandas as pd                              #调用第三方库
import numpy as np                               #调用第三方库
df=pd.DataFrame(np.arange(20).reshape(5,4),
                columns=['A','B','C','D'])       #创建 DataFrame 对象
print(df)                                        #输出原始数据
print("==============")
print(df.head(3))                                #输出前 3 行数据
```

运行结果如图 8-112 所示。

12. 计算非空数据数量（count()）

count()方法是统计每行或每列的非空值数量。

实例111：对 DataFrame 计算数据中非 NaN 值的个数。

代码请扫描侧边二维码查看，运行结果如图 8-113 所示。

实例 111

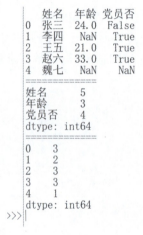

```
     A   B   C   D
0    0   1   2   3
1    4   5   6   7
2    8   9  10  11
3   12  13  14  15
4   16  17  18  19
==============
     A   B   C   D
0    0   1   2   3
1    4   5   6   7
2    8   9  10  11
>>>
```

图 8-112　获取前 N 行数据　　　　图 8-113　计算非 NaN 值的个数

8.8.2　数据统计

数据统计是运用概率论和数理统计方法对数据进行分析、预测和决策，其相关函数如表 8-11 所示。

表 8-11　数据统计相关函数

序号	函数	描述
1	var()	方差
2	std()	标准差
3	cov()	协方差

续表

序号	函数	描述
4	mad()	平均绝对偏差
5	skew()	偏度
6	kurt()	峰度
7	mode()	众数
8	pct_change()	百分比变化
9	quantile()	分数位
10	rank()	数据排名

1. 方差（var()）

方差用于衡量随机变量和其均值之间的偏离程度。它是每个样本值与全体样本值均值之差的平方的平均值。

实例 112：对 DataFrame 数据计算方差。

通过按列搜索并返回每列（行）的标准偏差。

```
import pandas as pd                              #调用第三方库
import numpy as np                               #调用第三方库
df=pd.DataFrame(np.arange(20).reshape(5,4),
                columns=['A','B','C','D'])       #创建 DataFrame 对象
print(df)                                        #输出原始数据
print("==============")
print(list(df.var()))                            #输出方差（按列）
print("==============")
print(df.var(axis=1))                            #输出方差（按行）
```

运行结果如图 8-114 所示。

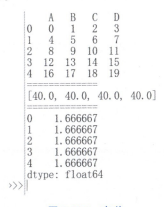

图 8-114　方差

2. 标准差（std()）

标准差是方差的算术平方根，用于衡量数据分布的离散程度。

实例 113：对 DataFrame 数据计算标准差。

通过按列搜索并返回每个列(行)的标准差。

```
import pandas as pd                              #调用第三方库
import numpy as np                               #调用第三方库
df=pd.DataFrame(np.arange(20).reshape(5,4),
                columns=['A','B','C','D'])       #创建 DataFrame 对象
print(df)                                        #输出原始数据
print("==============")
print(df.std())                                  #输出标准差(按列)
print("==============")
print(df.std(axis=1))                            #输出标准差(按行)
```

运行结果如图 8-115 所示。

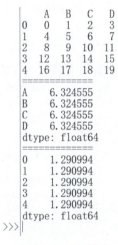

图 8-115　标准差

3. 协方差(cov())

协方差表示的是两个变量的总体的误差。方差是协方差的一种特殊情况。

实例 114：对 DataFrame 数据计算协方差。

计算 DataFrame 数据中每列的协方差。

```
import pandas as pd                              #调用第三方库
import numpy as np                               #调用第三方库
df=pd.DataFrame(np.arange(20).reshape(5,4),
                columns=['A','B','C','D'])       #创建 DataFrame 对象
print(df)                                        #输出原始数据
print("==============")
print(df.cov())                                  #输出协方差
```

运行结果如图 8-116 所示。

4. 平均绝对偏差(mad())

平均绝对偏差是所有单个观测值与算术平均值的偏差的绝对值的平均。

实例 115：对 DataFrame 数据计算平均绝对偏差。

代码请扫描侧边二维码查看,运行结果如图 8-117 所示。

实例 115

```
       A   B   C   D
0      0   1   2   3
1      4   5   6   7
2      8   9  10  11
3     12  13  14  15
4     16  17  18  19
==============
       A      B      C      D
A   40.0   40.0   40.0   40.0
B   40.0   40.0   40.0   40.0
C   40.0   40.0   40.0   40.0
D   40.0   40.0   40.0   40.0
>>>
```

图 8-116　协方差

```
       A   B   C   D
0      0   1   2   3
1      4   5   6   7
2      8   9  10  11
3     12  13  14  15
4     16  17  18  19
==============
A    4.8
B    4.8
C    4.8
D    4.8
dtype: float64
==============
0    8.0
1    4.0
2    0.0
3    4.0
4    8.0
dtype: float64
>>>
```

图 8-117　平均绝对偏差

说明：mad()函数计算并返回所请求轴的值的平均绝对偏差。数据集的平均绝对偏差是每个数据点与平均值之间的平均距离,公式为 mad=(x-mean(x))/n,其中 x 是准确数值,mean(x)是平均值,而 n 是数据点的总个数。

本例在 Python 3.7.4 版本下运行通过。在 Python 3.11.3 版本中,mad()函数不再被推荐使用,作为替代,可用 abs(df-df.mean()).mean()函数计算平均绝对偏差。代码如下所示。

```
import pandas as pd                                  # 调用第三方库
import numpy as np                                   # 调用第三方库
df=pd.DataFrame(np.arange(20).reshape(5,4),
                columns=['A','B','C','D'])           # 创建 DataFrame 对象
print(df)                                            # 输出原始数据
print("==============")
df1=abs(df-df.mean()).mean()                         # 计算平均绝对偏差(按列)
print(df1)                                           # 输出数据
print("==============")
df2=abs(df-df.mean()).mean(axis=1)                   # 计算平均绝对偏差(按行)
print(df2)                                           # 输出数据
```

5. 偏度(skew())

偏度(skewness)是衡量统计数据分布偏斜方向和程度的统计量,它反映了数据分布的非对称性。

实例 116：对 DataFrame 数据计算偏度。

```
import pandas as pd                                    #调用第三方库
import numpy as np                                     #调用第三方库
df=pd.DataFrame(np.arange(20).reshape(5,4),
                columns=['A','B','C','D'])             #创建 DataFrame 对象
print(df)                                              #输出原始数据
print("=============")
print(df.skew())                                       #输出偏度(按列)
print("=============")
print(df.skew(axis=1))                                 #输出偏度(按行)
```

运行结果如图 8-118 所示。

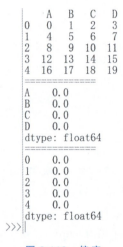

图 8-118　偏度

6．峰度(kurt())

峰度(kurtosis)与偏度类似,是描述总体中所有取值分布形态陡缓程度的统计量。

实例 117：对 DataFrame 数据计算峰度。

```
import pandas as pd                                    #调用第三方库
import numpy as np                                     #调用第三方库
df=pd.DataFrame(np.arange(20).reshape(5,4),
                columns=['A','B','C','D'])             #创建 DataFrame 对象
print(df)                                              #输出原始数据
print("=============")
print(df.kurt())                                       #输出峰度(按列)
print("=============")
print(df.kurt(axis=1))                                 #输出峰度(按行)
```

运行结果如图 8-119 所示。

说明：偏度与峰度的区别是,偏度是描述某变量所有取值分布形态陡缓程度的统计量,简单来说就是数据分布顶的尖锐程度,而峰度是通过计算数据的四阶标准矩得到的。

```
     A   B   C   D
0    0   1   2   3
1    4   5   6   7
2    8   9  10  11
3   12  13  14  15
4   16  17  18  19
=============
A   -1.2
B   -1.2
C   -1.2
D   -1.2
dtype: float64
=============
0   -1.2
1   -1.2
2   -1.2
3   -1.2
4   -1.2
dtype: float64
>>>
```

图 8-119　峰度

7. 众数（mode()）

众数是指在一组数据中出现频率最高的数值，它代表了数据的一般水平。一组数据可以有一个众数，也可以有多个众数，甚至没有众数。如果数据中有一个数值出现的次数最多，那么这个数值就是众数。如果有两个或两个以上的数值出现次数相同且都是最多的，那么这几个数值都是众数。如果所有数值出现的次数完全相同，则这组数据没有众数。

实例 118：对 Series 数据计算众数。

```
import pandas as pd                                              # 调用第三方库
df=pd.Series([12,4,5,44,1,5,2,54,3,2,20,16,7,3])                # 创建 Series 对象
print(df.mode())                                                 # 输出众数
```

运行结果如图 8-120 所示。

说明：此例中有 3 个众数，分别为 2、3、5，各出现 2 次。

```
0    2
1    3
2    5
dtype: int64
>>>
```

图 8-120　众数

8. 百分比变化（pct_change()）

pct_change()函数用于计算 pandas 对象（如 Series 或 DataFrame）中每个元素与其前一个元素之间的百分比变化。这个函数通常用于时间序列数据，以观察数据随时间的变化率。它会返回一个新的 Series 或 DataFrame，其中包含了每个元素与其前一个元素之间的百分比变化。如果没有前一个元素（例如，在数据的第一个元素），则默认返回 NaN（表示"不是一个数字"）。

实例 119：计算数据百分比。

```
import pandas as pd                                              # 调用第三方库
import numpy as np                                               # 调用第三方库
df=pd.DataFrame(np.arange(20).reshape(5,4),
```

```
            columns=['A','B','C','D'])           #创建 DataFrame 对象
print(df)                                        #输出原始数据
print("==============")
print(df.pct_change())                           #输出百分比变化
```

运行结果如图 8-121 所示。

```
    A   B   C   D
0   0   1   2   3
1   4   5   6   7
2   8   9  10  11
3  12  13  14  15
4  16  17  18  19
==============
          A         B         C         D
0       NaN       NaN       NaN       NaN
1       inf  4.000000  2.000000  1.333333
2  1.000000  0.800000  0.666667  0.571429
3  0.500000  0.444444  0.400000  0.363636
4  0.333333  0.307692  0.285714  0.266667
>>>
```

图 8-121 百分比变化

9. 分数位（quantile()）

分位数是指将一个随机变量的概率分布范围划分为几个等份的数值点。常用的分位数有二分位数、四分位数和百分位数等。

实例 120：计算分位数。

```
import pandas as pd                              #调用第三方库
import numpy as np                               #调用第三方库
df=pd.DataFrame(np.arange(20).reshape(5,4),
            columns=['A','B','C','D'])           #创建 DataFrame 对象
print(df)                                        #输出原始数据
print("==============")
print(df.quantile())                             #输出分位数
```

运行结果如图 8-122 所示。

```
    A   B   C   D
0   0   1   2   3
1   4   5   6   7
2   8   9  10  11
3  12  13  14  15
4  16  17  18  19
==============
A     8.0
B     9.0
C    10.0
D    11.0
Name: 0.5, dtype: float64
>>>
```

图 8-122 分位数

说明：本例采用的是二分位数。通过高低排序后正中间的一个即是中位数。如果数值有偶数个，则中位数不唯一。

10. 数据排名(rank())

数据排名函数 rank()是计算数值在某一区域内的排名。

实例 121：计算数据排名(平均值)。

```
import pandas as pd                    #调用第三方库
df=pd.DataFrame({"A":[3,5,9,0,5,7]})   #创建 DataFrame 对象
print(df)                              #输出原始数据
print("=============")
df['rank']=df.rank()                   #排名默认取平均值
print(df)                              #输出数据
```

运行结果如图 8-123 所示。

图 8-123　数据排名(平均值)

说明：默认情况下，rank()函数按平均值计算排名。如果有两组数值一样，排名会被加在一起再除以 2。本例中出现两个数值"5"，排名分别为 3 和 4，两个"5"的排名均取平均值为 3.5。

实例 122：计算数据排名(最小值)。

```
import pandas as pd                    #调用第三方库
df=pd.DataFrame({"A":[3,5,9,0,5,7]})   #创建 DataFrame 对象
print(df)                              #输出原始数据
print("=============")
df['rank']=df.rank(method='min')       #排名取最小值
print(df)                              #输出数据
```

运行结果如图 8-124 所示。

说明：如果有两组数值一样，排名取最小值。本例中出现两个数值"5"，排名分别为 3 和 4，两个数值"5"的排名均取最小值，结果均为 3。

实例 123：计算数据排名(最大值)。

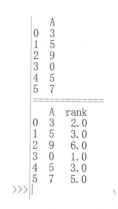

图 8-124 数据排名(最小值)

```
import pandas as pd                                          # 调用第三方库
df=pd.DataFrame({"A":[3,5,9,0,5,7]})                         # 创建 DataFrame 对象
print(df)                                                    # 输出原始数据
print("==============")
df['rank']=df.rank(method='max')                             # 排名取最大值
print(df)                                                    # 输出数据
```

运行结果如图 8-125 所示。

图 8-125 数据排名(最大值)

说明：如果有两组数值一样,排名取最大值。本例中出现两个数值"5",排名分别为 3 和 4,两个数值"5"的排名均取最大值,结果均为 4。

实例 124：计算数据排名(顺序)。

```
import pandas as pd                                          # 调用第三方库
df=pd.DataFrame({"A":[3,5,9,0,5,7]})                         # 创建 DataFrame 对象
print(df)                                                    # 输出原始数据
print("==============")
df['rank']=df.rank(method='first')                           # 按出现顺序分配排名
print(df)                                                    # 输出数据
```

运行结果如图 8-126 所示。

图 8-126　数据排名（顺序）

说明：如果有两组数值一样，排名按出现的顺序取。本例中出现两个数值"5"，排名分别为 3 和 4，两个数值"5"的排名，排在前面的结果为 3，排在后面的结果为 4。

rank() 函数中 method 参数的取值如表 8-12 所示。

表 8-12　method 参数

序号	method	说　　明
1	average	默认，在相等分组中，为各个值分配平均排名
2	min	使用整个分组的最小排名
3	max	使用整个分组的最大排名
4	first	按值在原始数据中的出现顺序分配排名
5	dense	与 min 类似，但是排名每次只会增加 1，即并列的数据只占据一个名次

8.8.3　数据信息统计

数据信息统计是将数据的各种信息进行综合汇总并展示的过程。数据信息统计相关函数如表 8-13 所示。

表 8-13　数据信息统计相关函数

序号	函　　数	描　　述
1	corr()	相关系数
2	describe()	描述性统计
3	corrwith()	行或列两两相关

1. 相关系数（corr()）

corr() 函数用于检测系列数据之间的相关性，找出特定数据系列之间的相关性，并给出准确的结果。这有助于发现数据的规律，提供有用的信息，更好地理解数据，并为决策提供依据。

corr() 函数的输出结果是一个矩形数组，表示两个数据系列之间的相关性系数。

corr()函数可以应用于任何类型的数据系列,包括数值、字符串、布尔值等。

实例 125:相关系数。

代码请扫描侧边二维码查看,运行结果如图 8-127 所示。

实例 125

说明:corr()函数的 method 参数用于指定计算相关系数的方法,可选的值有:pearson、kendall 和 spearman。当 corr()函数的参数为空时,默认 method 参数取值为 pearson。其中,pearson 为皮尔逊相关系数,用于计算线性数据的相关系数,对于非线性数据会有误差;kendall 为肯德尔等级相关系数,用于计算无序序列的相关系数,适用于非正态分布的数据;spearman 为斯皮尔曼等级相关系数,用于计算非线性的、非正态分布数据的相关系数。

```
   X Y Z
a  1 2 3
b  4 5 6
c  7 8 9
      X    Y    Z
X   1.0  1.0  1.0
Y   1.0  1.0  1.0
Z   1.0  1.0  1.0
      X    Y    Z
X   1.0  1.0  1.0
Y   1.0  1.0  1.0
Z   1.0  1.0  1.0
      X    Y    Z
X   1.0  1.0  1.0
Y   1.0  1.0  1.0
Z   1.0  1.0  1.0
```

图 8-127 相关系数

2. 描述性统计(describe())

describe()函数是返回核心数据结构的统计变量。用于观察一系列数据的范围、大小、波动趋势等。

实例 126:描述性统计(全部)。

```
import pandas as pd                              # 调用第三方库
import numpy as np                               # 调用第三方库
df=pd.DataFrame(np.arange(20).reshape(5,4),
                columns=['A','B','C','D'])       # 创建 DataFrame 对象
print(df)                                        # 输出原始数据
print("==============")
df1=df.describe(include='all')                   # 样本值的描述性统计
print(df1)                                       # 输出数据
```

运行结果如图 8-128 所示。

```
        A   B   C   D
0       0   1   2   3
1       4   5   6   7
2       8   9  10  11
3      12  13  14  15
4      16  17  18  19
==============
              A           B           C           D
count   5.000000    5.000000    5.000000    5.000000
mean    8.000000    9.000000   10.000000   11.000000
std     6.324555    6.324555    6.324555    6.324555
min     0.000000    1.000000    2.000000    3.000000
25%     4.000000    5.000000    6.000000    7.000000
50%     8.000000    9.000000   10.000000   11.000000
75%    12.000000   13.000000   14.000000   15.000000
max    16.000000   17.000000   18.000000   19.000000
```

图 8-128 描述性统计(全部)

说明：describe()函数的返回值说明如下。
- count：数量统计，此列共有多少有效值。
- mean：此列平均值。
- std：此列标准差。
- min：此列最小值。
- 25%：此列四分之一分位数。
- 50%：此列二分之一分位数。
- 75%：此列四分之三分位数。
- max：此列最大值。

实例127：描述性统计（数值）。

```
import pandas as pd                                    #调用第三方库
df=pd.DataFrame({'X':pd.Categorical(['d','e','f']),
                 'Y':[1, 2, 3],
                 'Z':['a','b','c']})                   #创建 DataFrame 对象
print(df)                                              #输出原始数据
print("==============")
df1=df.describe()                                      #仅对包含数字列数据进行统计
print(df1)                                             #输出数据
```

运行结果如图 8-129 所示。

```
   X  Y  Z
0  d  1  a
1  e  2  b
2  f  3  c
==============
         Y
count  3.0
mean   2.0
std    1.0
min    1.0
25%    1.5
50%    2.0
75%    2.5
max    3.0
>>>
```

图 8-129　描述性统计（数值）

说明：参数 include= 'all' 代表对所有列进行统计，如果不加这个参数，则只对数值列数据进行统计。

实例128：描述性统计（字符）。

```
import pandas as pd                                    #调用第三方库
df=pd.DataFrame({'X':pd.Categorical(['d','e','f']),
                 'Y':[1, 2, 3],
                 'Z':['a','b','c']})                   #创建 DataFrame 对象
print(df)                                              #输出原始数据
print("==============")
```

```
df1=df.describe(include=['O'])    # 仅对包括字符串数据列进行统计
print(df1)                         # 输出数据
```

运行结果如图 8-130 所示。

说明：参数 include=['O'] 代表对只对字符列数据进行统计，不包含 Categorical 数据类型。

- count：数量统计，此列共有多少有效值。
- unique：不同的值有多少个。

3. 数据行或列的两两相关性（corrwith()）

corrwith() 函数是计算 DataFrame 中行与行或者列与列之间的相关性，用于比较两个数据行或列中变量之间的关系。

图 8-130　描述性统计（字符）

实例 129：计算 DataFrame 数据行的两两相关性。

代码请扫描侧边二维码查看，运行结果如图 8-131 所示。

实例 130：计算 DataFrame 数据列的两两相关性。

代码请扫描侧边二维码查看，运行结果如图 8-132 所示。

实例 129

实例 130

```
         数学  物理  化学  语文  政治
张三       5   5   3    3   4
李四       3   4   5    5   4
王五       3   4   3    4   5
赵六       5   5   3    4   4
==============
数学      5
物理      5
化学      3
语文      3
政治      4
Name: 张三, dtype: int32
==============
张三   1.000000
李四  -0.896421
王五   0.000000
赵六   0.896421
dtype: float64
==============
张三   1.000000
赵六   0.896421
王五   0.000000
李四  -0.896421
dtype: float64
>>>
```

图 8-131　数据行两两相关性

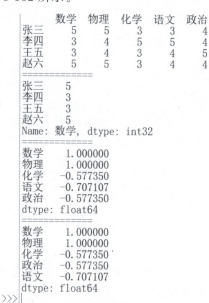

图 8-132　数据列两两相关性

说明：corr() 函数用于计算两个 Series 之间的相关性，是计算相关性的最基本单元。而 corrwith() 函数用于计算 DataFrame 中某一列（行）与其他列（行）之间的相关性。这两个函数有各自的用途，不能混淆使用。

8.9 数据分组

在数据处理分析中,经常需要对某些标签或索引对应的数据进行分组累计分析,此时需要用到 groupby() 函数。可以把 groupby() 函数理解成一个"分割(split)—应用(apply)—组合(combine)"的过程。具体来说,分割步骤会将 DataFrame 按照指定的键分割成若干组;应用步骤会对每个组应用函数(通常是累计、转换或过滤函数);组合步骤会将每个组的结果合并成一个输出数组。数据分组(分割—应用—组合)操作如图 8-133 所示。

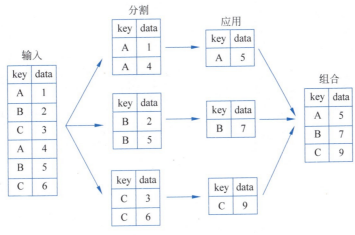

图 8-133 数据分组

8.9.1 数据分组类型

数据分组是指按照指定的键将源数据划分为多个组。使用 Series 调用 groupby() 函数返回的是 SeriesGroupBy 对象,使用 DataFrame 调用 groupby() 函数返回的是 DataFrameBy 对象。本节使用的是 DataFrame。

1. 对数据按列名分组(groupby())

实例 131:按照"姓名"将数据分成若干组。

代码请扫描侧边二维码查看,运行结果如图 8-134 所示。

实例 131

2. 对数据通过遍历循环分组

实例 132:通过遍历循环将数据按"姓名"列分组。

代码请扫描侧边二维码查看,运行结果如图 8-135 所示。

实例 132

3. 对数据多列分组

实例 133:将数据按"班级""性别"分组显示成绩。

代码请扫描侧边二维码查看,运行结果如图 8-136 所示。

实例 133

```
     姓名  班级 性别 眼镜 成绩              姓名  班级 性别 眼镜 成绩
0    张三  一班  女   是   95         0    张三  一班  女   是   95
1    李四  二班  男   否   90         1    李四  二班  男   否   90
2    张三  一班  女   是   96         2    张三  一班  女   是   96
3    李四  二班  男   否   92         3    李四  二班  男   否   92
4    张三  一班  女   是   94         4    张三  一班  女   是   94
5    王五  三班  女   是   85         5    王五  三班  女   是   85
6    张三  一班  女   是   87         6    张三  一班  女   是   87
7    李四  二班  男   否   80         7    李四  二班  男   否   80
8    王五  三班  女   是   81         8    王五  三班  女   是   81
9    王五  三班  女   是   86         9    王五  三班  女   是   86
===============================      ===============================
[('张三',    姓名  班级 性别 眼  (('张三',),    姓名  班级 性别 眼镜  成绩
    镜 成绩,                       0    张三  一班  女   是   95
0    张三  一班  女   是   95       2    张三  一班  女   是   96
2    张三  一班  女   是   96       4    张三  一班  女   是   94
4    张三  一班  女   是   94       6    张三  一班  女   是   87)
6    张三  一班  女   是   87),
('李四',    姓名  班级 性别 眼镜  (('李四',),    姓名  班级 性别 眼镜  成绩
    成绩,                          1    李四  二班  男   否   90
1    李四  二班  男   否   90       3    李四  二班  男   否   92
3    李四  二班  男   否   92       7    李四  二班  男   否   80)
7    李四  二班  男   否   80),
('王五',    姓名  班级 性别 眼镜  (('王五',),    姓名  班级 性别 眼镜  成绩
    成绩,                          5    王五  三班  女   是   85
5    王五  三班  女   是   85       8    王五  三班  女   是   81
8    王五  三班  女   是   81       9    王五  三班  女   是   86)
9    王五  三班  女   是   86)]
>>>                                 >>>
```

图 8-134　按列分组　　　　　　　　　　图 8-135　遍历循环分组

```
     姓名  班级 性别 眼镜 成绩
0    张三  一班  女   是   95
1    李四  二班  男   否   90
2    张三  一班  女   是   96
3    李四  二班  男   否   92
4    张三  一班  女   是   94
5    王五  三班  女   是   85
6    张三  一班  女   是   87
7    李四  二班  男   否   80
8    王五  三班  女   是   81
9    王五  三班  女   是   86
===============================
[(('一班', '女'), 0    95
2    96
4    94
6    87
Name: 成绩, dtype: int64), ((
'三班', '女'), 5    85
8    81
9    86
Name: 成绩, dtype: int64), ((
'二班', '男'), 1    90
3    92
7    80
Name: 成绩, dtype: int64)]
>>>
```

图 8-136　多列分组

8.9.2 分组应用

分组应用是将某个函数或方法(内置或自定义)应用到每个分组。

pandas 常用的内置统计方法如表 8-14 所示。

表 8-14 pandas 常用的内置统计方法

序号	指标	描述
1	count()	计数项
2	first()	第一项
3	last()	最后一项
4	mean()	均值
5	median()	中位数
6	min()	最小值
7	max()	最大值
8	std()	标准差
9	var()	方差
10	mad()	均值绝对偏差
11	prod	所有项乘积
12	sum()	所有项求和

实例 134：分组计算各个学生的成绩总和及各个班级的最高成绩(groupby())。

代码请扫描侧边二维码查看,运行结果如图 8-137 所示。

实例 135：将数据分组计算最大值和最小值(aggregate())。

代码请扫描侧边二维码查看,运行结果如图 8-138 所示。

实例 134

实例 135

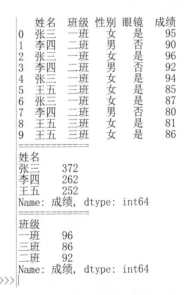

图 8-137 成绩总和及最高成绩

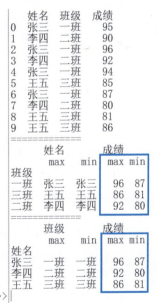

图 8-138 累计最大最小值

实例 136

实例 137

实例 136：过滤数据的某行或某列(filter())。

filter()函数用于筛选 DataFrame，并返回指定的行或列。

代码请扫描侧边二维码查看，运行结果如图 8-139 所示。

实例 137：将数据按班级分组并计算成绩平均值。

代码请扫描侧边二维码查看，运行结果如图 8-140 所示。

```
    姓名  班级  成绩
0   张三  一班  95
1   李四  二班  90
2   张三  一班  96
3   李四  二班  92
4   张三  一班  94
5   王五  三班  85
6   张三  一班  87
7   李四  二班  80
8   王五  三班  81
9   王五  三班  86
===================
    姓名  班级  性别  眼镜  成绩
0   张三  一班  女    是    95
2   张三  一班  女    是    96
4   张三  一班  女    是    94
5   王五  三班  女    是    85
8   王五  三班  女    是    81
>>>
```

图 8-139　过滤行或列

```
    姓名  班级  成绩
0   张三  一班  95
1   李四  二班  90
2   张三  一班  96
3   李四  二班  92
4   张三  一班  94
5   王五  三班  85
6   张三  一班  87
7   李四  二班  80
8   王五  三班  81
9   王五  三班  86
===================
班级
一班    93.000000
三班    84.000000
二班    87.333333
Name: 成绩, dtype: float64
>>>
```

图 8-140　各班级成绩均值

实例 138

实例 138：apply()方法的应用。

apply()方法可以在每个组上应用任意方法。

代码请扫描侧边二维码查看，运行结果如图 8-141 所示。

```
    姓名  班级  性别  眼镜  成绩
0   张三  一班  女    是    95
1   李四  二班  男    否    90
2   张三  一班  女    是    96
3   李四  二班  男    否    92
4   张三  一班  女    是    94
5   王五  三班  女    是    85
6   张三  一班  女    是    87
7   李四  二班  男    否    80
8   王五  三班  女    是    81
9   王五  三班  女    是    86
===================
          姓名  班级  性别  眼镜  成绩  班级平均分
班级
一班  0   张三  一班  女    是    95   93.000000
三班  5   王五  三班  女    是    85   84.000000
二班  1   李四  二班  男    否    90   87.333333
>>>
```

图 8-141　apply()方法

8.9.3　应用组合

应用组合是将数据分组应用产生的结果整合到新的对象中。

1. 数据分组
实例 139：将数据按照字段进行分组。
代码请扫描侧边二维码查看，运行结果如图 8-142 所示。

实例 139

2. 数据分组计算
实例 140：分别计算不同公司员工的平均年龄和平均薪水。
代码请扫描侧边二维码查看，运行结果如图 8-143 所示。

实例 140

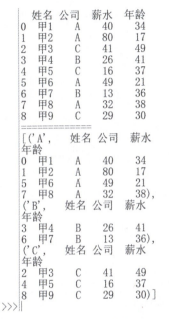

图 8-142　字段分组

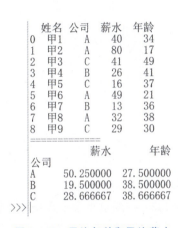

图 8-143　平均年龄和平均薪水

实例 141：对数据针对不同的列求不同的值。
代码请扫描侧边二维码查看，运行结果如图 8-144 所示。

实例 141

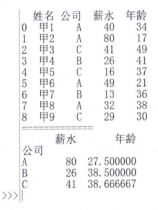

图 8-144　最高薪水及平均年龄

3. 数据分组应用

实例142：在源数据中新增一列，计算不同公司的平均薪水（方式一）。

代码请扫描侧边二维码查看，运行结果如图8-145所示。

实例143：在源数据中新增一列，计算不同公司的平均薪水（方式二）。

代码请扫描侧边二维码查看，运行结果如图8-146所示。

```
    姓名  公司  薪水  年龄              姓名  公司  薪水  年龄
0   甲1   A    40   34        0   甲1   A    40   34
1   甲2   A    80   17        1   甲2   A    80   17
2   甲3   C    41   49        2   甲3   C    41   49
3   甲4   B    26   41        3   甲4   B    26   41
4   甲5   C    16   37        4   甲5   C    16   37
5   甲6   A    49   21        5   甲6   A    49   21
6   甲7   B    13   36        6   甲7   B    13   36
7   甲8   A    32   38        7   甲8   A    32   38
8   甲9   C    29   30        8   甲9   C    29   30

    公司   平均薪水                     公司   平均薪水
0    A    50.250000              0    A    50.250000
2    C    28.666667              2    C    28.666667
3    B    19.500000              3    B    19.500000
>>>                              >>>
```

图8-145　不同公司的平均薪水（方式一）　　图8-146　不同公司的平均薪水（方式二）

实例144：分别获取数据中各个公司中年龄最大的数据。

代码请扫描侧边二维码查看，运行结果如图8-147所示。

4. 数据分组应用组合

实例145：按要求组合出数据中不同公司的最高薪水。

代码请扫描侧边二维码查看，运行结果如图8-148所示。

```
    姓名  公司  薪水  年龄              姓名  公司  薪水  年龄
0   甲1   A    40   34        0   甲1   A    40   34
1   甲2   A    80   17        1   甲2   A    80   17
2   甲3   C    41   49        2   甲3   C    41   49
3   甲4   B    26   41        3   甲4   B    26   41
4   甲5   C    16   37        4   甲5   C    16   37
5   甲6   A    49   21        5   甲6   A    49   21
6   甲7   B    13   36        6   甲7   B    13   36
7   甲8   A    32   38        7   甲8   A    32   38
8   甲9   C    29   30        8   甲9   C    29   30

    公司   年龄                       公司   最高薪水
0    A    38                    0    A    80
1    B    41                    2    C    41
2    C    49                    3    B    26
>>>                             >>>
```

图8-147　各个公司年龄最大的数据　　图8-148　公司最高薪水

8.10 日期时间序列

日期时间序列是指在一定的时间范围内按照日期时间顺序表述的变量取值序列。Python 中有一个标准库 datetime，用来表示时间、日期等，pandas 继承了 NumPy 库和 datetime 库的时间相关模块，提供了 6 种与时间相关的类，如表 8-15 所示。

表 8-15 日期时间序列相关类

序号	类 名 称	说 明
1	Timestamp	最基础的时间类，表示某个时间点
2	Period	表示单个时间的跨度（时间段）
3	Timedelta	表示不同单位的时间
4	DatetimeIndex	由 Timestamp 构成的索引
5	PeriodtimeIndex	由 Period 构成的索引
6	TimedeltaIndex	由 Timedelta 构成的索引

8.10.1 日期时间对象

日期时间对象是最基本的日期时间序列数据，用于关联数值与时间点。pandas 通过日期时间对象调用日期时间数据。

1. 创建日期时间对象

实例 146：创建日期时间对象。

代码请扫描侧边二维码查看，运行结果如图 8-149 所示。

实例 146

2. 日期时间对象数据类型的转换

在数据处理过程中，手工输入的日期时间数据大多都是字符串，需要将其转换为标准时间类型。to_datetime() 函数可以将字符串数据类型转换为日期时间数据类型，函数中的 format 参数用来指定日期格式，如"月/日/年"。

实例 147：将字符串转换为日期时间类型。

代码请扫描侧边二维码查看，运行结果如图 8-150 所示。

实例 147

图 8-149 日期时间对象的创建　　图 8-150 字符串转换为日期时间类型

3. 创建日期时间序列

实例 148：创建日期时间序列。

代码请扫描侧边二维码查看，运行结果如图 8-151 所示。

实例 148

```
DatetimeIndex(['2021-08-16', '2021-08-17', '2021-08-18', '2021-08-19',
               '2021-08-20', '2021-08-21', '2021-08-22', '2021-08-23'],
              dtype='datetime64[ns]', freq='D')
==============
DatetimeIndex(['2021-08-16', '2021-08-17', '2021-08-18', '2021-08-19',
               '2021-08-20', '2021-08-23', '2021-08-24', '2021-08-25'],
              dtype='datetime64[ns]', freq='B')
==============
DatetimeIndex(['2021-08-22', '2021-08-29', '2021-09-05', '2021-09-12',
               '2021-09-19', '2021-09-26', '2021-10-03', '2021-10-10'],
              dtype='datetime64[ns]', freq='W-SUN')
>>>
```

图 8-151　日期时间序列的创建

8.10.2　时间差创建日期时间序列

pandas 最基本的日期时间类型包括日期时间对象、时间差、日期时间索引。其中，时间差是指 pandas 提供的 Period 类型。Period 类型的实例可以通过 freq 参数指定其时间频率，默认情况下，"M"表示月份，"D"表示天数。freq 参数取值如表 8-16 所示。

表 8-16　freq 参数取值

序号	别名	说明	序号	别名	说明
1	B	工作日	12	A	年末
2	D	日历日	13	BA	年末工作日
3	W	每周	14	AS	年初
4	M	月末	15	BAS	年初工作日
5	BM	月末工作日	16	BH	工作时间
6	MS	月初	17	H	小时
7	BMS	月初工作日	18	T	分钟
8	Q	季度末	19	S	秒
9	BQ	季度末工作日	20	L	毫秒
10	QS	季度初	21	U	微秒
11	BQS	季度初工作日	22	N	纳秒

实例 149

实例 149：通过时间差创建日期时间序列。

代码请扫描侧边二维码查看，运行结果如图 8-152 所示。

```
2021-08
==============
2021-08-01
==============
PeriodIndex(['2021-08', '2021-09', '2021-10'], dtype='period[M]')
PeriodIndex(['2021-08-01', '2021-08-02', '2021-08-03'], dtype='period[D]')
>>>
```

图 8-152　时间序列的创建

8.10.3　日期时间序列索引

实例 150：为日期时间序列建立索引。

```
import pandas as pd                                      # 调用第三方库
df=pd.date_range("2020-12-01","2021-10-01",freq="BM")    # 每月最后一个工作日
print(df)                                                # 输出数据
print("==============")
df1=pd.Series(range(0,len(df)),index=df)                 # 索引排序
print(df1)                                               # 输出数据
```

运行结果如图 8-153 所示。

```
DatetimeIndex(['2020-12-31', '2021-01-29', '2021-02-26', '2021-03-31',
               '2021-04-30', '2021-05-31', '2021-06-30', '2021-07-30',
               '2021-08-31', '2021-09-30'],
              dtype='datetime64[ns]', freq='BM')
==============
2020-12-31    0
2021-01-29    1
2021-02-26    2
2021-03-31    3
2021-04-30    4
2021-05-31    5
2021-06-30    6
2021-07-30    7
2021-08-31    8
2021-09-30    9
Freq: BM, dtype: int64
>>>
```

图 8-153　建立日期序列索引

实例 151：创建日期时间序列并索引。

```
import pandas as pd                                                 # 调用第三方库
df=pd.Series(range(0,100),index=pd.date_range('1/1/2016',periods=100))
                                                                    # 创建日期时间序列并索引
print(df)                                                           # 输出数据
print("==============")
df1=df['2016-2']                                                    # 截取日期时间序列
print(df1.head())                                                   # 输出截取后的部分数据
```

运行结果如图 8-154 所示。

```
2016-01-01    0
2016-01-02    1
2016-01-03    2
2016-01-04    3
2016-01-05    4
             ..
2016-04-05   95
2016-04-06   96
2016-04-07   97
2016-04-08   98
2016-04-09   99
Freq: D, Length: 100, dtype: int64
==============
2016-02-01   31
2016-02-02   32
2016-02-03   33
2016-02-04   34
2016-02-05   35
Freq: D, dtype: int64
>>>
```

图 8-154　日期时间序列索引

8.10.4 日期时间序列相关功能

1. 截取日期时间

实例152：对日期时间进行截取。

代码请扫描侧边二维码查看,运行结果如图 8-155 所示。

实例152

```
2023-07-09 11:29:50.936234
============
2023
============
7
============
9
============
11:29:50.936234
>>>
```

图 8-155　日期时间的截取

2. 时间差的应用

实例153：通过日期时间差计算新的日期。

```
from datetime import *              # 调用第三方库
te=datetime(2019,2,5)               # 设置日期
print(te)                           # 输出数据
print("=============")
te1=te+timedelta(12)                # 增加日期(默认为天)
print(te1)                          # 输出数据
```

运行结果如图 8-156 所示。

```
2019-02-05 00:00:00
============
2019-02-17 00:00:00
>>>
```

图 8-156　日期时间差的应用

3. 字符串类型转换为日期时间类型

实例154：将字符串转换为日期时间(方式一)。

代码请扫描侧边二维码查看,运行结果如图 8-157 所示。

```
2019-8-9
2019-08-09 00:00:00
============
['2019-8-7', '2019-8-9']
[datetime.datetime(2019, 8, 7, 0, 0), datetime.datetime(2019, 8, 9, 0, 0)]
>>>
```

图 8-157　字符串转换为日期时间(方式一)

实例 155：将字符串转换为日期时间(方式二)。

```
from dateutil.parser import parse        #调用第三方库
te1=parse('2019-8-9')                    #日期时间类型转换
print(te1)                               #输出数据
print("==============")
te2=parse('9,8,2018',dayfirst=True)      #日期时间类型转换
print(te2)                               #输出数据
```

运行结果如图 8-158 所示。

```
2019-08-09 00:00:00
==============
2018-08-09 00:00:00
>>>
```

图 8-158　字符串转换为日期时间(方式二)

4. 日期时间序列切片

实例 156：对日期时间序列进行切片操作。

代码请扫描侧边二维码查看,运行结果如图 8-159 所示。

实例 156

```
2016-01-01    0
2016-01-02    1
2016-01-03    2
2016-01-04    3
2016-01-05    4
             ..
2016-04-05    95
2016-04-06    96
2016-04-07    97
2016-04-08    98
2016-04-09    99
Freq: D, Length: 100, dtype: int64
==============
2016-03-01    60
2016-03-02    61
2016-03-03    62
Freq: D, dtype: int64
==============
2016-02-01    31
2016-02-02    32
2016-02-03    33
Freq: D, dtype: int64
==============
2016-01-30    29
2016-01-31    30
2016-02-01    31
Freq: D, dtype: int64
>>>
```

图 8-159　日期时间序列切片

8.10.5　日期时间序列的应用

1. 日期时间序列的分组处理

实例 157：对日期时间序列进行分组处理。

代码请扫描侧边二维码查看,运行结果如图 8-160 所示。

实例 157

```
DatetimeIndex(['2017-01-01', '2017-01-01', '2017-02-01', '2017-03-04',
               '2017-03-04', '2017-01-01', '2017-03-04', '2017-02-01'],
              dtype='datetime64[ns]', freq=None)
==============
2017-01-01    0
2017-01-01    1
2017-02-01    2
2017-03-04    3
2017-03-04    4
2017-01-01    5
2017-03-04    6
2017-02-01    7
dtype: int64
==============
2017-01-01    2.000000
2017-02-01    4.500000
2017-03-04    4.333333
dtype: float64
>>>
```

图 8-160　日期时间序列分组处理

2. 改变日期时间序列周期频率（一）

实例 158：将日期时间序列频率由 1 分钟改变为 2 分钟。

```
import pandas as pd                              # 调用第三方库
df = pd.date_range("02/02/2020", periods=9, freq='T')   # 创建时间序列
df1 = pd.Series(range(9), index=df)              # 建立索引
print(df1)                                       # 输出数据
print("==============")
print(df1.resample('2T').sum())                  # 输出数据，频率由 1 分钟改变为 2 分钟
```

运行结果如图 8-161 所示。

```
2020-02-02 00:00:00    0
2020-02-02 00:01:00    1
2020-02-02 00:02:00    2
2020-02-02 00:03:00    3
2020-02-02 00:04:00    4
2020-02-02 00:05:00    5
2020-02-02 00:06:00    6
2020-02-02 00:07:00    7
2020-02-02 00:08:00    8
Freq: T, dtype: int64
==============
2020-02-02 00:00:00     1
2020-02-02 00:02:00     5
2020-02-02 00:04:00     9
2020-02-02 00:06:00    13
2020-02-02 00:08:00     8
Freq: 2T, dtype: int64
>>>
```

图 8-161　更改日期时间序列周期频率（一）

3. 改变日期时间序列周期频率(二)

实例 159：将日期时间序列周期频率由一天改为 6 小时。

```
import pandas as pd                              #调用第三方库
df=pd.date_range('20200202',periods=2)           #创建时间序列
df1=pd.Series(range(1,3),index=df)               #建立索引
print(df1)                                       #输出数据
print("==============")
te=df1.resample('6H').asfreq()                   #更改频率
print(te)                                        #输出数据
```

运行结果如图 8-162 所示。

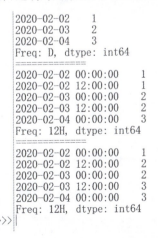

图 8-162　更改日期时间序列周期频率(二)

4. 改变日期时间序列周期频率(三)

实例 160：分别以 ffill()、bfill() 方式改变日期时间序列周期频率。代码请扫描侧边二维码查看，运行结果如图 8-163 所示。

实例 160

图 8-163　更改日期时间序列周期频率(三)

8.11 pandas 数据处理常用函数

8.11.1 显示前 N 行数据（head()）

当处理大量数据时，为了快速获得数据的初步了解，可以通过 head() 函数显示前 N 行数据，默认行数为 5。类似地，可以通过 tail() 函数显示后 N 行数据，默认也显示 5 行。

实例 161：显示数据的前五行及后五行。

代码请扫描侧边二维码查看，运行结果如图 8-164 所示。

实例 161

8.11.2 输出数据基本信息（info()）

输出所用数据的基本信息，包括索引和列的数据类型及占用的内存大小。

实例 162：输出数据基本信息。

```
import pandas as pd                                          #调用第三方库
pd.set_option('display.unicode.ambiguous_as_wide',True)      #设置数据对齐
pd.set_option('display.unicode.east_asian_width',True)       #设置数据对齐
df=pd.read_excel('d:/abc/第 8 章.xlsx',sheet_name='示例 1')   #打开工作表
print(df)                                                    #输出原始数据
print("===============")
tt=df.info()                                                 #获取数据基本信息
print(tt)                                                    #输出数据
```

图 8-164　前五行数据及后五行数据

运行结果如图 8-165 所示。

图 8-165　数据基本信息

8.11.3 数据统计汇总(describe())

describe()函数用来生成描述性统计汇总,包括数据的计数和百分位数。

实例163:生成数据统计汇总。

```
import pandas as pd                                                    # 调用第三方库
pd.set_option('display.unicode.ambiguous_as_wide', True)               # 设置数据对齐
pd.set_option('display.unicode.east_asian_width', True)                # 设置数据对齐
df=pd.read_excel('d:/abc/第8章.xlsx',sheet_name='示例1')                # 打开工作表
print(df)                                                              # 输出原始数据
print("==============")
tt=df.describe()                                                       # 数据统计汇总
print(tt)                                                              # 输出数据
```

运行结果如图 8-166 所示。

```
     公司    性别   薪水    年龄
0     B   female   30    40
1     A   female   36    31
2     B   female   35    28
3     B   female    9    18
4     B   female   16    43
5     A   male     46    22
6     B   female   15    28
7     B   female   33    40
8     C   male     19    32
==============
             薪水          年龄
count    9.000000    9.000000
mean    26.555556   31.333333
std     12.258784    8.470537
min      9.000000   18.000000
25%     16.000000   28.000000
50%     30.000000   31.000000
75%     35.000000   40.000000
max     46.000000   43.000000
>>>
```

图 8-166 数据统计汇总

8.11.4 统计类的数量(value_counts())

value_counts()函数用来统计分类变量中每个类的数量。

实例164:统计各个公司人员信息。

代码请扫描侧边二维码查看,运行结果如图 8-167 所示。

实例 164

```
   公司  性别  薪水  年龄
0   B   female  30   40
1   A   female  36   31
2   B   female  35   28
3   B   female   9   18
4   B   female  16   43
5   A   male    46   22
6   B   male    15   28
7   B   female  33   40
8   C   male    19   32
==============
公司
B    6
A    2
C    1
Name: count, dtype: int64
==============
公司
B    0.666667
A    0.222222
C    0.111111
Name: proportion, dtype: float64
==============
公司
C    1
A    2
B    6
Name: count, dtype: int64
>>>
```

图 8-167　各个公司人员信息

8.11.5　判断数据缺失值(isna())

isna()函数用来判断数据是否为缺失值,是则返回 True,否则返回 False。

实例 165:判断数据缺失值情况。

```
import pandas as pd                                              #调用第三方库
import numpy as np                                               #调用第三方库
pd.set_option('display.unicode.ambiguous_as_wide', True)         #设置数据对齐
pd.set_option('display.unicode.east_asian_width', True)          #设置数据对齐
df=pd.read_excel('d:/abc/第 8 章.xlsx', sheet_name='示例 2')       #打开工作表
print(df)                                                        #输出原始数据
print("================")
tt=df.isna()                                                     #判断数据缺失值
print(tt)                                                        #输出数据
```

运行结果如图 8-168 所示。

```
     公司     性别    薪水    年龄
0    NaN   female   30.0   40.0
1    A     female   36.0   NaN
2    B     NaN      NaN    28.0
3    B     female   9.0    18.0
4    B     female   16.0   43.0
5    NaN   male     46.0   22.0
6    B     female   NaN    NaN
7    B     female   33.0   40.0
8    C     male     19.0   32.0
==============
     公司    性别    薪水     年龄
0    True   False   False   False
1    False  False   False   True
2    False  True    True    False
3    False  False   False   False
4    False  False   False   False
5    True   False   False   False
6    False  False   True    True
7    False  False   False   False
8    False  False   False   False
>>>
```

图 8-168　数据缺失值情况

8.11.6　判断数据缺失值(any())

当数据量较大时,可以结合使用 any()和 isna()函数判断某一列中是否有缺失值。

实例 166：判断各列缺失值情况。

```
import pandas as pd                                                  #调用第三方库
import numpy as np                                                   #调用第三方库
pd.set_option('display.unicode.ambiguous_as_wide', True)             #设置数据对齐
pd.set_option('display.unicode.east_asian_width', True)              #设置数据对齐
df=pd.read_excel('d:/abc/第 8 章.xlsx',sheet_name='示例 3')           #打开工作表
print(df)                                                            #输出原始数据
print("==============")
tt=df.isna().any()                                                   #测试各列缺失值情况
print(tt)                                                            #输出数据
```

运行结果如图 8-169 所示。

```
     公司    性别     薪水    年龄
0    NaN   female   30.0   40
1    A     female   36.0   31
2    B     female   35.0   28
3    B     female   NaN    18
4    B     female   16.0   43
5    A     male     46.0   22
6    B     female   15.0   28
7    B     female   33.0   40
8    C     male     19.0   32
==============
公司    True
性别    False
薪水    True
年龄    False
dtype: bool
>>>
```

图 8-169　各列缺失值情况

8.11.7 删除缺失值数据（dropna()）

dropna()函数用于删掉含有缺失值的数据。

实例167：删掉含有缺失值的行数据。

```
import pandas as pd                                              # 调用第三方库
import numpy as np                                               # 调用第三方库
pd.set_option('display.unicode.ambiguous_as_wide',True)          # 设置数据对齐
pd.set_option('display.unicode.east_asian_width',True)           # 设置数据对齐
df=pd.read_excel('d:/abc/第8章.xlsx',sheet_name='示例4')         # 打开工作表
print(df)                                                        # 输出原始数据
print("==============")
df1=df.dropna()                                                  # 删除缺失值数据
print(df1)                                                       # 输出数据
```

运行结果如图8-170所示。

```
    公司    性别    薪水    年龄
0   NaN   female  30.0   40.0
1   A     female  36.0   NaN
2   B     NaN     NaN    28.0
3   B     female  9.0    18.0
4   B     female  16.0   43.0
5   NaN   male    46.0   22.0
6   B     female  NaN    NaN
7   B     female  33.0   40.0
8   C     male    19.0   32.0
==============
    公司    性别    薪水    年龄
3   B     female  9.0    18.0
4   B     female  16.0   43.0
7   B     female  33.0   40.0
8   C     male    19.0   32.0
>>>
```

图8-170 删掉含有缺失值的行

8.11.8 填充缺失数据（fillna()）

fillna()函数用于填充缺失数据。

实例168：填充缺失数据（具体值）。

```
import pandas as pd                                              # 调用第三方库
import numpy as np                                               # 调用第三方库
pd.set_option('display.unicode.ambiguous_as_wide',True)          # 设置数据对齐
pd.set_option('display.unicode.east_asian_width',True)           # 设置数据对齐
df=pd.read_excel('d:/abc/第8章.xlsx',sheet_name='示例3')         # 打开工作表
print(df)                                                        # 输出原始数据
print("==============")
df1=df.fillna('NEW')                                             # 用'NEW'填充
print(df1)                                                       # 输出数据
```

运行结果如图 8-171 所示。

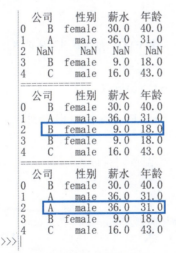

图 8-171　填充缺失数据

实例 169：填充缺失数据（bfill，ffill）。

bfill：向上填充。用缺失值后面的值来填充缺失值数据。
ffill：向下填充。用缺失值前面的值来填充缺失值数据。
代码请扫描侧边二维码查看，运行结果如图 8-172 所示。

实例 169

图 8-172　填充缺失值数据

8.11.9　数据索引排序（sort_index()）

sort_index() 函数用于对数据按照索引进行排序。

实例 170：对数据索引降序排序。

```
import pandas as pd                                              #调用第三方库
pd.set_option('display.unicode.ambiguous_as_wide',True)          #设置数据对齐
pd.set_option('display.unicode.east_asian_width',True)           #设置数据对齐
df=pd.read_excel('d:/abc/第 8 章.xlsx',sheet_name='示例 1')       #打开工作表
print(df)                                                         #输出原始数据
print("==============")
df1=df.sort_index(ascending=False)                                #对数据索引降序排序
print(df1)                                                        #输出数据
```

运行结果如图 8-173 所示。

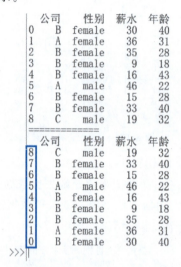

图 8-173　数据索引降序排序

8.11.10　数据排序（sort_values()）

sort_values()函数用于对 DataFrame 按照指定列（用 by 参数控制）进行排序，也用于对 Series 按其数据进行排序。

实例 171：对 DataFrame 数据按列排序。

```
import pandas as pd                                              #调用第三方库
pd.set_option('display.unicode.ambiguous_as_wide',True)          #设置数据对齐
pd.set_option('display.unicode.east_asian_width',True)           #设置数据对齐
df=pd.read_excel('d:/abc/第 8 章.xlsx',sheet_name='示例 1')       #打开工作表
print(df)                                                         #输出原始数据
print("==============")
df1=df.sort_values(by='薪水')                                     #对"薪水"列排序
print(df1)                                                        #输出数据
```

运行结果如图 8-174 所示。

```
    公司    性别   薪水   年龄
0    B    female   30    40
1    A    female   36    31
2    B    female   35    28
3    B    female    9    18
4    B    female   16    43
5    A     male    46    22
6    B    female   15    28
7    B    female   33    40
8    C     male    19    32
==============
    公司    性别   薪水   年龄
3    B    female    9    18
6    B    female   15    28
4    B    female   16    43
8    C     male    19    32
0    B    female   30    40
7    B    female   33    40
2    B    female   35    28
1    A    female   36    31
5    A     male    46    22
>>>
```

图 8-174　DataFrame 数据按列排序

8.11.11　更改数据类型（astype()）

astype()函数用于修改字段的数据类型。

实例 172：修改字段数据类型。

```
import pandas as pd                                           # 调用第三方库
pd.set_option('display.unicode.ambiguous_as_wide', True)      # 设置数据对齐
pd.set_option('display.unicode.east_asian_width', True)       # 设置数据对齐
df = pd.read_excel('d:/abc/第 8 章.xlsx', sheet_name='示例 1')   # 打开工作表
print(df.dtypes)                                              # 显示字段数据类型
print("===============")
df["薪水"] = df["薪水"].astype(float)                          # 修改"薪水"字段数据类型
print(df.dtypes)                                              # 显示字段数据类型
```

运行结果如图 8-175 所示。

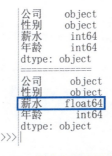

图 8-175　修改字段数据类型

8.11.12　修改数据列名称（rename()）

rename()函数用于修改数据的列名。

实例 173：修改 DataFrame 的列名。

```
import pandas as pd                                              # 调用第三方库
pd.set_option('display.unicode.ambiguous_as_wide',True)          # 设置数据对齐
pd.set_option('display.unicode.east_asian_width',True)           # 设置数据对齐
df=pd.read_excel('d:/abc/第 8 章.xlsx',sheet_name='示例 1')       # 打开工作表
print(df)                                                        # 输出原始数据
print("==============")
df.rename(columns={'年龄':'编号'},inplace=True)                   # 将"年龄"更改为"编号"
print(df)                                                        # 输出数据
```

运行结果如图 8-176 所示。

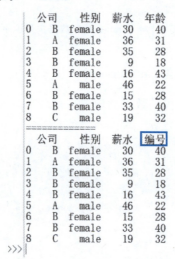

图 8-176　修改 DataFrame 列名

8.11.13　设置索引（set_index()）

set_index()用于将数据中的某一（多）个字段设置为索引。

实例 174：为数据重新设置索引。

```
import pandas as pd                                              # 调用第三方库
pd.set_option('display.unicode.ambiguous_as_wide',True)          # 设置数据对齐
pd.set_option('display.unicode.east_asian_width',True)           # 设置数据对齐
df=pd.read_excel('d:/abc/第 8 章.xlsx',sheet_name='示例 1')       # 打开工作表
print(df)                                                        # 输出原始数据
print("==============")
df.set_index('年龄',inplace=True)                                 # 为"年龄"字段设置索引
print(df)                                                        # 输出数据
```

运行结果如图 8-177 所示。

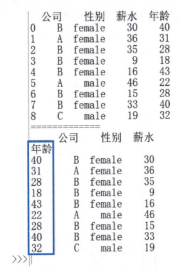

图 8-177　重新设置索引

8.11.14　重置索引（reset_index()）

reset_index()函数用于重置索引。

实例 175：重置索引（一）。

代码请扫描侧边二维码查看，运行结果如图 8-178 所示。

实例 175

图 8-178　重置索引（一）

实例 176

实例 176：重置索引(二)。

代码请扫描侧边二维码查看,运行结果如图 8-179 所示。

```
        公司    性别   薪水
年龄
40      B    female   30
31      A    female   36
28      B    female   35
18      B    female    9
43      B    female   16
22      A     male    46
28      B    female   15
40      B    female   33
32      C     male    19
===========================
        公司    性别   薪水
0       B    female   30
1       A    female   36
2       B    female   35
3       B    female    9
4       B    female   16
5       A     male    46
6       B    female   15
7       B    female   33
8       C     male    19
>>>
```

图 8-179　重置索引(二)

8.11.15　删除重复值(drop_duplicates())

drop_duplicates()函数用于删除数据中的重复值。

实例 177

实例 177：删除数据中的重复值。

代码请扫描侧边二维码查看,运行结果如图 8-180 所示。

```
   公司    性别   薪水  年龄
0   B    female   30   40
1   A    female   36   31
2   B    female   35   28
3   B    female    9   18
4   B    female   16   43
5   A     male    46   22
6   B    female   15   28
7   B    female   33   40
8   C     male    19   32
==============================
   公司    性别   薪水  年龄
0   B    female   30   40
1   A    female   36   31
8   C     male    19   32
==============================
   公司    性别   薪水  年龄
5   A     male    46   22
7   B    female   33   40
8   C     male    19   32
>>>
```

图 8-180　删除数据重复值

8.11.16 删除字段(drop())

drop()函数用于删掉数据中的某些字段。

实例 178：删除数据中的字段。

```
import pandas as pd                                              #调用第三方库
pd.set_option('display.unicode.ambiguous_as_wide', True)         #设置数据对齐
pd.set_option('display.unicode.east_asian_width', True)          #设置数据对齐
df=pd.read_excel('d:/abc/第8章.xlsx',sheet_name='示例1')          #打开工作表
print(df)                                                        #输出原始数据
print("===============")
df1=df.drop(columns=['性别'])                                    #删除"性别"字段
print(df1)                                                       #输出数据
```

运行结果如图 8-181 所示。

```
   公司  性别    薪水  年龄
0   B   female  30   40
1   A   female  36   31
2   B   female  35   28
3   B   female   9   18
4   B   female  16   43
5   A   male    46   22
6   B   female  15   28
7   B   female  33   40
8   C   male    19   32
===============
   公司    薪水  年龄
0   B     30   40
1   A     36   31
2   B     35   28
3   B      9   18
4   B     16   43
5   A     46   22
6   B     15   28
7   B     33   40
8   C     19   32
>>>
```

图 8-181 删除数据中的字段

8.11.17 数据筛选(isin())

isin()函数用于对数据进行条件筛选。

实例 179：对 DataFrame 数据进行筛选。

```
import pandas as pd                                              #调用第三方库
pd.set_option('display.unicode.ambiguous_as_wide', True)         #设置数据对齐
pd.set_option('display.unicode.east_asian_width', True)          #设置数据对齐
df=pd.read_excel('d:/abc/第8章.xlsx',sheet_name='示例1')          #打开工作表
print(df)                                                        #输出原始数据
print("===============")
df1=df.loc[df['公司'].isin(['A','C'])]                           #筛选出A公司和C公司的员工记录
print(df1)                                                       #输出数据
```

运行结果如图8-182所示。

```
   公司  性别    薪水  年龄
0   B   female  30   40
1   A   female  36   31
2   B   female  35   28
3   B   female   9   18
4   B   female  16   43
5   A   male    46   22
6   B   female  15   28
7   B   female  33   40
8   C   male    19   32
==============
   公司  性别    薪水  年龄
1   A   female  36   31
5   A   male    46   22
8   C   male    19   32
>>>
```

图8-182　数据筛选

8.11.18　变量离散化（pd.cut()）

pd.cut()函数用于将连续变量离散化。

实例180：将员工薪水自动划分成5个区间。

```
import pandas as pd                                              # 调用第三方库
pd.set_option('display.unicode.ambiguous_as_wide',True)          # 设置数据对齐
pd.set_option('display.unicode.east_asian_width',True)           # 设置数据对齐
df=pd.read_excel('d:/abc/第8章.xlsx',sheet_name='示例1')         # 打开工作表
print(df)                                                        # 输出原始数据
print("==============")
tt=pd.cut(df.薪水,bins=5)                                        # 把薪水分成5个区间
print(tt)                                                        # 输出数据
```

运行结果如图8-183所示。

```
   公司  性别    薪水  年龄
0   B   female  30   40
1   A   female  36   31
2   B   female  35   28
3   B   female   9   18
4   B   female  16   43
5   A   male    46   22
6   B   female  15   28
7   B   female  33   40
8   C   male    19   32
==============
0    (23.8, 31.2]
1    (31.2, 38.6]
2    (31.2, 38.6]
3    (8.963, 16.4]
4    (8.963, 16.4]
5    (38.6, 46.0]
6    (8.963, 16.4]
7    (31.2, 38.6]
8    (16.4, 23.8]
Name: 薪水, dtype: category
Categories (5, interval[float64, right]): [(8.963, 16.4] < (16.4, 23.8] < (23.8, 31.2] <
                                            (31.2, 38.6] < (38.6, 46.0]]
>>>
```

图8-183　区间划分

实例181：设定区间,将员工薪水划分成5部分。

```
import pandas as pd                                          #调用第三方库
pd.set_option('display.unicode.ambiguous_as_wide',True)      #设置数据对齐
pd.set_option('display.unicode.east_asian_width',True)       #设置数据对齐
df=pd.read_excel('d:/abc/第8章.xlsx',sheet_name='示例1')     #打开工作表
print(df)                                                    #输出原始数据
print("==============")
tt=pd.cut(df.薪水,bins=[0,10,20,30,40,50])                   #指定区间断点
print(tt)                                                    #输出数据
```

运行结果如图8-184所示。

```
   公司  性别  薪水  年龄
0   B  female  30  40
1   A  female  36  31
2   B  female  35  28
3   B  female   9  18
4   B  female  16  43
5   A    male  46  22
6   B  female  15  28
7   B  female  33  40
8   C    male  19  32
==============
0    (20, 30]
1    (30, 40]
2    (30, 40]
3     (0, 10]
4    (10, 20]
5    (40, 50]
6    (10, 20]
7    (30, 40]
8    (10, 20]
Name: 薪水, dtype: category
Categories (5, interval[int64, right]): [(0, 10] < (10, 20] < (20, 30] < (30, 40] < (40, 50]]
>>>
```

图8-184 区间划分

实例182：设置区间的标签。

```
import pandas as pd                                          #调用第三方库
pd.set_option('display.unicode.ambiguous_as_wide',True)      #设置数据对齐
pd.set_option('display.unicode.east_asian_width',True)       #设置数据对齐
df=pd.read_excel('d:/abc/第8章.xlsx',sheet_name='示例1')     #打开工作表
print(df)                                                    #输出原始数据
print("==============")
tt=pd.cut(df.薪水,bins=[0,10,20,30,40,50],labels=['低','中下','中','中上','高'])
                                                             #指定区间的标签
print(tt)                                                    #输出数据
```

运行结果如图8-185所示。

```
    公司    性别   薪水   年龄
0    B    female   30    40
1    A    female   36    31
2    B    female   35    28
3    B    female    9    18
4    B    female   16    43
5    A    male     46    22
6    B    female   15    28
7    B    female   33    40
8    C    male     19    32
=============
0    中
1    中上
2    中上
3    低
4    中下
5    高
6    中下
7    中上
8    中
Name: 薪水, dtype: category
Categories (5, object): ['低' < '中下' < '中' < '中上' < '高']
>>>
```

图 8-185　设置区间标签

8.11.19　变量离散化（pd.qcut()）

pd.qcut()函数用于将连续变量离散化，与 pd.cut()函数使用具体数值进行区间划分不同，pd.qcut()函数使用分位数进行区间划分。

实例 183：使用分位数进行区间划分。

```
import pandas as pd                                              # 调用第三方库
pd.set_option('display.unicode.ambiguous_as_wide',True)          # 设置数据对齐
pd.set_option('display.unicode.east_asian_width',True)           # 设置数据对齐
df=pd.read_excel('d:/abc/第 8 章.xlsx',sheet_name='示例 1')       # 打开工作表
print(df)                                                        # 输出原始数据
print("==============")
tt=pd.qcut(df.薪水,q=3)    # 按照 0-33.33%,33.33%-66.67%,66.67%-100%百分位进行划分
print(tt)                                                        # 输出数据
```

运行结果如图 8-186 所示。

```
    公司    性别   薪水   年龄
0    B    female   30    40
1    A    female   36    31
2    B    female   35    28
3    B    female    9    18
4    B    female   16    43
5    A    male     46    22
6    B    female   15    28
7    B    female   33    40
8    C    male     19    32
=============
0    (18.0, 33.667]
1    (33.667, 46.0]
2    (33.667, 46.0]
3    (8.999, 18.0]
4    (8.999, 18.0]
5    (33.667, 46.0]
6    (8.999, 18.0]
7    (18.0, 33.667]
8    (18.0, 33.667]
Name: 薪水, dtype: category
Categories (3, interval[float64, right]): [(8.999, 18.0] < (18.0, 33.667] < (33.667, 46.0]]
>>>
```

图 8-186　区间划分

8.11.20 替换数据(where())

在数据处理中,可以使用 loc 和 iloc 对 DataFrame 或 Series 进行行或列定位和筛选。此外,还可以使用高级筛选函数 where() 和 mask(),其中 where() 函数用于将不符合条件的数值替换成指定的值。

实例 184:将不符合条件的数值替换为指定值(where())。

```
import pandas as pd                                                  #调用第三方库
pd.set_option('display.unicode.ambiguous_as_wide',True)              #设置数据对齐
pd.set_option('display.unicode.east_asian_width',True)               #设置数据对齐
df=pd.read_excel('d:/abc/第8章.xlsx',sheet_name='示例1')              #打开工作表
print(df)                                                            #输出原始数据
print("=============")
df['薪水']=df['薪水'].where(df.薪水<=30,100)                           #若薪水小于或等于30,则保
#持原值不变;若薪水大于30,则设置为100
print(df)                                                            #输出数据
```

运行结果如图 8-187 所示。

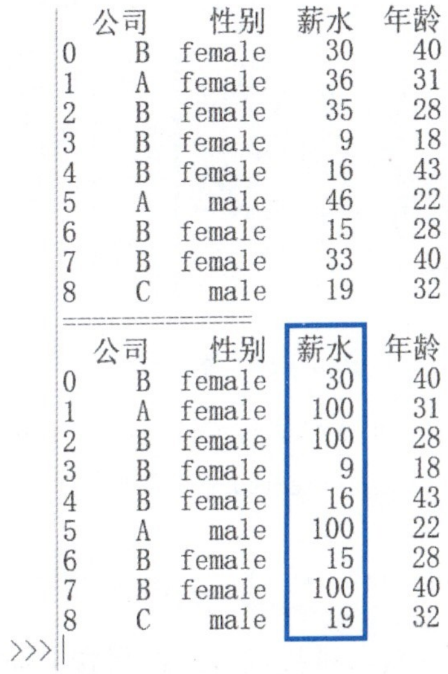

```
   公司  性别    薪水  年龄
0   B  female   30   40
1   A  female   36   31
2   B  female   35   28
3   B  female    9   18
4   B  female   16   43
5   A    male   46   22
6   B  female   15   28
7   B  female   33   40
8   C    male   19   32
=============
   公司  性别    薪水  年龄
0   B  female   30   40
1   A  female  100   31
2   B  female  100   28
3   B  female    9   18
4   B  female   16   43
5   A    male  100   22
6   B  female   15   28
7   B  female  100   40
8   C    male   19   32
>>>
```

图 8-187 按条件替换数值

实例 185:将符合条件的数值替换为指定值(mask())。

mask() 函数与 where() 函数的作用相反。where() 函数用于替换不满足条件的数据(保留满足条件的数据),而 mask() 函数用于替换满足条件的数据(保留不满足条件的数据)。

```
import pandas as pd                                              #调用第三方库
pd.set_option('display.unicode.ambiguous_as_wide',True)          #设置数据对齐
pd.set_option('display.unicode.east_asian_width',True)           #设置数据对齐
df=pd.read_excel('d:/abc/第8章.xlsx',sheet_name='示例1')          #打开工作表
print(df)                                                        #输出原始数据
print("=============")
df['薪水']=df['薪水'].mask(df.薪水<=30,100)                        #若薪水大于30,保持原值不变,若薪
                                                                 #水小于或等于30,则设置为100
print(df)                                                        #输出数据
```

运行结果如图 8-188 所示。

```
    公司    性别    薪水    年龄
0    B    female    30    40
1    A    female    36    31
2    B    female    35    28
3    B    female    9     18
4    B    female    16    43
5    A    male      46    22
6    B    female    15    28
7    B    female    33    40
8    C    male      19    32
=============
    公司    性别    薪水    年龄
0    B    female    100   40
1    A    female    36    31
2    B    female    35    28
3    B    female    100   18
4    B    female    100   43
5    A    male      46    22
6    B    female    100   28
7    B    female    33    40
8    C    male      100   32
>>>
```

图 8-188 替换数值

说明：pd.where()和 pd.mask()都是对整个 DataFrame 进行操作,如果只对某列进行操作,可以使用 np.where()和 np.select()。

8.11.21 数据拼接（pd.concat()）

pd.concat()函数用于拼接(横向拼接或者纵向拼接)多个 Series 或 DataFrame。

实例 186：拼接数据(横向拼接)。

代码请扫描侧边二维码查看,运行结果如图 8-189 所示。

实例 187：拼接数据(纵向拼接)并重新设置索引。

代码请扫描侧边二维码查看,运行结果如图 8-190 所示。

实例 188：横向拼接数据并调整数据位置。

代码请扫描侧边二维码查看,运行结果如图 8-191 所示。

```
     公司    性别   薪水   年龄
0     B    female   30    40
1     A    female   36    31
2     B    female   35    28
==============
     公司    性别   薪水   年龄
6     B    female   15    28
7     B    female   33    40
8     C    male     19    32
==============
     公司    性别   薪水   年龄
0     B    female   30    40
1     A    female   36    31
2     B    female   35    28
6     B    female   15    28
7     B    female   33    40
8     C    male     19    32
==============
     公司    性别   薪水    年龄    公司    性别    薪水    年龄
0     B   female   30.0   40.0   NaN    NaN    NaN    NaN
1     A   female   36.0   31.0   NaN    NaN    NaN    NaN
2     B   female   35.0   28.0   NaN    NaN    NaN    NaN
6    NaN    NaN    NaN    NaN     B   female   15.0   28.0
7    NaN    NaN    NaN    NaN     B   female   33.0   40.0
8    NaN    NaN    NaN    NaN     C   male    19.0   32.0
>>>
```

图 8-189　拼接数据

```
     公司    性别   薪水   年龄
0     B    female   30    40
1     A    female   36    31
2     B    female   35    28
==============
     公司    性别   薪水   年龄
6     B    female   15    28
7     B    female   33    40
8     C    male     19    32
==============
     公司    性别   薪水   年龄
0     B    female   30    40
1     A    female   36    31
2     B    female   35    28
3     B    female   15    28
4     B    female   33    40
5     C    male     19    32
>>>
```

图 8-190　拼接数据并设置索引

```
     公司    性别   薪水   年龄
0     B    female   30    40
1     A    female   36    31
2     B    female   35    28
==============
     公司    性别   薪水   年龄
0     B    female   15    28
1     B    female   33    40
2     C    male     19    32
==============
     公司    性别   薪水  年龄   公司    性别   薪水   年龄
0     B   female   30   40    B   female   15    28
1     A   female   36   31    B   female   33    40
2     B   female   35   28    C   male    19    32
>>>
```

图 8-191　横向拼接数据

实例 189：通过拼接增加新的数据列。

代码请扫描侧边二维码查看,运行结果如图 8-192 所示。

实例 189

```
     公司    性别   薪水   年龄
0     B    female   30    40
1     A    female   36    31
2     B    female   35    28
==============
     国籍
0    中国
1    日本
2    美国
==============
     公司    性别   薪水   年龄   国籍
0     B    female   30    40   中国
1     A    female   36    31   日本
2     B    female   35    28   美国
>>>
```

图 8-192　增加新的数据列

8.11.22 数据透视(pivot_table())

pivot_table()函数用于对DataFrame进行数据透视,相当于Excel中的数据透视表。

实例190:对DataFrame进行数据透视。

代码请扫描侧边二维码查看,运行结果如图8-193所示。

实例190

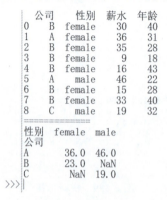

图8-193 数据透视

8.12 本章总结

本章通过介绍Series对象和DataFrame对象的创建、DataFrame对象数据的基本操作、数据增改、数据清洗、数据格式化、数据类型转换、数据排序、数据计算与统计、数据分组、日期时间序列的操作以及常用函数,讲解了如何利用pandas第三方库对数据进行预处理的各方面内容。

本章脱离了Excel数据表本身,以DataFrame对象为基础进行了讲解。Excel数据是可以转化为DataFrame对象的,同样DataFrame对象也可以重新写入Excel文件中。本章内容较为抽象,更适合有一定计算机基础的读者学习。通过本章的学习,读者可以提高实际数据处理能力,并在底层逻辑上加强对知识的掌握。

参 考 文 献

[1] 嵩天.Python语言程序设计基础[M].2版.北京：高等教育出版社，2017.
[2] 郝春吉.Python办公自动化[M].北京：中国水利水电出版社，2022.
[3] 王秀文.超简单:用Python让Excel飞起来[M].北京：机械工业出版社，2020.
[4] 童大谦.代替VBA!用Python轻松实现Excel编程[M].北京：电子工业出版社，2022.
[5] 张杰.Python数据可视化之美[M].北京：电子工业教育出版社，2020.
[6] 林子雨.大数据导论[M].北京：人民邮电出版社，2020.